机械基础

主 编 黄 东　朱 楠
副主编 宋佳妮　王利利　张 丹
　　　　 王 丹
参 编 郝 铭　周 香　邹红亮
　　　　 丁 林　杨 阳

北京理工大学出版社
BEIJING INSTITUTE OF TECHNOLOGY PRESS

版权专有　侵权必究

图书在版编目（CIP）数据

机械基础 / 黄东，朱楠主编. -- 北京：北京理工大学出版社，2016.3（2024.1重印）
　ISBN 978-7-5682-1856-6

Ⅰ. ①机… Ⅱ. ①黄… ②朱… Ⅲ. ①机械学 Ⅳ. ①TH11

中国版本图书馆 CIP 数据核字（2016）第 020690 号

责任编辑：赵　岩	**文案编辑**：赵　岩
责任校对：周瑞红	**责任印制**：李志强

出版发行 / 北京理工大学出版社有限责任公司
社　　址 / 北京市丰台区四合庄路 6 号
邮　　编 / 100070
电　　话 / （010）68914026（教材售后服务热线）
　　　　　　（010）68944437（课件资源服务热线）
网　　址 / http://www.bitpress.com.cn

版 印 次 / 2024 年 1 月第 1 版第 6 次印刷
印　　刷 / 北京虎彩文化传播有限公司
开　　本 / 787 mm×1092 mm　1/16
印　　张 / 16
字　　数 / 375 千字
定　　价 / 49.80 元

图书出现印装质量问题，请拨打售后服务热线，负责调换

前　言

《机械基础》是高等职业技术院校机电类专业系列教材之一，属于机电类专业的专业技术基础课。以高等职业教育培养生产、建设、管理和服务第一线的高等技术应用型人才为目标，整合《工程力学》和《机械设计基础》两门课程。本书在编写过程中，根据国家对高职高专人才培养的要求，力求体现培养技术应用型人才的特色。在文字论述上，力求准确、简练和严谨；在内容安排上，着重讲清基本概念、基本原理、基本方法，简化理论推导，加强实践应用。

在理论的叙述上保证工程力学和机械设计基础的完整性和严谨性，以培养高素质、技能型专业人才为出发点，更加紧密结合当前职业教育中工程力学与机械设计基础两门课程的教学改革需要。本教材既注意学习、吸收有关院校职业教育中工程力学与机械设计基础课程改革的成果，又尽量反映作者长期教学所积累的经验与体会，体现高职高专教育中专业技术基础课的基础性与实用性的和谐统一。努力贯彻职业教育"以应用为目的"、"以必需、够用为度"的原则，体现了职业教育的特色。在教学内容的安排和取舍上，遵循"尊重学科，但不恪守学科"的原则，删旧增新，减少理论推导，着重阐明实际应用价值。强调专业技术基础课和专业课之间的联系，注意与专业课的衔接，力求做到立足实践与应用，拓宽知识面，使一般能力的培养与职业能力的培养相结合，有利于教师的教和学生的学。在应用举例和习题的选取上结合工程实例和日常生活的工程案例，突出实践环节，以培养学生解决实际问题的能力。

本教材共计 14 章，建议教学时数为 90~120 学时，教师可以根据实际需要进行筛选教学。

本教材由吉林电子信息职业技术学院黄东老师和朱楠老师担任主编。吉林电子信息职业技术学院宋佳妮、王利利、张丹、王丹担任副主编。参加编写的有郝铭、周香、邹红亮、丁林、杨阳。其中朱楠编写第 1 章、第 2 章，王利利编写第 3 章、第 4 章、第 5 章，张丹编写第 6 章、第 7 章，王丹编写第 7 章、第 8 章、第 9 章，宋佳妮编写第 10 章、第 11 章，黄东编写第 12 章、第 13 章、第 14 章，周香编写第 15 章，邹红亮和杨阳编写第 16 章，郝铭、丁林在图片编辑方面做了大量的工作。全书由黄东统稿，由吉林电子信息职业技术学院杨继宏主审，在此一并致谢。

由于编者水平所限，加之时间仓促，错误与不足之处在所难免，请不吝赐教，以便修订时改进。

编　者

2015 年 12 月

目　　录

第1章　静力学基础 ... 1
　导入案例 ... 1
　§1.1　静力学基本概念 ... 1
　　1.1.1　力的概念 ... 1
　　1.1.2　刚体的概念 ... 2
　　1.1.3　力的三要素 ... 2
　　1.1.4　力的表示方法 ... 2
　§1.2　静力学基本公理 ... 3
　§1.3　约束和约束反力 ... 5
　　1.3.1　基本概念 ... 5
　　1.3.2　常见的约束及约束反力 ... 5
　§1.4　受力分析与受力图 ... 8
　　1.4.1　绘制受力图的步骤 ... 8
　　1.4.2　单个物体的受力图 ... 8
　　1.4.3　物体系统的受力图 ... 9
　思考与练习 ... 10

第2章　平面力系 ... 11
　导入案例 ... 11
　§2.1　力的投影　力矩与力偶 ... 11
　　2.1.1　力的投影 ... 11
　　2.1.2　力矩 ... 13
　　2.1.3　力偶及力偶矩 ... 16
　§2.2　平面力系的简化与合成及平衡问题 ... 17
　　2.2.1　力的平移定理 ... 17
　　2.2.2　平面力系的简化 ... 18
　　2.2.3　力系的平衡问题 ... 24
　§2.3　物系的平衡问题 ... 27
　　2.3.1　静定与静不定问题 ... 27
　　2.3.2　物系的平衡问题 ... 28
　思考与练习 ... 29

第3章 材料力学基础 ······ 31
导入案例 ······ 31
§3.1 内力 截面法 应力 ······ 31
3.1.1 外力及其分类 ······ 31
3.1.2 内力 ······ 32
3.1.3 截面法 ······ 32
3.1.4 应力 ······ 32
§3.2 应变和基本变形 ······ 33
3.2.1 应变 ······ 33
3.3.2 基本变形 ······ 34
思考与练习 ······ 36

第4章 轴向拉伸与压缩 ······ 37
导入案例 ······ 37
4.1.1 轴向拉压杆横截面上的内力 ······ 37
4.1.2 轴向拉（压）杆横截面上的应力 ······ 39
4.1.3 轴向拉（压）杆的变形 ······ 40
4.1.4 材料在轴向拉（压）时的力学性能 ······ 42
4.1.5 轴向拉（压）杆的强度计算 ······ 45
思考与练习 ······ 47

第5章 剪切与扭转 ······ 48
导入案例 ······ 48
§5.1 剪切和挤压的概念与计算 ······ 48
5.1.1 剪力 ······ 48
5.1.2 挤压力 ······ 49
5.1.3 剪切实用计算 ······ 49
5.1.4 挤压的实用计算 ······ 49
§5.2 圆轴扭转 ······ 51
5.2.1 圆轴扭转时外力偶矩的计算 ······ 51
5.2.2 扭矩和扭矩图 ······ 51
5.3.3 圆轴扭转时的应力和强度条件 ······ 52
5.3.4 圆轴扭转时的变形和刚度条件 ······ 55
思考与练习 ······ 57

第6章 梁的弯曲 ······ 58
导入案例 ······ 58
§6.1 弯曲变形的内力 ······ 58
6.1.1 弯曲变形的内力——剪力和弯矩 ······ 58

6.1.2　剪力和弯矩的计算 ·· 59
　　6.1.3　梁的内力图 ··· 60
§6.2　纯弯曲梁横截面上的正应力 ·· 62
　　6.2.1　纯弯曲变形 ··· 62
　　6.2.2　变形关系——平面假设 ··· 62
　　6.2.3　纯弯曲梁横截面正应力计算 ·· 63
　　6.2.4　纯弯曲梁强度条件 ··· 64
§6.3　弯曲梁的变形和位移 ·· 65
　　6.3.1　挠度和转角 ··· 65
　　6.3.2　弯曲梁变形的计算 ··· 65
　　6.3.3　弯曲梁的刚度条件 ··· 66
§6.4　提高梁抗弯能力的措施 ··· 66
　　6.4.1　选择合理的截面形状 ·· 66
　　6.4.2　合理安排梁的受力情况，以降低最大弯矩值 ··· 67
　　6.4.3　采用变截面梁 ·· 68
思考与练习 ··· 68

第7章　平面机构

导入案例 ·· 69
§7.1　平面机构的组成 ·· 69
　　7.1.1　平面运动副的组成和类型 ··· 69
　　7.1.2　平面机构的组成 ·· 70
§7.2　平面机构简图的绘制 ·· 71
　　7.2.1　平面运动副和构件的表示 ··· 71
　　7.2.2　平面机构简图的绘制 ·· 72
§7.3　平面机构自由度的计算 ··· 73
　　7.3.1　平面运动副对构件的约束 ··· 73
　　7.3.2　平面机构自由度的计算公式 ·· 74
　　7.3.3　计算平面机构自由度时应注意的问题 ··· 74
　　7.3.4　机构具有确定运动的条件 ··· 76
思考与练习 ··· 77

第8章　平面连杆机构

导入案例 ·· 78
§8.1　平面连杆机构的组成、基本类型和演化 ··· 78
　　8.1.1　平面连杆机构的组成 ·· 78
　　8.1.2　平面连杆机构的基本类型 ··· 79
　　8.1.3　平面铰链四杆机构中存在曲柄的条件 ··· 79
　　8.1.4　平面铰链四杆机构的演化 ··· 81

§8.2 平面连杆机构的工作特性 ·· 83
　8.2.1 压力角和传动角 ··· 83
　8.2.2 死点 ·· 84
　8.2.3 急回特性 ··· 84
§8.3 图解法设计平面连杆机构 ·· 85
　8.3.1 按两连架杆的对应位置设计四杆机构 ····························· 85
　8.3.2 用反转法按连杆预定的位置设计四杆机构 ······················· 86
　8.3.3 按给定的行程速比系数设计四杆机构 ····························· 88
思考与练习 ·· 89

第9章 盘形凸轮机构和间歇运动机构 ·· 90
导入案例 ·· 90
§9.1 凸轮机构的组成及类型 ·· 90
　9.1.1 凸轮机构的组成、特点和应用 ··································· 90
　9.1.2 凸轮机构的类型 ··· 91
§9.2 从动件的运动规律和选择 ·· 92
　9.2.1 凸轮机构的工作过程 ·· 92
　9.2.2 从动件的常用运动规律 ·· 93
　9.2.3 从动件运动规律的选择 ·· 96
§9.3 作图法设计凸轮轮廓曲线 ·· 97
　9.3.1 尖顶对心移动从动件盘形凸轮轮廓曲线的设计 ···················· 97
　9.3.2 滚子对心移动从动件盘形凸轮轮廓曲线的设计 ···················· 98
　9.3.3 偏置从动件盘形凸轮轮廓曲线的设计 ····························· 99
　9.3.4 对心平底从动件盘形凸轮轮廓曲线的设计 ························ 99
§9.4 解析法设计凸轮轮廓曲线 ·· 100
　9.4.1 解析法设计凸轮轮廓曲线 ·· 100
　9.4.2 凸轮机构设计中的几个问题 ····································· 100
　9.4.3 凸轮的材料 ··· 100
　9.4.4 凸轮基圆半径的确定 ·· 100
　9.4.5 滚子半径的选择 ··· 101
　9.4.6 压力角的确定 ··· 102
§9.5 间歇运动机构 ·· 102
　9.5.1 槽轮机构 ··· 102
　9.5.2 棘轮机构 ··· 104
　9.5.3 不完全齿轮间歇机构 ·· 106
　9.5.4 凸轮式间歇机构 ··· 107
思考与练习 ·· 108

第10章 螺纹连接与螺旋传动的设计 ·· 109
导入案例 ·· 109

- §10.1 螺纹的形成、类型和主参数 … 109
  - 10.1.1 螺纹的形成 … 109
  - 10.1.2 螺纹的类型 … 110
  - 10.1.3 螺纹的主参数 … 111
- §10.2 螺纹连接的类型和应用 … 112
  - 10.2.1 螺纹连接的类型和应用概述 … 112
  - 10.2.2 标准螺纹连接的结构特点和应用 … 112
- §10.3 螺纹连接的预紧及防松 … 114
  - 10.3.1 螺纹连接的预紧 … 114
  - 10.3.2 螺纹连接的防松 … 114
- §10.4 螺栓连接的强度计算 … 116
  - 10.4.1 普通螺栓连接的强度计算 … 117
  - 10.4.2 铰制孔螺栓连接的强度计算 … 120
- §10.5 提高螺栓连接强度的措施 … 121
  - 10.5.1 螺纹连接件的材料 … 121
  - 10.5.2 提高螺栓连接强度的措施 … 121
- §10.6 螺栓组连接的结构设计 … 123
- §10.7 螺旋传动 … 124
  - 10.7.1 螺旋传动的类型 … 124
  - 10.7.2 滚动螺旋传动 … 126
- 思考与练习 … 126

第11章 带传动 … 127
- 导入案例 … 127
- §11.1 带传动的组成、类型及特点 … 127
  - 11.1.1 带传动的类型 … 127
  - 11.1.2 带传动的特点和应用 … 128
- §11.2 V带和带轮的结构 … 128
  - 11.2.1 V带的结构和标准 … 128
  - 11.2.2 V带轮的结构和材料 … 132
- §11.3 V带传动设计 … 134
  - 11.3.1 带传动的工作情况分析 … 134
  - 11.3.2 带传动的失效形式和设计准则 … 138
  - 11.3.3 普通V带传动设计 … 138
- §11.4 带传动的张紧、安装及维护 … 145
  - 11.4.1 带传动的张紧 … 145
  - 11.4.2 带传动的安装及维护 … 146
- 思考与练习 … 146

第 12 章　齿轮传动 … 147
导入案例 … 147
§12.1　齿轮传动的组成、类型和特点 … 147
　　12.1.1　齿轮传动的组成 … 147
　　12.1.2　齿轮传动的类型 … 147
　　12.1.3　齿轮传动的特点 … 149
§12.2　渐开线标准直齿圆柱齿轮各部分的名称及几何尺寸计算 … 149
　　12.2.1　渐开线轮廓的形成 … 149
　　12.2.2　渐开线齿轮各部分的名称 … 152
　　12.2.3　渐开线齿轮的基本参数 … 152
　　12.2.4　外啮合渐开线标准直齿圆柱齿轮各部分几何尺寸计算 … 153
§12.3　渐开线标准直齿圆柱齿轮的啮合传动 … 154
　　12.3.1　正确啮合条件 … 154
　　12.3.2　标准中心距 … 155
　　12.3.3　重合度和连续传动条件 … 155
§12.4　渐开线齿轮的加工方法和避免根切现象的措施 … 157
　　12.4.1　渐开线齿轮的加工方法 … 157
　　12.4.2　避免根切现象的措施 … 159
§12.5　齿轮的材料、热处理和传动精度等级的选择 … 163
　　12.5.1　齿轮的材料、热处理 … 163
　　12.5.2　齿轮材料的许用应力 … 164
　　12.5.3　齿轮传动精度等级 … 167
§12.6　标准直齿圆柱齿轮传动的强度计算 … 168
　　12.6.1　齿轮传动的失效形式及设计准则 … 168
　　12.6.2　轮齿的受力分析 … 171
　　12.6.3　计算载荷 … 172
　　12.6.4　齿面接触疲劳强度计算 … 172
　　12.6.5　齿根弯曲疲劳强度计算 … 174
§12.7　渐开线标准直齿圆柱齿轮传动设计 … 175
　　12.7.1　渐开线标准直齿圆柱齿轮传动的参数选择 … 175
　　12.7.2　设计步骤 … 176
§12.8　斜齿圆柱齿轮传动 … 178
　　12.8.1　斜齿圆柱齿轮齿廓的形成 … 178
　　12.8.2　斜齿圆柱齿轮传动的啮合特点和正确啮合条件 … 179
§12.9　齿轮的结构设计、润滑及传动效率 … 182
　　12.9.1　齿轮的结构设计 … 182
　　12.9.2　齿轮的润滑 … 184
　　12.9.3　齿轮传动的效率 … 185
思考与练习 … 185

第13章　齿轮系 187

导入案例 187

§13.1　齿轮系的类型和应用 187
　13.1.1　齿轮系的类型 187
　13.1.2　齿轮系的应用 189

§13.2　齿轮系的传动比计算 191
　13.2.1　定轴齿轮系的传动比计算 191
　13.2.2　周转齿轮系的传动比计算 192
　13.2.3　混合齿轮系的传动比计算 193

思考与练习 195

第14章　轴 196

导入案例 196

§14.1　轴的类型、材料 196
　14.1.1　轴的类型 196
　14.1.2　轴的材料 198
　14.1.3　轴的一般设计步骤 199

§14.2　轴的结构设计 200
　14.2.1　拟定轴上零件的装配方案 200
　14.2.3　确定各零件的定位方案 200
　14.2.4　确定轴的基本直径和各段长度 202
　14.2.5　轴的结构工艺性 203

§14.3　轴的强度计算 203
　14.3.1　按扭转强度条件计算 203
　14.3.2　按弯扭合成强度计算 204
　14.3.3　轴的弯曲刚度校核计算 205

思考与练习 209

第15章　轴承 210

导入案例 210

§15.1　滚动轴承的结构、类型、特点和应用 210
　15.1.1　滚动轴承的结构 210
　15.1.2　滚动轴承的类型、特点和应用 211

§15.2　滚动轴承的代号意义及其类型的选择 214
　15.2.1　滚动轴承的代号意义 214
　15.2.2　滚动轴承类型的选择 217

§15.3　滚动轴承的寿命计算和静载荷计算 218
　15.3.1　滚动轴承的失效形式和计算准则 218
　15.3.2　滚动轴承的寿命计算 219

15.3.3　滚动轴承静载荷能力计算 ································· 223
§15.4　滚动轴承的组合设计 ··· 224
15.4.1　滚动轴承的轴向固定 ······································· 224
15.4.2　滚动轴承的组合支承配置形式 ····························· 226
15.4.3　滚动轴承的组合调整 ······································· 226
15.4.4　滚动轴承组合支承部分的刚度和同轴度 ·················· 227
15.4.5　滚动轴承的预紧 ·· 228
§15.5　滑动轴承的类型、结构及材料 ································ 229
15.5.1　滑动轴承的特点和应用 ····································· 229
15.5.2　滑动轴承的类型和结构 ····································· 229
15.5.3　轴瓦的结构和滑动轴承的材料 ······························ 230
思考与练习 ·· 233

第 16 章　联轴器与离合器 ··· 234
导入案例 ··· 234
§16.1　联轴器 ·· 234
16.1.1　联轴器的类型、结构和特点 ································· 234
16.1.2　联轴器的选择 ·· 238
§16.2　离合器 ·· 239
16.2.1　离合器的类型、结构和特点 ································· 239
16.2.2　离合器的选择 ·· 242
思考与练习 ·· 243

参考文献 ··· 244

第 1 章　静力学基础

导入案例

简易吊车如图 1.1 所示，它是由桥架、吊钩和钢丝绳等构件所组成。为了保证吊车能正常工作，设计时首先要分析各构件所受的力，并根据平衡条件计算这些力的大小，然后才能进一步考虑选择什么样的材料，并合理设计构件的尺寸。

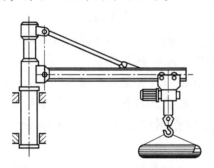

图 1.1　简易吊车示意图

§1.1　静力学基本概念

1.1.1　力的概念

在长期的生产和生活实践中，通过不断的观察和体验，人们发现，在推车、挑水、打铁、踢球等活动中，自身肌肉会紧张而且消耗大量体力，从而建立了**力**的概念。此后，通过大量的实验和分析，逐步建立了**力**的科学概念：**力是物体间相互的机械作用。这种作用使受力物体的运动状态和形状发生改变**。

在理论力学中，只研究力的效应，而不关注力的物理来源。**力的效应**表现为受力物体形状和运动状态的改变。将使物体机械运动状态发生改变的效应称为**力的外效应**，体现为物体受力后运动方式、运动速度大小和运动方向的改变；将使物体发生形变的效应称为力的**内效应或变形效应**，体现为物体几何形状或者大小的改变。力的内效应和外效应总是同时产生的，但在静力学中我们只研究力的外效应。力的内效应将在下一章的材料力学中研究。

1.1.2 刚体的概念

所谓**刚体**是指在外界任何作用下形状和大小都始终保持不变的物体，其特征是**刚体内任意两点的距离始终保持不变**。实际上物体在受到力的作用时一定会产生变形，只要这种变形不影响到物体的运动特性，就可以将变形的物体理想为刚体。一个物体是否可以视为刚体，不但取决于变形的大小，还与要研究的问题本身有关。

1.1.3 力的三要素

通过大量实践，人类认识到力对物体的作用效果取决于力的三要素：**力的大小、力的作用方向（包括方位和指向）和力的作用点（或作用位置）**。这3个基本要素也是力的3个重要特征，它们中任意一个要素发生改变，力的作用效应必将变化。

力的作用位置通常情况下不会是一个点，而是物体上某一部分面积或者体积。例如：鱼缸中水的压力作用于整个缸壁上，桥梁的自重沿整个桥梁作用，这样的力称为**分布力**。有些力的分布面积或者体积非常小，例如：行驶在道路上的汽车，通过轮胎施加在路面上的力，作用于轮胎和地面的接触位置上，对路面而言轮胎与其接触的面非常小，可以视为一个点，这样的力称为**集中力**，这个点称为集中力的作用点。

作用于刚体上的分布力可以用能够产生相同作用效应的一个或者几个集中力来代替，也就是说，集中力的作用点是力的作用位置的抽象。

力的作用方向可以理解为静止的质点受力作用后产生的运动方向，包含方位和指向两层意思。例如：物体所受到的重力是竖直向下的，斜面上小车所受到的支持力是垂直于斜面向上的。在力学模型中，通过力的作用点，沿力作用方向所作出的有向线段，称为**力的作用线**。

力的大小，表示物体相互作用的强弱，可以根据受力物体所产生的运动变化决定。在静力学中是通过力的内效应的比较来确定力的大小。通过实验发现，在静力作用下，弹簧的长度变化正比于作用力的大小。根据这个原理制成了**各种测力计**，测定力的大小，最常见、最普通的测力计是弹簧秤。国际单位制（SI）中采用牛顿（N）作为力的计量单位。

1.1.4 力的表示方法

在力学中经常遇到两类不同的量：**有向量和无向量**。无向量又称**标量**。绝大多数有向量相加都符合平行四边形法则，这样的量又称为**矢量**。

力是一种矢量。习惯上用有向线段表示力。有向线段的长度按一定比例表示该力的大小，有向线段的起点或者终点，表示该力的作用点，有向线段的方位和箭头指向表示该力的作用方向。如图1.2所示。

书中矢量以粗斜体字母表示，同文的细斜体字母表示该矢量的模。例如用 $\boldsymbol{F}$ 表示某个力，则该力的大小（模）等于 F。有时候也用顶上带箭头的两个并列细斜体字母代表矢量。第一个字母表示矢量的始端，第二个字母表示矢量的末端，不带箭头的并列细斜体字母则表示这个

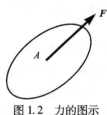

图1.2 力的图示

矢量的模，例如 $F=\overrightarrow{AB}$ 的模是 $F=AB$。

在工程实践中通常遇到若干物体相互作用的问题，物体受到一群力的作用。这种作用于同一物体或者物体系上的一群力称为力系，记为 $(F_1, F_2, \cdots, F_n)$。

力对物体的作用效果取决于力的基本特征，不同特征的力或力系的作用效果不同。人类通过长期生产实践和观察发现，两个不同的力系对同一物体可能产生相同的效应，这两个力系的作用效果是等价的，彼此可以相互替代。力学中规定：若两个力系对物体的作用效应完全相同，则这两个力系为**等效力系**，记为 $(F_1, F_2, \cdots, F_n) \equiv (G_1, G_2, \cdots, G_m)$。等效的两个力系可以相互代替，称为**力系的等效替换**。在力学研究中还经常会用一个简单的力系等效替换一个复杂的力系，这就是**力系的简化**。当一个力的作用效应同一个力系的作用效应相同时，这一个力就称为这一个力系的**合力**，记为 $(F) \equiv (F_1, F_2, \cdots, F_n)$。

在静力学中为简明起见，规定物体在受力之前相对地面或者某一惯性参考系处于静止状态，受力后，刚体能否维持平衡，完全取决于作用在刚体上的力系的配置，力学中将能够使刚体维持原有平衡状态的力系称为平衡力系，记为：$(O) \equiv (F_1, F_2, \cdots, F_n)$。平衡力系对刚体作用的外效应为零。习惯上说平衡力系中某几个力和其余各力相平衡。研究刚体上作用力间的相互平衡条件及应用是静力学的任务之一。

§1.2 静力学基本公理

随着对力的基本性质认识的不断深入，经过长期实践与反复验证，人类将物体受力中一些简单且显而易见的性质进行了归纳，总结成为下列静力学公理。

公理 1（二力平衡公理） 作用在同一刚体上的两个力，使刚体平衡的充分必要条件是此二力**等值、反向、共线**。

二力平衡公理是刚体平衡最基本的规律，也是力系平衡的最基本数量关系。应用二力平衡公理，可确定某些未知力的方位。如图 1.3 所示，直杆 AD 和折杆 BC 相接触，在力的作用下处于静止，若不计自重，则 BC 构件仅在 B，C 两点处受力而平衡，故此二力等值、反向、共线，必沿 BC 连线方位。仅受二力作用而平衡的构件，称为**二力构件**。

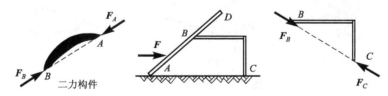

图 1.3　二力平衡及二力构件

公理 2（加减平衡力系公理） 在已知力系上加上或减去任意平衡力系，并不改变原力系对刚体的作用效应。

加减平衡力系公理是力系替换与简化的等效原理。在物体上加减平衡力系，必然引起力对物体内效应的改变，在涉及内力和变形的问题中，加减平衡力系公理不适用。

推论 1（力对刚体的可传性） 作用在刚体上某点的力，可以沿着它的作用线移动到刚体内任意点，并不改变该力对刚体的作用效果。

力对刚体可传如图 1.4 所示。

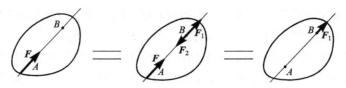

图 1.4 力对刚体可传

与加减平衡力系公理一样，力的可传递性只限于研究力的外效应。

公理 3（力的平行四边形公理） 作用于物体同一点的两个力的合力仍作用于该点，其合力矢等于这两个力矢的矢量和。力的合成与分解，服从矢量加法的平行四边形法则。

如图 1.5（a）所示，$F_R = F_1 + F_2$ 将 F_2 平移后，得力三角形，如图 1.5（b）所示，这是求合力矢的力的三角形法则。改变 F_2 方向得到 $-F_2$，由此可求两力之差：$F_R = F_1 + (-F_2) = F_1 - F_2$，如图 1.5（c）所示。

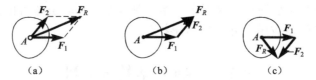

图 1.5 力的矢量相加与相减

求图 1.6（a）所示的 n 个共点力之和 $F_R = \sum F_i$ 时，可通过矢量求和的多边形法则，得力多边形。如图 1.6（b）所示，将各分力矢首尾相接形成一条折线，得到一个称为力链的开口的力多边形，加上闭合边即得到力多边形。其中，闭合边上的力矢 F_R（由折线的起点指向折线的终点）称为共点力的**合力矢量**，O 点为合力作用点。由图 1.6（c）可知，改变分力的作图顺序，力多边形改变，但闭合边上的力矢 F_R 不变。需要注意的是：力多边形法则求合力，仅适用于汇交力系，且合力作用点仍在原力系汇交点。

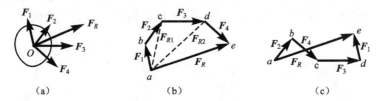

图 1.6 力的多边形求和

推论 2（三力平衡汇交定理） 若刚体受三力作用而平衡，且其中两力作用线相交，则此三力共面且汇交于同一点。如图 1.7 所示。

该定理说明 3 个不平行力平衡的必要条件是 3 个力汇交于一点，推广到更一般的情形：刚体受 n 个力作用而平衡时，若其中 n 个力交于同一点，则第 n 个力的作用线必过此点。

公理 4（作用与反作用定律） 两物体间的作用力与反作用力，总是等值、反向、共线地分别作用在这两个物体上。

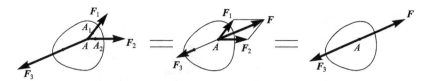

图 1.7　三力平衡汇交定理

作用与反作用公理是研究两个或两个以上物体系统平衡的基础。值得注意的是，作用力与反作用力虽等值、反向、共线，但并不构成平衡。因为作用力和反作用力这两个力分别作用在两个物体上。这是作用与反作用定律与二力平衡公理的本质区别。

公理 5（刚化原理）若变形体在某一力系作用下平衡，则将此变形体刚化后，其平衡状态不变。如图 1.8 所示。

刚化原理建立了刚体平衡条件与变形体平衡的联系，提供了用刚体模型研究变形体平衡的依据。须注意：刚体平衡条件对变形体来说必要而非充分，如图 1.8 所示的刚体如果是受压平衡，则相应变形体（绳缆）受同样压力时却不会平衡。

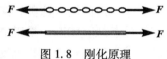

图 1.8　刚化原理

§1.3　约束和约束反力

1.3.1　基本概念

可以任意运动（获得任意位移）的物体称为**自由体**。在力学中我们所遇到的绝大多数物体都与周围物体发生各种形式的接触，某些方向的位移受到限制而无法任意运动，这样的物体称为**非自由体**。在静力学中，将由周围物体所构成的限制非自由体位移的条件，称为加在非自由体上的**约束**。习惯上我们将构成约束条件的周围物体也称为约束。

约束阻挡了非自由体某些方向的位移，因而必须承受非自由体沿运动被阻挡方向传来的力。与此同时，约束也给予该非自由体以大小相等、方向相反的反作用力。这种力称为约束作用于非自由体的**约束反作用力**，又称**约束反力、约束力或者反力**。

约束反力的方向总是与非自由体被约束所阻挡的位移方向相反。约束反力的大小方向和作用点，有时不能独立确定。其大小和方向既与作用于非自由体上的主动力有关，又与非自由体与约束相互接触处的几何形状、物理性质有关。在静力学中，将重力、蒸汽压力等可以独立测定的力称为**主动力**。

静力学研究的是非自由体的平衡问题，即研究作用于非自由体上的主动力和约束反力之间的平衡问题，因而必须弄清楚常见的约束类型及其反力的特征。

1.3.2　常见的约束及约束反力

根据非自由体被固定、支承或与其他物体连接方式的不同，将常见的约束理想化，归纳为 4 种基本类型：柔索类约束；光滑接触面约束；光滑圆柱铰链约束；固定端支座约束。

一、柔索类约束

由完全柔软而不能伸长的绳、缆或链所构成的约束。如图 1.9 所示。

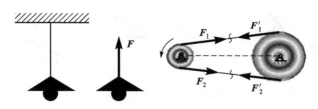

图 1.9　柔索类约束

图 1.9 中所示的吊灯用的细绳和张紧在轮上的皮带，都完全不能承受弯曲和压力，仅能承受拉力，这类物体的这一性质称为**完全柔软**。

对于一般问题，这类约束通常情况下忽略柔索的自重，即视为理想的绳缆，柔索在受力状态下处于拉直状态。柔索类约束给予非自由体的约束是限制非自由体沿绳缆柔性伸长方向运动，故柔索类约束的约束反力只能是拉力，其方向沿绳缆本身背离被约束物体。

二、光滑接触面约束

由完全光滑的刚性接触表面构成的约束。如图 1.10 所示。

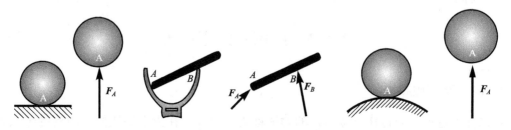

图 1.10　光滑接触面约束

图 1.10 所示的小球与地面，搅拌棒与容器壁直接接触，且接触处不计摩擦构成约束。所谓**完全光滑**是指支承面不会产生阻碍被约束物体沿接触处切面内任何方向的位移的阻力。在支承面表面质量和润滑条件良好的条件下，图 1.10 中的小球可以在地面上滚动，搅拌棒可以沿容器壁滑动，不受任何阻力。

光滑接触面约束只能阻挡非自由体沿接触面的公法线方向压入接触面的位移，约束面承受了非自由体施加的压力。与此对应的光滑接触面约束的约束反力也只能是压力，方向沿接触处的公法线指向被约束物体。

柔索类约束和光滑接触面约束都只能承受单方向的力，拉力或者压力。这样的约束称为**单面约束**。

三、光滑圆柱铰链约束

两构件通过圆柱销连接在一起，称为**铰链连接**。光滑铰链约束可以限制物体沿圆柱销的任意径向移动但不能限制物体绕圆柱销轴线的转动和平行圆柱销轴线方向的移动。

光滑铰链约束根据被连接物体的形状、位置及作用的不同可以分为中间铰链约束、固定铰支座和活动铰支座等。

1. 中间铰链约束

如图 1.11 所示。两物体分别带有圆孔，圆柱形销钉穿入物体的圆孔中，便构成了中间铰链。销钉与物体圆孔表面均为光滑表面，两者做间隙配合，产生局部接触，这类约束本质上属于光滑面约束，销钉对物体的约束力通过物体圆孔中心。由于接触点不确定，故**中间铰链对物体的约束力的特点是：作用线通过销钉中心，垂直于销轴线，方向不定**。可表示为单个力 F_R 和未知角 α，或者两个正交分力 F_{Rx}，F_{Ry}。其中 F_R 是 F_{Rx} 和 F_{Ry} 的合力。

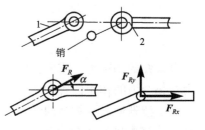

图 1.11　中间铰链约束

2. 固定铰支座

如图 1.12 所示，构件用圆柱销与支座连接，支座固定在支承物上形成约束。构件可以绕圆柱销转动，但不能在垂直于销钉轴线的平面内做任何方向的移动。固定铰支座约束力的方向是未知的。和中间铰链约束的约束反力一样：**作用线在垂直于销钉轴线平面内通过销钉的中心，方向不确定**。

3. 活动铰支座

如图 1.13 所示，在固定铰支座底部安放若干滚子，并与支承面接触，就构成了活动铰支座，又称辊轴支座。这种支座被广泛应用于桥梁、屋架结构中。活动铰支座只限制构件沿支承面垂直方向的移动，不能阻止物体沿支承面方向的运动或者绕轴转动。**活动铰支座的约束反力通过铰链中心，垂直于支承面，指向不确定**。

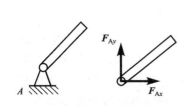　　　　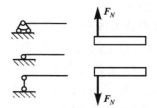

图 1.12　固定铰支座　　　　　　　　图 1.13　活动铰支座

不计自重，两端用铰链的方式与周围物体相连，不受其他外力的杆件称为**链杆**，又称**二力杆**。根据二力平衡公理，链杆的约束反力必沿杆两端的铰接中心的连线，指向不确定。

四、固定端支座约束

构件与支承物通过嵌固、焊接、铆接等各种方式固定在一起。在固定端，构件既不能沿任何方向移动，也不能转动，这种约束称为**固定端支座约束**。建筑物上的阳台和雨篷、车床上的刀具、道路两旁的路灯等都属于这类约束。固定端支座约束的约束反力的大小和方向都无法预知。在工程上，按约束作用来确定反力的大小、方向。通常用一对正交的约束反力 F_{Ax}，F_{Ay} 来表示固定端限制构件沿水平和垂直方向的位移，用一个约束力偶 M_A 表示限制构件绕固定端的转动。如图 1.14 所示。

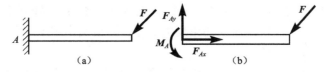

图 1.14　固定端支座约束

§1.4 受力分析与受力图

求未知的约束力,需要根据已知力,应用平衡条件求解。为此,首先要确定构件受了几个力、每个力的作用位置和作用方向,这一分析过程称为物体的**受力分析**。

为了清晰地表示物体的受力情况,我们把需要研究的物体(称为**受力体**)从周围的物体(称为**施力体**)中分离出来,单独画出它的简图,然后把施力物体对研究对象的作用力(包括主动力和约束力)全部画出来。这种表示物体受力的简明图形,称为受力图。画受力图是解决静力学问题的一个重要步骤。画受力图的关键是确定各类约束力的作用位置与方位。

1.4.1 绘制受力图的步骤

1)根据题意(即按指定要求)选取研究对象

按照问题的条件和要求,确定研究对象后,解除研究对象与其他物体之间的联系,用简明的轮廓将其单独画出,即取分离体。

2)画出分离体所受到的所有主动力

在分离体上画出它所受到的全部主动力。如重力、风阻等。它们的大小、方向和作用点一般都是已知的。

3)画出分离体所受到的全部约束反力

在研究对象上原来存在约束(即取分离体解除约束的位置)的地方,按约束类型逐一画出约束反力。为简明起见,应尽可能利用二力构件、三力平衡汇交等确定约束反力的方向。要注意,约束反力是相互联系的物体间的相互作用,应遵循作用与反作用公理。

如果研究对象是物体系统,应注意区分内力和外力。物体系统以外的物体对系统的作用力,称为**系统外力**。系统内部物体之间的相互作用力称为**系统内力**。画受力图时,只要画出系统外力,成对出现的系统内力不需要画出。随着所选取的研究对象的不同,系统内力和系统外力会相互转化。

正确画出物体受力图是分析解决力学问题的基础。

1.4.2 单个物体的受力图

例 1.1 如图 1.15(a)所示,绳 AB 悬挂重为 G 的球 C。试画出球 C 的受力图(摩擦不计)。

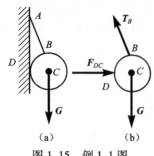

图 1.15 例 1.1 图

解:根据题意,取小球 C 为研究对象。画分离体小球,在球心处作出主动力(小球的重力)G。小球在 B 处解除了绳 AB 的约束,故在 B 处画上表示柔性约束的拉力 T_B。在 D 处解除了墙面 AD 的光滑接触面约束,故在 D 处画上表示光滑接触面约束的法向约束反力 F_{DC}。可得到小球 C 的受力图如图 1.15(b)所示。

从受力图中发现,小球 C 受到平面内 3 个不平行力的作用而处于平衡状态,三力的作用线必相交于一点,交点就是小球

C 的球心。

例 1.2 如图 1.16（a）所示，等腰三角形构架 ABC 的顶点 A，B，C 用铰链连接，底边 AC 固定，AB 边的中点 D 处作用有平行于固定边 AC 的力 F。不计各杆自重，试画出 AB 杆和 BC 杆的受力图。

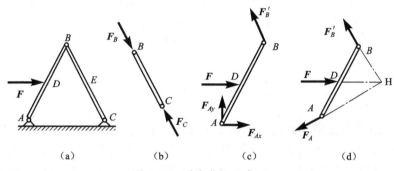

图 1.16 受力分析示意图

解：(1) 画 BC 杆受力图。取 BC 杆为研究对象，显然 BC 为受压的二力杆，作用在 C 和 B 处的两个约束反力 F_C 和 F_B 的作用线一定通过 BC 的连线，得到 BC 的受力如图 1.16 (b) 所示。

(2) 画 AB 杆受力图。取 AB 杆为研究对象，F 是作用在 AB 杆上的主动力，A 处为固定铰支座，其约束反力用相互正交的 F_{Ax} 和 F_{Ay} 两个力表示，B 点所受到的约束反力 F'_B 可以根据作用力和反作用力公理由 F_B 得到，从而得到 AB 杆受力图如图 1.16 (c) 所示。

值得注意的是，AB 杆在 A，D，B 3 处受到 3 个互不平行的力的作用，处于平衡状态，根据三力平衡汇交定理可以知道作用于这三处的力必汇交于一点。其中 D 处所作用的主动力 F 已知，B 处的约束反力 F'_B 可以根据作用力和反作用力公理由图 1.16 (b) 中的 F_B 得到，这两个力交于 H 点，可以确定作用于 A 点的约束反力 F_A 的作用线一定也交于 H 点，AB 杆的受力图如图 1.16 (d) 所示。

1.4.3 物体系统的受力图

在工程实践中经常需要对多个物体组成的物体系统进行力学分析和计算，这就需要画出物体系统的受力图。物体系统受力图的画法与单个物体受力图画法基本一致。需要注意的是：要将整个物体系统当做一个整体，就像对待单个物体一样。

例 1.3 如图 1.17（a）所示结构中，已知力 F 和重物的重力 G，不计杆件的自重，试画出结构中的三角架和小球的受力图。

解：(1) 以小球为研究对象，将其从结构中分离出来。F 为作用于小球上的主动力，在解除绳索约束处，沿绳索方向画出表示柔索约束的拉力 F_T，小球在中心处受到三角架对它的约束，其约束反力可以根据三力平衡汇交定理确定，即 F_C 作用线必通过小球中心 C 与 F_T 和 F 作用线连线的交点。如图 1.17 (b) 所示。

(2) 以三角架为研究对象，将三角架从结构中分离出来。三角架在 A 处受到了固定铰支座的约束，在 B 处受到活动铰支座约束，在 C 处受到小球的约束，即三角架受到了三处约束反力的作用。首先三角架在 B 处受到活动铰支座约束，其约束反力 F_B 的作用线很容易

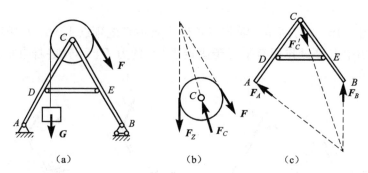

图 1.17 受力分析示意图

确定,其次在小球受力图中我们已经做出了小球在 C 铰链处受到的约束反力 F_C,三角架在 C 处受到的约束反力 F_C' 应该为 F_C 的反作用力,其作用方向与 F_C 相反。很显然,三角架在这 3 处受到的 3 个约束反力不平行,根据三力平衡汇交定理,我们就能够很快确定 A 处的约束反力 F_A,如图 1.17(c)所示。

思考与练习

1-1 二力平衡条件与作用和反作用定律两者有什么区别?为什么说二力平衡条件、加减平衡力系原理和力的可传递性只能适用于刚体?

1-2 什么是二力构件?二力构件受力时与构件的形状有无关系?

1-3 说明下列式子和文字的意义和区别:$F_1=F_2$,$\boldsymbol{F}_1=\boldsymbol{F}_2$,力 $\boldsymbol{F}_1$ 与力 $\boldsymbol{F}_2$ 等效。

第2章 平面力系

 导入案例

起重机匀速起吊钢管时受力情况如图 2.1 所示。当以钢管为研究对象分析其受力时，其上除作用有重力 G 以外，还受到两端绳索的拉力 F_{TA} 与 F_{TB} 的作用。这三个力的作用线位于同一平面内，且汇交于 D 点。

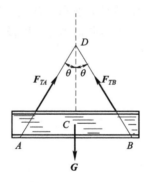

图 2.1 起重机匀速起吊钢管的受力示意图

§2.1 力的投影 力矩与力偶

2.1.1 力的投影

一、力在平面上的投影

如图 2.2 所示，F_{xy} 是 F 在平面 Oxy 上的投影，记作 $F_{xy} = [F]_{xOy}$，其模（即 F_{xy} 的大小）为 F_{xy}。

$$F_{xy} = F\cos\varphi \tag{2-1}$$

式中，φ 为力 F 与平面 Oxy 的夹角。很显然，**力在平面上的投影是一个矢量**。

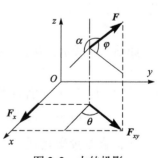

图 2.2 力的投影

二、力在坐标轴上的投影

如图 2.2 所示，将平面力 $\boldsymbol{F}_{xy}$ 向 x 轴投影，由矢量在坐标轴上投影的定义可知，从力矢 $\boldsymbol{F}_{xy}$ 的两端点，向坐标 x 轴做垂线，可以得 x 轴上介于两垂足之间的有向线段 $\boldsymbol{F}_x$，$\boldsymbol{F}_x$ 为力 $\boldsymbol{F}$ 在 x 轴上的投影。有向线段 $\boldsymbol{F}_x$ 的长短表示的是力 $\boldsymbol{F}_{xy}$ 在 x 轴上投影的大小，表示为 $F_x = |\boldsymbol{F}_x|$。并规定当力 $\boldsymbol{F}_{xy}$ 在 x 轴上的始端投影到末端投影的方向与 x 轴正方向一致时，力在 x 轴上的投影 F_x 为正；若力 $\boldsymbol{F}_{xy}$ 在 x 轴上的始端投影到末端投影的方向与 x 轴正方向相反时，力在 x 轴上的投影 F_x 为负。有了这个方向的规定，则可以说：**力在坐标轴上的投影是代数量**。

力在坐标轴上的投影，有两种方式：**直接投影法和两次投影法**。

1）直接投影法（如图 2.3 所示）

若力 $\boldsymbol{F}$ 与 x 轴、y 轴、z 轴正方向的夹角 α，β，γ 均已知，则：

$$\left.\begin{array}{l} F_x = F\cos\alpha \\ F_y = F\cos\beta \\ F_z = F\cos\gamma \end{array}\right\} \tag{2-2}$$

2）两次投影法

在求解力 $\boldsymbol{F}$ 在 x 轴和 y 轴上的投影时，先将力 $\boldsymbol{F}$ 投影在 Oxy 平面上得 $\boldsymbol{F}_{xy}$（力在平面上的投影规定为矢量），然后再将 $\boldsymbol{F}_{xy}$ 投影到 x 轴和 y 轴上。这种方法称为力的二次投影法。

如图 2.4 所示，若力 $\boldsymbol{F}$ 与 Oxy 平面的夹角为 φ，以及力 $\boldsymbol{F}$ 与 z 轴夹角 γ 已知，则：

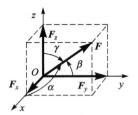

图 2.3　力的直接投影

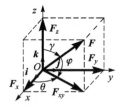

图 2.4　力的二次投影

$$\left.\begin{array}{l} F_x = F\sin\gamma\cos\varphi \\ F_y = F\sin\gamma\cos\varphi \\ F_z = F\cos\gamma \end{array}\right\} \tag{2-3}$$

若力 $\boldsymbol{F}$ 与坐标轴 x 所在平面 Oxy 的夹角为 φ，且力在平面 Oxy 上的投影 $\boldsymbol{F}_{xy}$ 与 x 轴夹角为 θ，如图 2.4 所示，则：

$$F_x = F\cos\varphi \cdot \cos\theta \tag{2-4}$$

如图 2.4 所示，在直角坐标系中，力 $\boldsymbol{F}$ 可以表示为：

$$\boldsymbol{F} = F_x \boldsymbol{i} + F_y \boldsymbol{j} + F_z \boldsymbol{k} \tag{2-5}$$

式中，$\boldsymbol{i}$，$\boldsymbol{j}$，$\boldsymbol{k}$ 分别为相应坐标轴正方向的单位矢量。

力矢 $\boldsymbol{F}$ 的模为：$F = |\boldsymbol{F}| = \sqrt{F_x^2 + F_y^2 + F_z^2}$

三、合力投影定理

将图 1.6 所示的力多边形置于直角坐标系 $Oxyz$ 中，根据式（2-5）可得：

$$F_R = F_{Rx}\boldsymbol{i} + F_{Ry}\boldsymbol{j} + F_{Rz}\boldsymbol{k} \tag{2-6}$$

将上式代入 $F_R = \sum F_i (i = 1, 2, \cdots, n)$，可以得到力的解析式

$$\left. \begin{array}{l} F_x = \sum F_{ix} \\ F_y = \sum F_{iy} \\ F_z = \sum F_{iz} \end{array} \right\} \tag{2-7}$$

若某汇交力系由 n 个力组成，则合力 F_R 可以表示为：

$$F_R = \sum F_i = \left(\sum F_{ix}\right)\boldsymbol{i} + \left(\sum F_{iy}\right)\boldsymbol{j} + \left(\sum F_{iz}\right)\boldsymbol{k} = F_x\boldsymbol{i} + F_y\boldsymbol{j} + F_z\boldsymbol{k} \tag{2-8}$$

合力在任一轴上的投影等于各分力在同一轴上投影的代数和，称为合力投影定理。

合力的大小：　　　$F_R = \sqrt{\left(\sum F_{ix}\right)^2 + \left(\sum F_{iy}\right)^2 + \left(\sum F_{iz}\right)^2}$　　　(2-9a)

合力的方向：$\cos \alpha = \left(\sum F_{ix}\right)/F_R$

$\cos \beta = \left(\sum F_{iy}\right)/F_R$ 　　(2-9b)

$\cos \gamma = \left(\sum F_{iz}\right)/F_R$

2.1.2 力矩

力对物体的作用效应，除移动外还有转动。其移动效应取决于力的大小和方向，可用力在坐标轴上的投影来描述。那么力对物体的转动效应与哪些因素有关，又如何描述呢？

一、力对点之矩

如图 2.5 所示，当我们用扳手拧螺母时，力 F 使螺母绕 O 点转动的效应不仅与力 F 的大小有关，而且还与转动中心 O 到 F 的作用线的距离 d（力臂）有关。实践表明，转动效应随 F 或 d 的大小变化而变化，此外，转动方向不同，转动效应也不同。

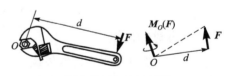

图 2.5　力对点之矩

在力学中为度量力使物体绕矩心 O 转动的效应，将力的大小 F 与矩心 O 到力的作用线的距离（力臂 d）的乘积 $F \cdot d$，冠以适当的正负号所得的物理量称为力 F 对 O 点之矩，简称力矩，记作 $M_O(F)$，即：

$$M_O(F) = \pm F \cdot d \tag{2-10}$$

力对点之矩是一个矢量。式（2-10）所表明的是：在力矩作用平面内，力对点之矩可以用一个代数量表示，它的绝对值等于力的大小与力臂的乘积。正负规定为：力使物体绕矩心逆时针转向时为正，反之为负。力矩的单位为牛顿·米（N·m）或千牛顿·米（kN·m）。

1. 力矩的性质

（1）力矩的大小与矩心位置有关，同一力对不同矩心的力矩不同。

（2）力沿其作用线滑移时力对点之矩不变。

（3）当力的作用线通过矩心时，力臂为零，力矩也为零。

2. 合力矩定理

通过前面的学习，我们已经知道：合力与分力是等效的，而力矩是度量力对物体的

转动效应的物理量。**合力对平面内任意一点之矩，等于所有分力对同一点之矩的代数和**。若 $F_R = \sum F_i = F_1 + F_2 + \cdots + F_n$，有：

$$M_O(F_R) = M_O(F_1) + M_O(F_2) + \cdots + M_O(F_n) \tag{2-11}$$

此关系称为**合力矩定理**。该定理对任何有合力的力系均成立。

例 2.1 如图 2.6 所示齿轮中 $F_n = 1\,400\,\text{N}$，$\theta = 20°$，$r = 60\,\text{cm}$，计算 F_n 对圆心 O 之矩。

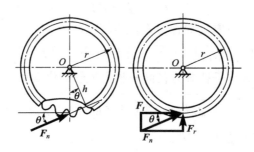

图 2.6　例 2.1 图

解：（1）根据力矩定义求：

$$h = r\cos\theta = 0.6\cos 20° = 0.568\,3\,\text{m}$$

$$M_O(F_n) = F_n \cdot h = 1\,400 \times 0.563\,8 = 389.32\,\text{N} \cdot \text{m}$$

（2）根据合力矩定义求：如图 2.5 右图所示，将力 F_n 分解为圆周力 F_t 和径向力 F_r，则：

$$M_O(F_n) = M_O(F_t) + M_O(F_r) = r \cdot F_n \cos\theta + 0$$
$$= 0.6 \times 1\,400 \times \cos 20° = 389.32\,\text{N} \cdot \text{m}$$

二、力对轴之矩

力对点之矩度量了力使刚体绕某点的转动效应。工程中常遇到刚体绕定轴转动的情形，因而引入力对轴之矩度量力使刚体绕某轴转动的效应。

在力矩作用平面内物体绕 O 点转动，从空间的角度看，就是物体绕通过 O 点且垂直于力的作用面的轴的转动。实际上，在平面内所讲的力对点之矩，对空间而言就是力对通过矩心且垂直于力的作用面的轴之矩。由经验可知，如图 2.7（a），（b），（c）所示的力 F 均无法使门绕轴转动，只有如图 2.7（d）所示施加力 F，门才会绕轴转动。

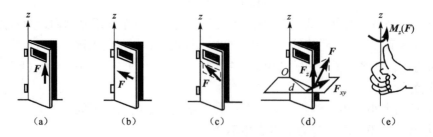

图 2.7　力对轴之矩

设作用在门上的力 F 的作用点为 A，将力 F 分解为两个力，其中 $F_z // Oz$，另一分力 F_{xy}

在过 A 且垂直于 Oz 轴的平面 Oxy 内。分力 F_z 不会使刚体绕 Oz 轴转动,正如作用在门上的重力不会使它绕铅垂的门轴转动一样,力 F 使刚体绕 Oz 轴的转动完全决定于分力 F_{xy} 对 O 点之矩,于是力对轴之矩为力在垂直于该轴的平面上的分力对该轴与平面交点之矩

$$M_z(F) = M_O(F_{xy}) = \pm F_{xy} d \tag{2-12}$$

力与轴相交或与轴平行(力与轴在同一平面内)时,力对该轴的矩为零。

如图 2.7(e)所示,力对轴之矩是代数量,它的正负号由右手螺旋法则确定。单位与力对点之矩相同。根据力的投影和力矩的概念,力对轴之矩可以写成以下解析式:

$$\left. \begin{array}{l} M_z(F) = F_y x - F_x y \\ M_x(F) = F_z y - F_y z \\ M_y(F) = F_x z - F_z x \end{array} \right\} \tag{2-13}$$

对比式(2-11)及式(2-13)可得到力对点之矩与力对轴之矩之间的关系:

$$\left. \begin{array}{l} [M_O(F)]_x = M_x(F) \\ [M_O(F)]_y = M_y(F) \\ [M_O(F)]_z = M_z(F) \end{array} \right\} \tag{2-14}$$

上式表明:**力对点 O 之力矩矢在通过该点的任一轴 L 上的投影等于力对该轴之矩。**

例 2.2 如图 2.8 所示,力 F 通过点 A(3,4,0)和点 B(0,0,5),设 $F = 100$ N。求:

(1)力 F 对直角坐标轴 x,y,z 之矩;

(2)力 F 对图中轴 OC 之矩,点 C 坐标为(3,0,5)。(注:图中尺寸单位为 m)

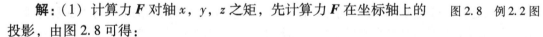

图 2.8 例 2.2 图

解:(1)计算力 F 对轴 x,y,z 之矩,先计算力 F 在坐标轴上的投影,由图 2.8 可得:

$$OA = OB, \gamma = 45°, \cos\varphi = 0.6, \sin\varphi = 0.8$$
$$F_x = -F\sin\gamma\cos\varphi = -42.4 \text{ N}$$
$$F_y = -F\sin\gamma\cos\varphi = -56.6 \text{ N}$$
$$F_z = -F\cos\gamma = 70.7 \text{ N}$$

力 F 的作用点 A 的坐标为 $x = 3$ m,$y = 4$ m,$z = 0$,则:

$$M_x(F) = F_z y - F_y z = 282.8 \text{ N·m}$$
$$M_y(F) = F_x z - F_z x = -212.1 \text{ N·m}$$
$$M_z(F) = F_y x - F_x y = 0$$

(2)利用式(2-14)计算力 F 对坐标轴 x,y,z 之矩。

先计算力 F 对点 O 之力矩矢 $M_O(F)$,为此写出力 F 和矢径 r 的解析式:

$$F = -42.4i - 56.6j + 70.7k, \quad r = \overrightarrow{OB} = 5k \text{ m}$$

利用式(2-10)有:

$$M_O(F) = r \times F = 282.8i - 212.1j$$

再利用式(2-14)有

$$M_x(F) = [M_O(F)]_x = 282.8 \text{ N·m}$$

$$M_y(\boldsymbol{F}) = [\boldsymbol{M}_O(\boldsymbol{F})]_y = -212.1 \text{ N·m}$$
$$M_z(\boldsymbol{F}) = [\boldsymbol{M}_O(\boldsymbol{F})]_z = 0$$

(3) 计算力 $\boldsymbol{F}$ 对图中轴 OC 之矩。

先计算沿轴 OC 的单位矢量 $\boldsymbol{e}_c$：
$$\boldsymbol{e}_c = \overrightarrow{OC}/|\overrightarrow{OC}| = (3\boldsymbol{i}+5\boldsymbol{k})/\sqrt{34}$$

再利用式（2-14），有：
$$\boldsymbol{M}_{OC}(\boldsymbol{F}) = [\boldsymbol{M}_O(\boldsymbol{F})]_{OC} = \boldsymbol{M}_O(\boldsymbol{F}) \cdot \boldsymbol{e}_c = 145.5 \text{ N·m}$$

2.1.3 力偶及力偶矩

一、力偶及力偶矩的基本概念

力学中，把作用在同一物体上大小相等、方向相反但不共线的一对平行力称为**力偶**，记作 (F, F')，力偶中两个力的作用线间的距离称为**力偶臂**，两个力所在的平面称为**力偶的作用面**。如图2.9所示。

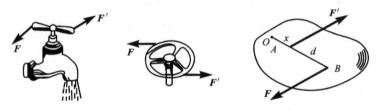

图2.9 力偶

在工程实际和日常生活中，物体受力偶作用而转动的现象十分常见，如图2.9所示，用两个手指拧动水龙头、司机两手转动方向盘、钳工双手用丝锥攻丝等所施加的一对力都是力偶。

力偶中的两个力不满足二力平衡条件，不能平衡，也不能对物体产生移动效应，只能对物体产生转动效应。力偶对物体的转动效应随力的大小 F 或力偶臂 d 的增大而增强，我们用二者的乘积 $F \cdot d$ 冠以适当的正负号所得的物理量来度量力偶对物体的转动效应，称之为**力偶矩**，记作 $M(F, F')$ 或 M。即，

$$M(\boldsymbol{F}, \boldsymbol{F}') = \pm F \cdot d \tag{2-15}$$

在平面内力偶矩是代数量，正负号表示力偶的转向，规定逆正顺负。力偶的单位为 N·m 和 kN·m。

力偶对物体的转动效应取决于**力偶矩的大小、转向和力偶的作用面的方位**，我们称这三者为**力偶的三要素**。三要素中，有任何一个改变，力偶的作用效应就会改变。

二、力偶的性质

根据力偶的概念，可以证明力偶具有以下性质。

性质1 力偶中的两个力在任意轴上的投影的代数和恒等于零，故力偶无合力，不能与一个力等效，也不能用一个力来平衡。力偶只能用力偶来平衡。

力偶和力是组成力系的两个基本物理量。

性质2 力偶对于作用面内任一点之矩的和恒等于力偶矩，与矩心位置无关。力偶对刚体的转动效应用力偶矩度量，在平面问题中，力偶矩是个代数量。

在平面问题中，将乘积 $F \cdot d$ 再冠以适当的正负号，作为力偶使物体转动效应的度量，称为力偶矩，常用符号 $M(F, F')$ 或 M 表示

$$M(F, F') = M = \pm F \cdot d \tag{2-16}$$

性质 3 力偶具有等效性：凡是力偶矩的大小、转向和力偶的作用面的方位相同的力偶，彼此等效，可以相互代替。

根据力偶的等效性，可得出以下两个推论。

推论 1 力偶对物体的转动效应与它在作用面内的位置无关，力偶可以在其作用面内任意移动或转动，而不改变它对刚体的效应。如图 2.10（a）所示。

推论 2 在保持力偶矩的大小和转向不变的情况下，可同时改变力偶中力的大小和力偶臂的长短，而不改变它对刚体的效应。如图 2.10（b）所示。

在平面力系中，力偶对物体的转动效应完全取决于力偶矩的大小和转向。如图 2.11 所示，以一个带箭头的弧线表示力偶，并标出力偶矩的值，箭头表示力偶的转向。

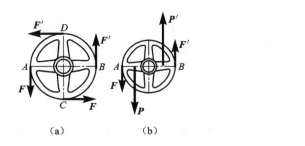

图 2.10 力偶的等效性

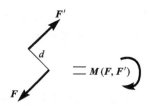

图 2.11 力偶的表示方法

根据力偶的性质，可以得出空间力偶的等效条件：**力偶矩的大小相等，转向相同，作用面平行的两力偶等效。**

空间力偶的三要素，可以用一个矢量——力偶矩矢 M 来表示。$M = r \times F$。其中 M 的方位应垂直于力偶作用面，M 的模等于力偶的矩大小，M 的指向用右手法则表示。力偶矩矢 M 是自由矢量。

结论：力偶对刚体的作用效果用力偶矩矢 M 表示；力偶矩矢 M 相等的两力偶等效。

力偶的等效性及其推论，只适用于刚体，不适用于变形体。

§2.2 平面力系的简化与合成及平衡问题

在保证力的效应完全相同的前提下，将复杂力系简化为简单力系，称为**力系的简化**。将力系简化成一个力称为**力系的合成**。力系的简化与合成是研究平衡问题的基础。

2.2.1 力的平移定理

由力的基本性质可知，在刚体内，力沿其作用线滑移，其作用效应不变。如果将力的作用线平行移动到另一位置，其作用效应是否改变呢？

如图 2.12 所示，当力 F 作用于 A 点时，物体不会绕 A 点转动，而力 F 的作用线平移至

B 点后，物体将绕 A 转动。显然，力的作用线从 A 点平移到 B 点后，对物体的作用效应发生了改变。

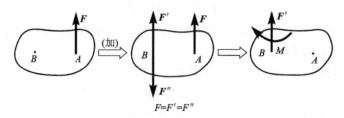

图 2.12　力的平行移动

可见，力的作用线平移后，要保证其效应不变，应附加一定的条件。设力 F 作用于刚体上 A 点，由加减平衡力系公理可知，在另一点 B 可加上一对平衡力 F' 与 F''，且 $F' /\!/ F$，可视为力平移到 B 点，记为 F'，其余两力（F''，F）构成一力偶，其力偶矩 $M = BA \cdot F$。即：

$$(F) = (F, F', F'') = (M, F') \tag{2-17}$$

这就是**力的平移定理**：作用于刚体上的力可以平移到该刚体内任一点，但为了保持原力对刚体的效应不变，必须附加一力偶，该附加力偶的力偶矩等于原力对新作用点之矩。

力的平移定理只适用于同一刚体。研究变形体的内力和变形时，力平移后内力和变形均发生改变。

如图 2.13 所示，用扳手拧紧螺栓时，螺钉除受大小为 F 的力外，还受力偶矩大小为 $M = Fl$ 的力偶作用。图 2.14（a）所示梁（受横向荷载的杆）承受均布载荷，将它们向梁的中点平移，两边附加力偶构成平衡力偶系去掉后，得图 2.14（b）所示等效简化情形。

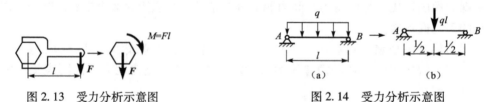

图 2.13　受力分析示意图　　　　图 2.14　受力分析示意图

2.2.2　平面力系的简化

各力的作用线分布在同一平面内的力系称为**平面力系**。平面力系是工程中最常见的一种力系。许多工程结构和构件受力作用时，虽然力的作用线不都在同一平面内，但其作用力系往往具有一对称平面，可将其简化为作用在对称平面内的力系。研究平面力系在理论上和工程实际应用上具有重要意义。

一、平面力系的分类

根据平面力系中各力作用线及作用点的不同，平面力系可以分为**平面任意力系**和**平面特殊力系**。平面特殊力系又分为平面汇交力系、平面力偶系和平面平行力系。

图 2.15 中所示为一平面任意力系。平面任意力系中各力的作用线既没有完全汇交也没有完全平行。

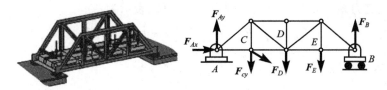

图 2.15　平面任意力系工程实例

图 2.16 所示为平面汇交力系，力系中各力的作用线或其延长线汇交于一点。

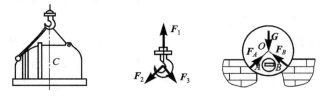

图 2.16　平面汇交力系工程实例

图 2.17 所示为平面力偶系。作用在同一平面内的一群力偶称为平面力偶系。
图 2.18 所示为平面平行力系。平面平行力系中各力的作用线相互平行。

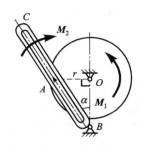
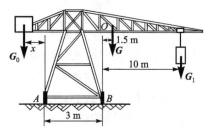

图 2.17　平面力偶系工程实例　　　　图 2.18　平面平行力系工程实例

二、平面汇交力系的简化

平面汇交力系的简化有两种方式：几何法和解析法。

（1）平面汇交力系简化的几何方法，实质上就是根据力的平行四边形公理，如图 2.5 所示，将构成汇交力系的各个分力矢 F_1，F_2，…，F_n 沿环绕力多边形边界的某一方向首尾相接，而合力 F_R 则沿相反方向连接力多边形的缺口。利用力多边形进行平面汇交力系合成，直观性较强，但存在较大作图误差，因此用得比较少。

（2）平面汇交力系简化的解析法，实质上就是将构成汇交力系的各个分力矢 F_1，F_2，…，F_n 向坐标轴投影后再根据合力投影定理求出合力的大小和方向，如图 2.21 所示。

欲求平面汇交力系 F_1，F_2，…，F_n 的合力，首先建立直角坐标系 Oxy，并求出各力在 x，y 轴上的投影，然后根据合力投影定理计算合力 F_R 的投影和。

由 $\boldsymbol{F}_R = F_{Rx}\boldsymbol{i} + F_{Ry}\boldsymbol{j}$ 和 $\boldsymbol{F}_R = \sum \boldsymbol{F}_i\,(i=1, 2, \cdots, n)$ 可以得到：

$$F_{Rx} = \sum F_{ix}, \qquad F_{Ry} = \sum F_{iy}$$

该式称为平面汇交力系合成的解析式。

若某平面汇交力系由 n 个力组成,则合力 F_R 可以表示为:

$$F_R = \sum F_i = \left(\sum F_{ix}\right) i + \left(\sum F_{iy}\right) j$$

合力 F_R 的大小:$F_R = \sqrt{\left(\sum F_{ix}\right)^2 + \left(\sum F_{iy}\right)^2}$

合力 F_R 的方向:$\cos\alpha = \left(\sum F_{ix}\right)/F_R$, $\cos\beta = \left(\sum F_{iy}\right)/F_R$

例 2.3 如图 2.19 所示,$F_1 = 200$ N,$F_2 = 300$ N,$F_3 = 100$ N,$F_4 = 250$ N,求该力系的合力。

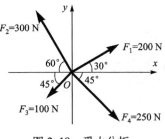

图 2.19 受力分析

解:坐标系 Oxy 如图所示,将各力分别向 x,y 轴投影得:

$F_{2x} = -F_2\cos 60° = -150$ N
$F_{2y} = F_2\sin 60° = 259.8$ N
$F_{3x} = -F_3\cos 45° = -70.7$ N
$F_{3y} = -F_3\sin 45° = -70.7$ N
$F_{4x} = F_4\cos 45° = 176.75$ N
$F_{4y} = -F_4\sin 45° = -176.75$ N

根据合力投影定理得:

$$F_{Rx} = \sum F_{ix} = F_{1x} + F_{2x} + F_{3x} + F_{4x} = 129.25 \text{ N}$$

$$F_{Ry} = \sum F_{iy} = F_{1y} + F_{2y} + F_{3y} + F_{4y} = 112.35 \text{ N}$$

合力 F_R 与 x 轴正向所夹的锐角 α 为:

$$\alpha = \arctan F_{Ry}/F_{Rx} = 112.35/129.25 = 40.975°。$$

平面汇交力系简化时,只受 3 个力作用的物体且力的角度比较特殊时,通常采用几何方法合成。受多个力作用的物体,无论各力的角度是否特殊都采用解析法合成。需注意的是,所选坐标系不同,力系合成的结果一样,但繁简程度也不同,解题时,将坐标轴选取在与尽可能多的力垂直或平行的方向,可简化运算过程。

三、平面力矩的合成

平面汇交力系对物体的作用效应可以用它的合力 F_R 来代替。这里的作用效应包括物体绕某点转动的效应,而力使物体绕某点的转动效应由力对该点之矩来度量,因此,**平面汇交力系的合力对平面内任一点之矩等于该力系的各分力对该点之矩的代数和。**

平面力矩的合成,运用的是前面我们提到过的合力矩定理。这个定理是从平面汇交力系推证出来的,但同样适用于有合力的其他平面力系。

例 2.4 图 2.20 所示每 1 m 长挡土墙所受土压力的合力为 F_R,$F_R = 200$ kN,方向如图所示,求土压力 F_R 使墙倾覆的力矩。

解:土压力 F_R 可使挡土墙绕 A 点倾覆,求 F_R 使墙倾覆的力矩,就是求它对 A 点的力矩。由于 F_R 的力臂求解较麻烦,但如果将 F_R 分解为两个互相垂直的分力 F_1 和 F_2,则两

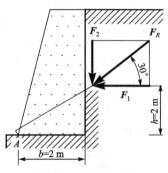

图 2.20 受力示意图

分力的力臂是已知的。

根据合力矩定理，合力 F_R 对 A 点之矩等于 F_1，F_2 对 A 点之矩的代数和。则：

$$M_A(F_R) = M_A(F_1) + M_A(F_2) = 200\cos 30°×2 - 200\sin 30°×2 = 146.41 \text{ kN·m}$$

四、平面力偶系的合成（合力偶定律）

设刚体上作用力偶矩为 $M_1, M_2, \cdots, M_n$ 的 n 个力偶，这种由若干个力偶组成的力系，称为力偶系。力偶对物体只有转动效应，而且转动效应由力偶矩来度量。若干个力偶同时作用于刚体上时，也只能产生转动效应，其转动效应的大小也等于各力偶转动效应的总和。

若力偶系中各力偶均作用在同一平面内，则称该力偶系为**平面力偶系**。

如图 2.21（a）所示，因各力偶矩为自由矢量，故可将它们平移至任一点 A。如图 2.21（b）所示，由共点矢量合成得合力偶矩，即合力偶矩定理：**力偶系合成的结果为一合力偶，其合力偶矩等于各力偶矩的矢量和**。即：

$$M = M_1 + M_2 + \cdots + M_n = \sum M_i \tag{2-18}$$

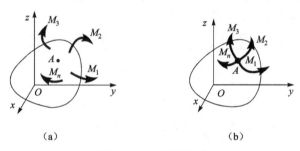

图 2.21 力偶系合成

例 2.5 如图 1.22 所示物体受到同一平面内 3 个力偶的作用，$F_1 = 200$ N，$F_2 = 400$ N，$M = 150$ N·m，求其合成的结果。

解：3 个共面力偶合成的结果是一个合力偶，各分力偶矩为：

$M_1 = F_1 d_1 = 200×1 = 200$ N·m

$M_2 = F_2 d_2 = 400×0.25/\sin 30° = 200$ N·m

$M_3 = -M = -150$ N·m

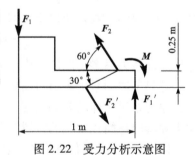

图 2.22 受力分析示意图

由式（1-18）得合力偶为：

$$M = \sum M_i = M_1 + M_2 + M_3 = 200 + 200 - 150 = 250 \text{ N·m}$$

即合力偶矩的大小等于 250 N·m，转向为逆时针方向，作用在原力偶系的平面内。

五、平面任意力系向作用面内一点简化

1. 平面任意力系向作用面内一点简化

将图 2.23（a）所示的平面力系中各力 F_1，F_2，$\cdots$，F_n 的作用点移至 O 点（简化中心），根据力的平移定律，各力向 O 点平移时，将得到一个汇交于 O 的平面汇交力系 F_1'，F_2'，$\cdots$，F_n' 以及平面力偶系 M_1，M_2，$\cdots$，M_n，如图 2.23（b）所示。

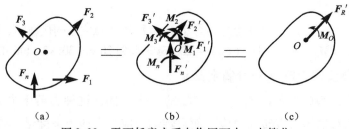

图 2.23 平面任意力系向作用面内一点简化

如图 2.23（c）所示，平面汇交力系 F_1'，F_2'，…，F_n'，可以合成为一个作用于简化中心 O 点的和矢量 F_R'，因为 $F_1 = F_1'$，$F_2 = F_2'$，…，则 $F_R' = \sum F_i' \sum F_i$，即平面任意力系中各力的矢量和，$F_R'$ 称为**原平面任意力系的主矢**，简称主矢。它等于原力系中各分力的矢量和，但并不是原力系的合力，因为它不能代替原力系的全部作用效应，只体现了原力系对物体的移动效应。其作用点在简化中心 O，大小、方向可用解析法计算。

将主矢 F_R' 向直角坐标轴 x，y 投影可得：

$$F_{Rx}' = \sum F_{ix}' = \sum F_{ix},\ F_{Ry}' = \sum F_{iy}' = \sum F_{iy} \tag{2-19}$$

主矢 F_R' 的大小为：$F_R' = \sqrt{\left(\sum F_{ix}\right)^2 + \left(\sum F_{iy}\right)^2}$

主矢 F_R' 的方向为：$\cos(F_R', i) = \sum F_{ix}/F_R'$，$\cos(F_R', j) = \sum F_{iy}/F_R'$

主矢 F_R' 的指向由 $\sum F_{xi}$ 和 $\sum F_{yi}$ 的正负号决定。很显然主矢的大小和方向与简化中心的位置无关。

如图 2.23（c）所示。平面任意力系中各力在向简化中心平移时，产生的附加力偶矩 M_1，M_2，…，M_n，在作用平面内构成了平面力偶系。根据合力偶定律可得：

$$M_O = M_1 + M_2 + \cdots + M_n = \sum M_O(F_i) \tag{2-20}$$

即平面任意力系各力对简化中心 O 的矩的代数和，M_O 称为**平面任意力系对简化中心 O 的主矩**。它等于原力系中各力对简化中心之矩的代数和。它不是原力系的合力偶矩，因为它不能代替原力系对物体的全部效应，只体现了原力系使物体绕简化中心转动的效应。显然主矩的大小和转向与简化中心的位置有关。

综上所述，平面任意力系与主矩和主矢的联合作用是等效的。即：平面任意力系向作用面内任一点简化，一般可得到一个力和一个力偶，该力通过简化中心，其大小和方向等于力系的主矢 F_R'，主矢 F_R' 的大小和方向与简化中心无关；该力偶的力偶矩等于力系对简化中心的主矩 M_O，主矩 M_O 的大小和转向与简化中心相关。

2. 平面任意力系向作用面内一点简化后的结果

如图 2.24 所示，平面任意力系向作用面内一点简化的结果为两个基本物理量：作用于简化中心的主矢 F_R' 和作用于力系作用平面内的主矩 M_O。但这并不是平面任意力系简化的最终结果，当主矢和主矩出现不同值时，简化结果出现以下几种情形。

（1）$F_R' \neq 0$，$M_O = 0$，简化后的主矢不等于 0，主矩等于 0，此时平面任意力系可以简化为一合力，作用于简化中心，其大小和方向等于原力系的主矢。如图 2.24 所示。

（2）$F_R' = 0$，$M_O \neq 0$，简化后的主矢等于 0，主矩不等于 0，此时平面任意力系可以简

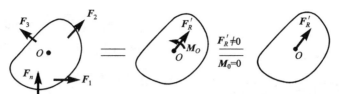

图 2.24　任意力系简化后得到一个合力

化为一力偶，其力偶矩 M 等于原力系对简化中心的主矩，此时主矩与简化中心无关，如图 2.25 所示。

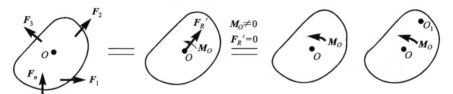

图 2.25　任意力系简化后得到一个合力偶

（3）$F'_R = 0$，$M_O = 0$，简化后的主矢和主矩都等于 0，此时物体在平面任意力系作用下处于平衡状态，如图 2.26 所示。

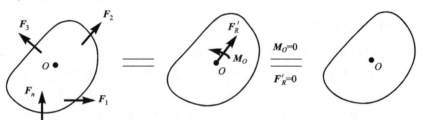

图 2.26　任意力系处于平衡状态

（4）$F'_R \neq 0$，$M_O \neq 0$，简化后的主矢和主矩均不为 0，此时可进一步简化为一合力。

如图 2.27 所示，根据力的平移定理的逆过程，将主矢 F'_R 和主矩 M_O 合成一个合力 F_R，合力 F_R 的作用线到简化中心 O 的距离为 $d = |M_O / F'_R|$。

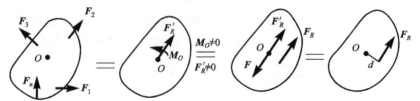

图 2.27　任意力系简化后主矩和主矢的合成

其中 $M_O = F'_R \cdot d$，$F_R = F'_R = \sum F_i$。

例 2.6　如图 2.28 所示平面力系向 O 点简化的结果及最简形式。

解：建立直角坐标系 Oxy，如图 2.28 所示。以 O 为简化中心。

$$F_x = \sum F_{ix} = 500 - 500 \times 4/5 = 100 \text{ N}$$

$$F_y = \sum F_{iy} = 500 \times 3/5 - 200 - 100 = 0 \text{ N}$$

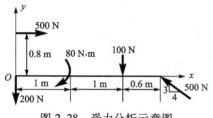

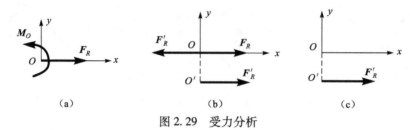

图 2.28 受力分析示意图

$F_R = \sqrt{F_x^2 + F_y^2} = 100 \text{ N}$

$\cos(\boldsymbol{F_R}, \boldsymbol{i}) = \sum F_{ix}/F_R = 1$

$M_O = \sum M_O(\boldsymbol{F})$ 即：

$M_O = \sum M_O(\boldsymbol{F_i}) = -500 \times 0.8 - 80 - 100 \times 2 + 500 \times 2.6 \times 4/5 = -100 \text{ N} \cdot \text{m}$

可见该平面力系向 O 点简化后得到如图 2.29（a）所示的主矢 $\boldsymbol{F_R}$ 和主矩 $\boldsymbol{M_O}$。继续简化，可以得到简化中心在 O' 的力矢 $\boldsymbol{F'_R}$，如图 2.29（c）。

（a）　　　　　　　（b）　　　　　　　（c）

图 2.29 受力分析

$OO' = M_O/F_R = 100/100 = 1 \text{ m}$

2.2.3 力系的平衡问题

平衡是指物体相对于地面静止或做匀速直线运动的状态，是机械运动的一种特殊情况。能够使物体处于平衡状态的力系称为平衡力系，平衡力系所必须满足的条件称为平衡条件。

平衡问题是静力学研究的核心问题。本节由一般力系的简化结果得出一般力系平衡的几何条件及平衡方程（解析表达形式），并导出各类特殊力系的独立平衡方程，运用平衡条件，求解各类物体系统的平衡问题，确定物体的受力状态或平衡位置。

一、平面任意力系平衡条件

图 2.30 所示平面一般力系（设各力位于 Oxy 平面），显然各力在 z 轴上的投影为零，即 $\sum F_z \equiv 0$，各力对 x 轴和 y 轴之力矩均为零，即 $\sum M_x = 0$，$\sum M_y = 0$。

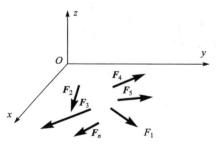

图 2.30 受力分析示意图

在平衡方程组（2-22）中去掉这 3 个已经自动满足的方程，便得到以下平衡方程组：

$$\left.\begin{array}{l} \sum F_x = 0 \\ \sum F_y = 0 \\ \sum M_z = 0 \,(\text{或} \sum M_o = 0) \end{array}\right\} \quad (2-21)$$

方程组（2-21）称为平面任意力系平衡方程的一般形式，它表明，平面任意力系平衡的充分必要条件为：**力系中各力在任意两坐标轴上投影的代数和等于零，各力对平面内任意一点之矩等于零**。通常称前两个方程为力的投影方程，后一个方程为力矩方程。方程中的坐标轴和矩心可以任选，为解题方便，应使所选坐标轴尽量与未知力垂直，使所选矩心尽量位于两个以上未知力的交点，这样可减少方程所含的未知量，少解或不解联立方程。

平面任意力系只能列 3 个独立的平衡方程，最多只能解 3 个未知量。通过多选坐标轴和矩心是不能多解未知量的。平衡方程可以有不同的写法，可以证明与方程组(2-21)等价的平衡方程组还有二矩式和三矩式。

二矩式： $\sum F_x = 0, \sum M_A = 0, \sum M_B = 0$ (2-22)

其中，两矩心 A，B 连线不能与力的投影轴相垂直。

三矩式： $\sum M_A = 0, \sum M_B = 0, \sum M_C = 0$ (2-23)

其中 A，B，C 三矩心不能共线。

例 2.9 如图 2.31 所示起重机重 $P_1 = 10$ kN，可绕铅直轴 AB 转动，起吊 $P_2 = 40$ kN 的重物，尺寸如图。求轴承 A 和轴承 B 处的约束力。

解： 如图 2.31 所示，取起重机为研究对象，它所受的主动力有 P_1 和 P_2。由于对称性，约束力和主动力都在同一平面内。轴承 A 处有两个约束力 F_{Ax}，F_{Ay}，轴承 B 处有一个约束力 F_B。建立图示坐标系，由平面力系的平衡方程得：

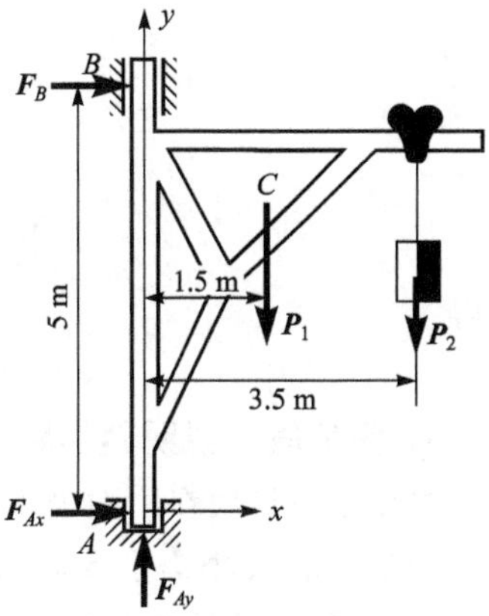

$$\sum F_x = 0 \quad F_{Ax} + F_B = 0$$
$$\sum F_y = 0 \quad F_{Ay} - P_1 - P_2 = 0$$
$$\sum M_A(F) = 0 \quad -F_B \cdot 5 - P_1 \cdot 1.5 - P_2 \cdot 3.5 = 0$$

图 2.31 受力分析示意图

解得：

$$F_{Ay} = P_1 + P_2 = 50 \text{ kN}, \quad F_B = -0.3P_1 - 0.7P_2 = -31 \text{ kN}$$
$$F_{Ax} = -F_B = 31 \text{ kN}$$

F_B 为负值说明它的方向和假设方向相反。

二、平面特殊力系平衡

1. 平面汇交力系平衡

以平面汇交力系的汇交点 O 为矩心，在平面任意力系平衡方程中 $\sum M_O(F) \equiv 0$。

平面汇交力系平衡的充要条件是：**力系中各力在任意两坐标轴上投影的代数和等于零**。

平面汇交力系的平衡方程为：

$$\sum F_x = 0, \sum F_y = 0 \qquad (2-24)$$

平面汇交力系有两个独立的平衡方程，至多可以解两个未知量。

例 2.10 如图 2.32（a）所示，铰车通过绳索将物体吊起。已知物体的重量 $G = 20$ kN，杆 AB，BC 及滑轮的重量不计，滑轮 B 的大小可忽略不计，求 AB 杆及 BC 杆所受的力。

解：（1）以滑轮 B 为研究对象，忽略其大小，作受力如图 2.32（b）。其中，

$$T = G = 20 \text{ kN}$$

（2）建立直角坐标系 Bxy，如图 2.32（b）所示，列平衡方程求解：

$$\sum F_y = 0, \quad S_{BC}\sin 30° - T\cos 30° - G = 0$$

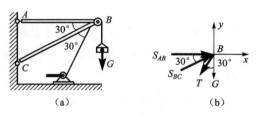

图 2.32 受力分析示意图

解得：
$$S_{BC} = 74.64 \text{ kN}$$

$$\sum F_x = 0, \quad S_{BC}\cos 30° - T\sin 30° + S_{AB} = 0$$

解得：
$$S_{AB} = -54.64 \text{ kN}$$

S_{AB} 为负值，说明其实际方向与图示方向相反。

由作用力与反作用力公理可知：AB 杆所受的力的大小等于 $S_{AB} = -54.64$ kN，受拉力；BC 杆所受的力的大小等于 $S_{BC} = 74.64$ kN，受压力。

2. 平面力偶系的平衡

由于力偶中的二力在任意坐标轴上的投影为零，且力偶对平面内任意一点的矩恒等于力偶矩，故对平面力偶系而言，平面任意力系的平衡方程中，$\sum F_x = 0$，$\sum F_y = 0$。

平面力偶系平衡的充分必要条件是：**力偶系中各力偶矩的代数和等于零**。

平面力偶系的平衡方程为：
$$M = \sum m = 0 \tag{2-25}$$

平面力偶系有一个独立的平衡方程，至多可以解一个未知量。

例 2.11 如图 2.33（a）所示，梁 AB 受力偶 m 的作用，求 A，B 两处的约束反力。

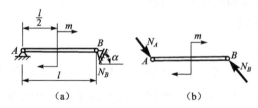

图 2.33 受力分析示意图

解：（1）取梁 AB 为研究对象，作受力图如图 2.33（b）所示。因力偶只能用力偶来平衡，故 N_A 与 N_B 一定组成一对力偶，N_B 的方向可定，N_A 的方向随之而定，有：$N_A = N_B = N$。

（2）列平衡方程求解：$\sum m = 0$，$N \cdot l\cos\alpha - m = 0$

解得：$N = m/(l\cos\alpha)$ 故 $N_A = N_B = N = m/(l\cos\alpha)$

3. 平面平行力系的平衡

选取坐标轴 y 与平面平行力系中各力的作用线平行，则在平面任意力系的平衡方程中，$\sum F_x \equiv 0$。

平面平行力系的平衡方程为：

$$\sum F_x = 0, \sum M_O(F) = 0 \quad (2\text{-}26)$$

平面平行力系的平衡方程还可以写为：

$$\sum M_A(F) = 0, \sum M_B(F) = 0（二矩式）\quad (2\text{-}27)$$

平面平行力系有两个独立的平衡方程，至多可以解两个未知量。

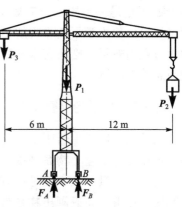

图 2.34 受力分析示意图

例 2.12 如图 2.34 所示塔式起重机，机架重 P_1 = 700 kN，作用线通过塔架的中心。最大起重量 P_2 = 200 kN，最大悬臂长为 12 m，轨道 AB 的间距为 4 m。平衡重 P_3 到机身中心线距离为 6 m。

(1) 保证起重机在满载和空载时都不致翻倒，平衡重 P_3 应为多少？

(2) 当平衡重 P_3 = 180 kN 时，求满载时轨道 A，B 的约束力。

解：(1) 起重机受力如图 2.34 所示。满载时，在起重机即将绕 B 点翻倒的临界情况，有 $F_A = 0$。由此可求出平衡重 P_3 的最小值。

$$\sum M_B(F) = 0, P_{3\min}(6+2) + 2P_1 - P_2(12-2) = 0, P_{3\min} = (10P_2 - 2P_1)/8 = 75 \text{ (kN)}$$

空载时，载荷 $P_2 = 0$ kN。在起重机即将绕 A 点翻倒的临界情况，有 $F_B = 0$。由此可求出 P_3 的最大值。

$$\sum M_A(F) = 0, P_{3\max}(6-2) - 2P_1 = 0, P_{3\max} = 2P_1/4 = 350 \text{ (kN)}$$

实际工作时，起重机不致翻倒的平衡重取值范围为：75 kN $\leq P_3 \leq$ 350 kN

(2) 当 $P_3 = 180$ kN 时，由平面平行力系的平衡方程：

$$\sum M_A(F) = 0, P_3(6-2) - 2P_1 - P_2(12+2) + 4F_B = 0$$

$$\sum F_y = 0, -P_3 - P_1 - P_2 + F_A + F_B = 0$$

解得：

$$F_B = 14P_2 + 2P_1 - 4P_3/4 = 870 \text{ kN}, F_A = 210 \text{ kN}$$

结果校核：由多余方程

$$\sum M_B(F) = 0,$$

$$P_3(6+2) + 2P_1 - P_2(12-2) - 4F_A = 0$$

得：

$$F_A = 8P_3 + 2P_1 - 10P_2/4 = 210 \text{ (kN)}$$

结果相同，计算无误。

§2.3 物系的平衡问题

2.3.1 静定与静不定问题

由前面的讨论可知，每种力系的独立平衡方程数 M 是一定的，因而能求解出的未知量

的个数 N 也是一定的。若未知量的数目小于或等于所能列出的独立方程的数目,则所有未知量均可由静力学平衡方程解出,这类问题称为静定问题。若未知量的数目多于所能列出的独立方程的数目,则所有未知量就不能由静力学平衡方程完全解出,这类问题称为静不定问题或超静定问题。

2.3.2 物系的平衡问题

所谓物系就是由若干个相互联系的物体通过约束组成的物体系统。求解物系平衡问题的基本依据是:若整个物系平衡,则组成物系的各个物体都平衡。分析单个物体平衡问题的方法适用于此。其一般方法是:首先,确定所给的物体系统的平衡问题是静定问题,还是静不定问题;接着,正确画出物系整体、局部以及每个物体的受力图。特别要注意,受力图之间彼此协调,符合作用力和反作用力公理;最后,分别对物系整体及组成物系的各个物体,列平衡方程,逐个解出未知量。

考虑物系平衡时,要注意:分清内力和外力,不考虑内力;要灵活选取平衡对象和列写平衡方程,应尽量减少方程中的未知量,简捷求解;如系统由 n 个物体组成,而每个物体在平面力系作用下平衡,则有 $3n$ 个独立的平衡方程,可解 $3n$ 个未知量。不独立的方程用于校核计算结果。

例 2.13 如图 2.35 (a) 所示水平组合梁。已知 $m=20$ kN·m,$q=15$ kN/m。求 A,B,C 处的约束反力。

解:(1)取 AB 梁为研究对象,作其受力图如图 2.35 (b) 所示。

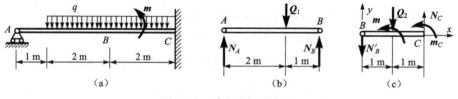

图 2.35 受力分析示意图

其中
$$Q_1 = 2q = 15 \times 2 = 30 \text{ kN}。$$

列平衡方程:
$$\sum M_A(F) = 0, \quad 3N_B - 2Q_1 = 0, \text{ 解得:} N_B = 20 \text{ kN}$$
$$\sum M_B(F) = 0, \quad -3N_A - Q_1 = 0, \text{ 解得:} N_A = 10 \text{ kN}$$

(2)取 BC 梁为研究对象,作其受力图如图 2.35 (c) 所示。其中
$$Q_2 = 2q = 30 \text{ kN}, N_B' = N_B = 20 \text{ kN}$$

列平衡方程:
$$\sum F_y = 0, \quad -N_B' - Q_2 + N_C = 0, \text{ 解得:} N_C = 50 \text{ kN}$$
$$\sum M_C(F) = 0, \quad 2N_B' + Q_2 + m + m_C = 0, \text{ 解得:} m_C = -90 \text{ kN·m}$$

m_C 得负值表示其实际方向与图示方向相反,即顺时针。

例 2.14 如图 2.36 (a) 所示曲柄冲压机,由冲头、连杆、曲柄和飞轮所组成。设曲柄

OB 在水平位置时系统平衡，冲头 A 所受的工件阻力为 P。求作用于曲柄上的力偶矩 M 和轴承的约束力。已知飞轮重为 P_1，连杆 AB 长为 l，曲柄 OB 长为 r。不计各构件的自重。

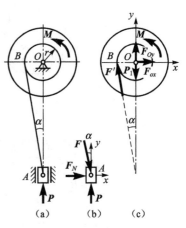

解：取 A 为研究对象，受力图如图 2.36 (b) 所示。

由 $\sum F_y = 0$, $P - F\cos\alpha = 0$, 解得：
$$F = P/\cos\alpha$$

由直角三角形 OAB 得：
$$\sin\alpha = r/l, \quad \cos\alpha = \sqrt{l^2 - r^2}/l$$

代入上式得：
$$F = P/\cos\alpha = Fl/\sqrt{l^2 - r^2}$$

图 2.36 受力分析示意图

再取飞轮、曲柄系统为研究对象。受力图如图 2.36 (c) 所示，有平衡方程：
$$\sum F_x = 0, F_{Ox} - F'\sin\alpha = 0$$
$$\sum F_y = 0, F_{Oy} - P_1 + F'\cos\alpha = 0$$
$$\sum M_O(F) = 0, M - F'r\cos\alpha = 0$$

解得：
$$F_{Ox} = F'\sin\alpha = pr/\sqrt{l^2 - r^2}, \quad F_{Oy} = P_1 - F'\cos\alpha = P_1 - P, \quad M = P \cdot r$$

思考与练习

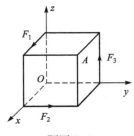

题图 2-2

2-1 在刚体 A 点上作用 F_1，F_2，F_3 三个力，其大小均不为 0，其中 F_1，F_2 共线，问这 3 个力能否保持平衡？

2-2 如题图 2-2 所示力系，各力大小相等沿正方体棱边作用，试问该力系向 O 点简化的结果是什么？

2-3 汽车司机操纵方向盘时，可以用双手对方向盘施加一力偶，也可以单手对方向盘施加一个力。这能否说明，一个力与一个力偶等效？

2-4 在空间能否找到两个不同的简化中心，使某力系的主矢和主矩完全相同？

2-5 作题图 2-5 所示每个物体的受力图，未画出重力的物体不计自重，所有接触处均为光滑接触。

2-6 如题图 2-6 所示液压加紧机构中，D 为固定铰链，B，C，E 为活动铰链。已知力 F，机构平衡时角度如图，求此时工件 H 所受的压紧力。

2-7 题图 2-7 所示结构中各构件的自重不计。在构件 AB 上作用一矩为 M 的力偶，求支座 A 和 C 的约束力。

2-8 题图 2-8 所示平面任意力系中 $F_1 = 40\sqrt{2}$ N，$F_2 = 80$ N，$F_3 = 40$ N，$F_4 = 110$ N，$M = 2\,000$ N·mm。各力作用位置如图，图中尺寸的单位为 mm。求：(1) 力系向 O 点简化

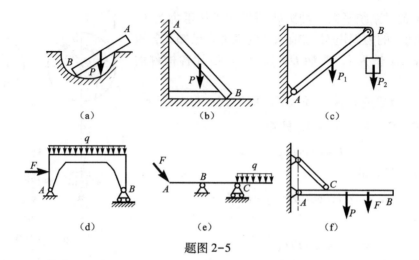

题图 2-5

的结果；(2) 力系的合力。

2-9 题图 2-9 所示立方体的各边长度分别为：$OA=4$ cm，$OB=5$ cm，$OC=3$ cm，作用于该物体上的各力的大小分别为：$F_1=100$ N，$F_2=50$ N。试求：(1) F_1，F_2 在 x，y，z 轴上的投影。(2) 试求 F_1，F_2 对 x，y，z 轴的矩。

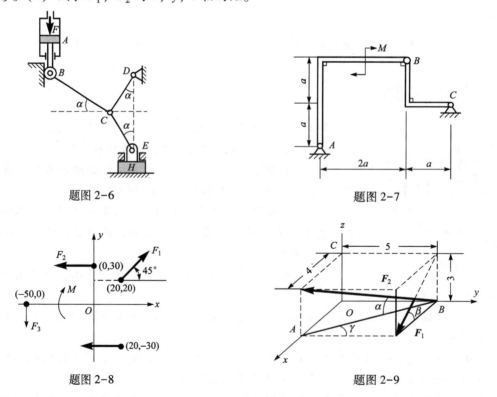

题图 2-6　　　　　　　　题图 2-7

题图 2-8　　　　　　　　题图 2-9

第3章 材料力学基础

导入案例

如图 3.1 车床主轴 AB ［见图 3.1（a）］，若变形过大［见图 3.1（b）］，则影响加工精度，破坏齿轮的正常啮合，引起轴承的不均匀磨损，从而造成机器不能正常工作。因此，对这类构件，还需要解决刚度问题——即如何使其具有足够的刚度，以保证在载荷作用下，其变形量不超过正常工作所允许的限度。

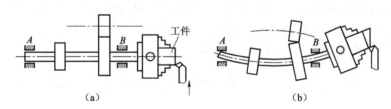

图 3.1 车床主轴工作示意图

§3.1 内力 截面法 应力

3.1.1 外力及其分类

外力是外部物体对构件施加的力，包括外载荷和约束反力。

按作用的方式外力可分为体积力和表面力。连续分布于物体内部各点上的力称为体积力，如物体的自重和惯性力；作用于物体表面上的力称为表面力。

外力还可以分为分布力和集中力。分布力是连续作用于物体表面的力，如作用于船体上的水压力等；集中力是作用于一点的力，如火车轮对钢轨的压力等。

按性质外力可分为静载荷和动载荷。缓慢地由零增加到某一定值后，不再随时间变化，保持不变或变动很不显著的载荷，称为静载荷；随时间而变化的载荷称为动载荷。动载荷又可分为使构件具有较大加速度的载荷、交变载荷和冲击载荷 3 种。交变载荷是随时间作周期性变化的载荷；冲击载荷是物体的运动在瞬时内发生急剧变化所引起的载荷。

3.1.2 内力

当我们用手拉一根橡皮条时,会感觉到橡皮条内有一种反抗拉长的力。手的拉力越大,橡皮条被拉得越长,这种反抗力也越大。这种由外力引起的在构件内部产生的相互作用力,称为**内力**。内力是由外力引起的,其大小与产生内力的外力有关系,可用截面法来计算。

内力实质上是由于构件变形,其内部各部分材料之间因相对位置发生改变,引起相邻部分材料间力图恢复原有形状而产生的相互作用力。材料力学中的内力,是指外力作用下材料反抗变形而引起的内力的变化量,是"附加内力",它与构件的强度、刚度密切相关。

在外力作用下,弹性体发生的变形不是任意的,弹性体各相邻部分,既不能断开,也不能发生重叠的现象,即必须满足协调一致的要求。此外,弹性体受力后发生的变形还与物性有关,即受力与变形之间存在确定的关系。

3.1.3 截面法

假想用截面把构件分成两部分,以显示并确定内力的方法,称为截面法。

要确定杆件某一位置处的内力,可以假想将杆在需求内力处用截面截开,把杆分为两部分,取其中一部分为研究对象。此时,截面上的内力被显示出来,并成为研究对象上的一个外力,再由静力学的平衡方程可求出内力,截面法可归纳为以下4个步骤。

(1)截:假想在欲求内力处用截面将杆件截成左、右两部分[图3.2(a)];
(2)取:取其中任意部分为研究对象,而舍弃另一部分[图3.2(b)];
(3)代:将弃去部分对研究对象的作用以内力代替[图3.2(c)];
(4)平:按平衡条件,确定内力的大小和方向。

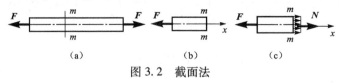

图 3.2 截面法

例 3.1 已知图3.3所示结构中的载荷 P 和尺寸 a。求:m—m 截面上的内力。

解:(1)截:沿 m—m 截面截开。
(2)取:取图示实线部分为研究对象。
(3)代:用内力 N,M 代替被弃部分对保留部分作用。
(4)平:$\sum F_y = 0$,$P - N = 0$,$N = P$
$\sum m_C = 0$,$P \cdot a - M = 0$,$M = P \cdot a$

3.1.4 应力

由截面法求出的内力是截面上分布内力的合力,仅仅知道内力的大小,还不能判断杆件的强度。例如:两根材料相同、截面积不同的杆,受到相同的轴向拉力 P 的作用,当 P 达到一定的数值时,虽然用截面法计算出的两杆的内力是相等的,但截面积较小的杆件肯定先断裂。这是因为它上面的内力的密集程度大,我们将内力在

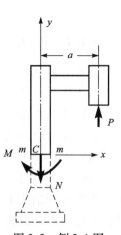

图 3.3 例 3.1 图

一点处的密集程度（简称集度）或者单位面积上的内力称为**应力**。要研究杆件的强度问题，就必须计算杆件的应力。

如图 3.4 所示，围绕横截面上 m 点取微小面积 ΔA。根据均匀连续假设，ΔA 上必存在分布内力，设它的合力为 ΔP，ΔP 与 ΔA 的比值为 $P_m = \Delta P/\Delta A$。P_m 是一个矢量，代表在 ΔA 范围内，单位面积上的内力的平均集度，称为平均应力。

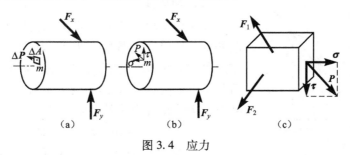

图 3.4 应力

当 ΔA 趋于零时，P_m 的大小和方向都将趋于一定极限，得到：

$$p = \lim_{\Delta A \to 0} P_m = \lim_{\Delta A \to 0} (\Delta P/\Delta A) = dP/dA \tag{3-1}$$

将 p 称为 m 点处的（全）应力。通常把应力分解成垂直于截面的分量 σ 和切于截面的分量 τ，σ 称为正应力，τ 称为切应力。

应力是单位面积上的内力，表示某微截面积处 m 点内力的密集程度。单位为 N/m^2，在工程上，也用 $kg(f)/cm^2$ 作为应力单位，

$$1 \ N/m^2 = 1 \ Pa(\text{帕斯卡}), \ 1 \ GPa = 1 \ GN/m^2 = 10^9 \ N/m^2 = 10^9 \ Pa,$$
$$1 \ MPa = 1 \ MN/m^2 = 10^6 \ N/m^2 = 10^6 \ Pa, \ 1 \ kgf/cm^2 = 0.1 \ MPa$$

§3.2 应变和基本变形

3.2.1 应变

物体在外力作用下发生的尺寸和形状的改变称为变形。构件上任意一点材料的变形，有线变形和角变形两种基本形式，分别用线应变和角应变来衡量。

一、线应变

线应变是单位长度上的变形量，是量纲为 1，其物理意义是：构件上一点沿某一方向线变形量的大小。可用 ε 表示。

用正微六面体（下称微单元体）来代表构件上某"一点"。如图 3.5（a）所示，M 点处微单元体的棱边边长为 Δx，Δy，Δz，变形后微六面体的边长和棱边之间的夹角都发生了变化。

现研究 $x—y$ 平面内的变形［如图 3.5（b）所示］，变形前平行于 x 轴的线段 MN 原长为 Δx，变形后 M 和 N 分别移到 M' 和 N'，$M'N' = \Delta x + \Delta u$，其中：$\Delta u = \overline{M'N'} - \overline{MN}$。

于是线段 MN 每单位长度的平均伸长或缩短量为：$\varepsilon_m = \Delta u/\Delta x$。称 ε_m 为线段 MN 的平均线应变，若使线段 MN 趋近于零，则可得到一点的线应变：

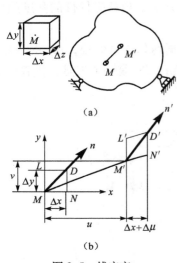

$$\varepsilon = \lim_{\Delta x \to 0} \Delta u / \Delta x = du/dx \quad (3-2)$$

ε 称为 M 点沿 x 方向的线应变或正应变，简称应变。根据变形发生的方向的不同，线应变又分为纵向线应变和横向线应变。

二、角应变

角应变又称切应变。是微单元体两棱边所夹直角的改变量，切应变也是量纲为 1。如图 3.5（b）所示，正交线段 MN 和 ML 变形后，分别是 $M'N'$ 和 $M'L'$。变形前后其角度的变化是 $(\pi/2 - \angle L'M'N')$，当 N 和 L 趋近于 M 时，上述角度变化的极限值是：

$$\gamma = \lim(\pi/2 - \angle L'M'N') \quad (3-3)$$

称为 M 点在 xy 平面内的切应变或角应变。

角应变又称切应变，是微单元体两棱边所夹直角的改变量，切应变也是量纲为 1。

图 3.5 线应变

3.3.2 基本变形

当外力以不同的方式作用于杆件上时，杆件将发生不同形式变形，在工程实际当中，杆件的基本变形有 4 种：① 轴向拉伸或压缩；② 剪切；③ 扭转；④ 弯曲。其他的变形都可以看成是基本变形的组合。

一、轴向拉伸和压缩

轴向拉伸和压缩是杆件比较简单的一种基本变形，静力学中的轴线为直线的二力杆件是发生轴向拉伸和压缩的典型例子，如图 3.6 所示。

图 3.6 可以看出，轴向拉伸或压缩的受力特点是：合外力的作用线和杆件的轴线重合；相应的轴向拉伸或压缩时杆件的变形特点是：杆件只沿轴向伸长或缩短。

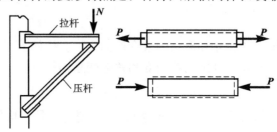

图 3.6 轴向拉伸或压缩实例

二、剪切和挤压

提到剪切很自然会想到剪刀，剪刀是典型的剪切变形的例子，工程上铆钉、键、销、螺栓等连接件也是剪切变形的实例。图 3.7 为铆钉受剪切时变形与受力特点。

由图 3.7 可以看出，受外力剪切作用特点是：构件受剪切时两侧的合外力大小相等、方向相反、作用线平行且距离很近。构件相应的剪切变形的特点是：介于作用线之间的截面将

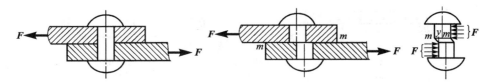

图 3.7　铆钉剪切实例

沿着力的方向相对错动。发生相对错动的表面叫剪切面。

构件在受剪切的同时，往往伴随挤压现象。当两物体接触而传递压力时，如果接触面不大而传递的压力较大时，接触表面可能被压陷甚至压碎，这种现象叫挤压。构件局部受压的接触面叫挤压面（如图 3.8 所示）。

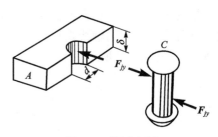

图 3.8　挤压实例

挤压与压缩的区别在于：压缩发生在整个的物体上，而挤压只发生在物体的表面。

三、扭转

工程中讨论的扭转变形主要是指圆轴的扭转。如汽车的传动轴、电动机的输出轴等发生都是扭转变形（如图 3.9 所示）。它们的受力特点是：构件两端受到两个垂直于轴线的力偶的作用，力偶的大小相等、方向相反。相应的变形特点是：在两力偶的作用下，杆件的横截面绕轴线相对转动。两横截面间的相对转角叫扭转角，简称转角。

四、弯曲

两人用木棍抬重物时，木棍将发生弯曲，其轴线由直线变为曲线，这种在垂直于杆件轴线的外力的作用下或在纵向平面内受到力偶作用，轴线由直线变为曲线的变形称弯曲变形，图 3.10 所示为弯曲变形的实例。

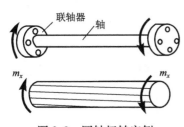

图 3.9　圆轴扭转实例

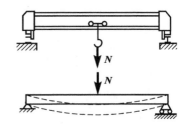

图 3.10　弯曲变形工程实例

工程上把以弯曲变形为主的构件叫梁。梁的结构很多，一般根据梁支座的情况，将梁分为以下 3 种基本形式。

（1）简支梁：梁的一端为固定铰支座；另一端为活动铰支座。如图 3.11（a）所示。

（2）外伸梁：支座和简支梁的支座相同，但梁的一端或两端伸出支座之外。如图 3.11（b）所示。

（3）悬臂梁：梁的一端为固定端；另一端自由。如图 3.11（c）所示。

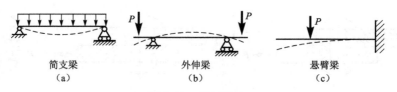

图 3.11 梁的结构

梁的轴线和纵向截面所决定的平面称纵向对称面。若梁上的外力都作用在纵向对称面内，且各力都与梁的轴线垂直，则梁的轴线在纵向对称面内弯曲成曲线，这种弯曲变形称平面弯曲，如图 3.12 所示。

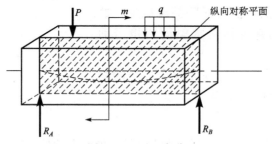

图 3.12 平面弯曲

思考与练习

3-1 构件的基本变形有哪些？各种基本变形有什么受力特点和变形特点？

3-2 根据构件的强度条件，可以解决工程中的哪三类问题？

3-3 压缩和挤压有何区别？

第4章 轴向拉伸与压缩

在工程实际中,有很多构件在工作时是承受拉伸和压缩的。例如,如图 4.1 所示的起重装置中,如果不考虑各杆自重,则杆 AB 是承受拉伸的构件,杆 BC 是承受压缩的构件。

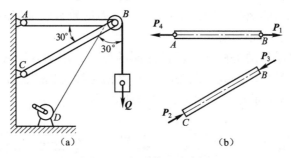

图 4.1 起重装置示意图

4.1.1 轴向拉压杆横截面上的内力

一、轴向拉伸或压缩时的内力——轴力

由截面法可知,轴向拉伸或压缩时的内力沿杆的轴线方向,故称为**轴力**,用 N 表示。材料力学中轴力的符号是由杆件的变形决定的,规定:使分离体拉伸的轴力为正,使分离体受压缩的轴力为负,即**拉正压负**。

二、用截面法求轴向拉伸或压缩时的内力

如图 4.2(a)所示,一直杆受到作用点分别在 A,B,C 的力 P_1,P_2,P_3 的作用,求横截面 1—1,2—2 上的内力。

(1)沿截面 1—1 将杆截开,取左段为分离体。如图 4.2(b)所示。

(2)设 1—1 截面右段对左段的作用力,即截面 1—1 的内力为 N_1,并假设 N_1 使分离体受拉,为正。

(3)列平衡方程:$\sum F_x = 0$

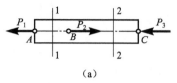

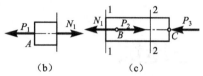

图 4.2 受力分析示意图

即：$N_1 - P_1 = 0$ 得：$N_1 = P_1$

若取右段为分离体，如图 4.2（c）所示，列平衡方程为：

$$\sum F_x = 0，即：P_2 - N_1 - P_3 = 0，得：$$
$$N_1 = P_2 - P_3$$

横截面 1—1 上的内力 N_1 等于左边分离体上所有外力 P_1 的代数和，或右边分离体上所有外力 P_2、P_3 的代数和。

计算轴力的简捷方法：任意截面上的轴力的大小等于截面一侧杆段所有外力的代数和，外力使分离体受拉伸时轴力为正，反之为负。在实际计算时，一般选取外力较少的一侧杆段求代数和，计算比较简单。

同理可计算截面 2—2 的内力 N_2。假设分离体受拉，取右边为分离体，列平衡方程可得：$N_2 = -P_3$。

三、轴力图

在实际问题中，杆件所受到的外力可能会很复杂，此时杆各横截面上的轴力将不相同，N 将是横截面位置坐标 x 的函数，即：$N = N(x)$。为形象直观地表示出整个杆件各横截面处轴力的大小和变化，引入**轴力图**。

轴力图用平行于杆轴线的坐标 x 表示横截面的位置，用垂直于杆轴线的坐标 N 表示横截面上轴力的数值，所绘出的图线可以表明轴力 N 沿轴线变化的情况。

例 4.1 求如图 4.3 所示杆件的内力，并作轴力图。

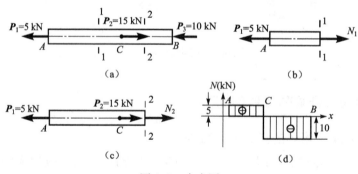

图 4.3 内力图

解：1）计算各段内力

AC 段：作截面 1—1，取左段为分离体，并假设 N_1 方向如图 4.3（b）所示。

由 $\sum F_x = 0$，得 $N_1 = 5$ kN（拉力）。

CB 段：作截面 2—2，取左段为分离体，并假设 N_2 方向如图 4.3（c）所示。

由 $\sum F_x = 0$，得 $N_2 = -10$ kN（压力），N_2 的实际方向应与图中所示方向相反。

2）绘制轴力图

以截面的轴向位置 x 为横坐标，相应截面上的轴力 N 为纵坐标，并根据适当比例绘制轴力图，如图 4.3（d）所示。由轴力图可知 CB 段的轴力值最大，即 $|N|_{max} = 10$ kN。

应注意的两个问题如下。

（1）求内力时，外力不能沿作用线随意移动（如 P_2 沿轴线移动）。因为材料力学研究的对象是变形体，不是刚体，力的可传递性原理的应用是有条件的。

（2）截面不能刚好截在外力作用点处（如通过 C 点），因为工程实际上并不存在几何意义上的点和线，而实际的力只可能作用于一定微小面积内。

4.1.2 轴向拉（压）杆横截面上的应力

根据轴力并不能判断杆件是否有足够的强度，必须用横截面上的应力来度量杆件的受力程度。为了求得应力分布规律，先研究杆件变形，提出平面假设。

一、平面假设

为了确定横截面的应力，先通过杆件的变形来分析横截面上内力的分布情况。

如图 4.4 所示，取一橡胶制成等直杆，在它的表面均匀地画上若干与轴线平行的纵线及与轴线垂直的横线，使杆的表面形成许多大小相同的方格，然后使橡胶杆件轴向受拉伸，这时可以观察到，所有的小方格都变成了长方格，所有的纵线都伸长了，但仍保持平行。所有的横线都保持为直线，且仍垂直于轴线。根据上述现象可以得出如下的结论。

（1）各横线代表的横截面在变形后仍为平面，仍垂直于杆轴，只是沿轴向作相对的移动。

（2）各纵线代表的杆件的纵向纤维都伸长了相同的长度。

二、轴向拉（压）杆横截面上的正应力

如图 4.5 所示，受轴向拉伸的杆件变形前其横截面为平面，变形之后仍保持为平面，而且仍垂直于杆轴线。根据平面假设得知，横截面 ab、cd 变形后相应平移到 $a'b'$、$c'd'$，横截面上各点沿轴向的伸长量相同，即变形是相同的。根据材料的均匀性，连续性假设可推知横截面上内力的分布是均匀的，即横截面上各点处应力大小相等，方向与轴力 N 一致，垂直于横截面，为正应力，即 σ 等于常量。

$$\sigma = N/A \tag{4-1}$$

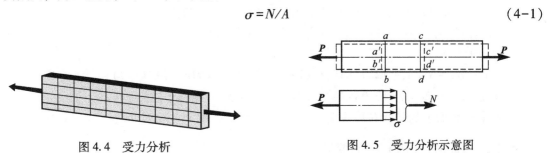

图 4.4 受力分析　　　　图 4.5 受力分析示意图

式中，σ 为横截面上的正应力；N 为横截面上的轴力；A 为横截面面积。

正应力的符号规定为：拉应力为正，压应力为负。

例 4.2 旋转式吊车的三角架如图 4.6（a）所示，已知 AB 杆由 2 根截面面积为 10.86 的角钢制成，$P=130$ kN，$\alpha=30°$。求 AB 杆横截面上的应力。

解： （1）计算 AB 杆内力取节点 A 为研究对象，受力如图 4.6（b）所示，由 $\sum F_y = 0$，得：$N_{AB} \sin 30° = P$。则：$N_{AB} = 2P = 260$ kN（拉力）

(2) 计算 AB 杆应力为：
$$\sigma_{AB} = N_{AB}/A = 119.7 \text{ MPa}$$

例 4.3 起吊钢索如图 4.7（a）所示，截面积分别为 $A_1 = 3 \text{ cm}^2$，$A_2 = 4 \text{ cm}^2$，$l_1 = l_2 = 50 \text{ m}$，$P = 12 \text{ kN}$，材料单位体积质量 $\gamma = 0.028 \text{ N/cm}^2$，考虑自重，试绘制钢索的轴力图，并求横截面上最大正应力 $\sigma_{\max}$。

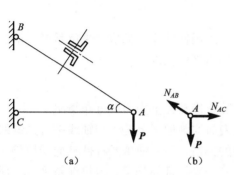

图 4.6 受力分析示意图

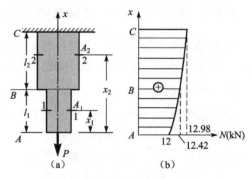

图 4.7 内力图

解：1）计算钢索的轴力
AB 段：取 1—1 截面。
$$N_1 = P + \gamma A_1 x_1 \quad (0 \leqslant x_1 \leqslant l_1)$$
BC 段：取 2—2 截面。
$$N_2 = P + \gamma A_1 l_1 + \gamma A_2 (x_2 - l_1) \quad (l_1 \leqslant x_2 \leqslant l_1 + l_2)$$

2）绘制轴力图
作轴力图如图 4.7（b）所示。
当 $x_1 = 0$ 时，$N_1 = 12 \text{ kN}$（拉力）；
当 $x_1 = l_1$ 时，$N_1 = P + \gamma A_1 l_1 = 12.42 \text{ kN}$（拉力）；
当 $x_2 = l_1$ 时，$N_2 = P + \gamma A_1 l_1 + \gamma A_2 (l_1 - l_1) = 12.42 \text{ kN}$（拉力）；
当 $x_2 = l_1 + l_2$ 时，$N_2 = P + \gamma A_1 l_1 + \gamma A_2 l_2 = 12.98 \text{ kN}$（拉力）。

3）应力计算
B 截面：$\sigma_B = N_B/A_1 = 12.42 \times 10^3 / (3 \times 10^{-4}) = 41.4 \text{ MPa}$（拉应力）；
C 截面：$\sigma_C = N_C/A_2 = 12.98 \times 10^3 / (4 \times 10^{-4}) = 36.8 \text{ MPa}$（拉应力）。
故钢索横截面上的最大拉应力为：$\sigma_{\max} = \sigma_B = 41.4 \text{ MPa}$。

4.1.3 轴向拉（压）杆的变形

一、轴向拉（压）杆的纵向线应变和横向线应变

1. 纵向变形和纵向线应变

杆受到轴向力作用时，其纵向和横向尺寸都要发生变化。拉伸时，杆沿轴向伸长，横向尺寸缩小；压缩时，杆沿轴向缩短，横向尺寸增大。

如图 4.8 所示，等直杆的原长为 l，在轴向拉力作用下，杆件在轴线方向伸长，长度由 l 变为 l_1。轴向伸长量，即轴向绝对变形为：$\Delta l = l_1 - l$。轴向的相对变形，即杆单位长度上的变形量为：$\Delta l/l$。因为杆内各点轴向应力与应变是均匀分布的，所以点的轴向线应变即杆单位长度上的变形量为：

$$\varepsilon = \Delta l/l \tag{4-2}$$

图 4.8 轴向拉杆的变形

2. 横向变形和横向线应变

杆的横截面尺寸原为 b，在轴向拉力作用下，杆件横向尺寸缩小，尺寸由 b 变成 b_1。横向变形量，即横向绝对变形为：$\Delta b = b_1 - b$。横向的相对变形，即杆单位宽度上的变形量为：$\Delta b/b$。因为杆内各点横向应力与应变是均匀分布的，所以点的横向线应变即杆单位宽度上的变形量为：

$$\varepsilon' = \Delta b/b \tag{4-3}$$

3. 泊松比

实验证明，在弹性范围内：

$$|\varepsilon'/\varepsilon| = \mu \tag{4-4}$$

μ 为杆的横向线应变与轴向线应变代数值之比，是反映材料横向变形能力的材料弹性常数，为正值。

轴向拉（压）杆的横向线应变与纵向线应变的符号相反，工程上一般冠以负号，表示为：$\mu = -\varepsilon'/\varepsilon$，称 μ 为泊松比或横向变形系数。

ε' 与 ε 的关系为：

$$\varepsilon' = -\mu\varepsilon \tag{4-5}$$

二、胡克定律

轴向拉伸或压缩试验表明：当杆的轴力 N 不超过某一限度时，杆的绝对变形量 Δl 与轴力 N 及杆的长度 l 成正比，与杆的横截面面积 A 成反比，即：$\Delta l \propto Nl/A$。引入比例常数 E，得：

$$\Delta l = Nl/(EA) \tag{4-6}$$

式中，常数 E 是表示材料弹性性质的一个常数，称为材料的拉（压）弹性模量，单位为 MPa，GPa。

材料的弹性模量 E 和泊松比 μ 都是表征材料弹性的常数，由实验测定。几种常用材料的弹性模量和泊松比见表 4.1。

表 4.1 常用材料的 E 和 μ

材料名称	E/GPa	μ
碳钢	196~216	0.24~0.28
合金钢	186~206	0.25~0.30
灰铸铁	78.5~157	0.23~0.27
铜及铜合金	72.6~128	0.31~0.42
铝合金	70	0.33

式（4-6）是胡克定律的一种表达形式。式中的 EA 是材料弹性模量与拉（压）杆件横截面面积 A 的乘积，EA 越大，则变形越小，将 EA 称为杆件的抗拉（压）刚度。将 $\sigma = N/A$ 和 $\varepsilon = \Delta l/l$ 代入式（4-6），得：

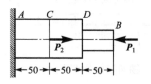

图 4.9 受力分析示意图

$$\sigma = E\varepsilon \qquad (4-7)$$

该式说明：当杆横截面上的正应力不超过某一限度时，应力与应变成正比。

例 4.4 如图 4.9 所示变截面杆，已知 BD 段横截面积 $A_1 = 2 \text{ cm}^2$，DA 段横截面积 $A_2 = 4 \text{ cm}^2$，$P_1 = 5 \text{ kN}$，$P_2 = 10 \text{ kN}$。求 AB 杆的变形。（材料的 $E = 120 \text{ GPa}$）

解：分别求 BD，DC，CA 3 段的轴力

$$N_{BD} = -5 \text{ kN} \quad N_{DC} = -5 \text{ kN}$$
$$N_{CA} = 5 \text{ kN}$$
$$\Delta l_{BD} = N_{BD} l_{BD}/(EA_1) = -1.05 \times 10^{-4} \text{ m}$$
$$\Delta l_{DC} = N_{DC} l_{DC}/(EA_2) = -0.52 \times 10^{-4} \text{ m}$$
$$\Delta l_{CA} = N_{CA} l_{CA}/(EA_2) = 0.52 \times 10^{-4} \text{ m}$$
$$\Delta l_{AB} = \Delta l_{AC} + \Delta l_{CD} + \Delta l_{DB} = -1.05 \times 10^{-4} \text{ m}$$

4.1.4 材料在轴向拉（压）时的力学性能

材料的力学性能也称材料的机械性能，是通过试验所揭示出的材料在受力过程中所表现出的与试件几何尺寸无关的材料本身的特性，如变形特性、破坏特性等。研究材料的力学性能的目的是确定在变形和破坏情况下材料的一些重要性能指标，作为选用材料，计算构件强度、刚度的依据。

常用的材料分为塑性材料和脆性材料两大类。试验时一般以低碳钢代表塑性材料，用铸铁代表脆性材料。轴向拉伸试验是研究材料力学性能最常用、最基本的试验。

一、试件和设备

为了便于比较试验结果，按国家标准（GB/T 6397—2002）加工出如图 4.10 所示标准试件。试件中间等直杆部分为试验段，其长度 l 称为标距，标距 l 与直径 d 的比值通常为 $l/d = 10$ 或 $l/d = 5$。两端较粗的部分为试件的装夹部分。

拉伸试验主要在万能试验机上进行，国家标准《金属拉伸试验方法》（如 GB/T 228—2002）详细规定了实验方法和各项要求。

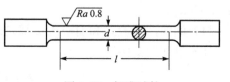

图 4.10 标准试件

将试件夹在实验机上，逐渐增大拉力，试件逐渐伸长，记录拉力 P 和伸长量 Δl，直到试件被拉断。试验机上一般都有自动绘图装置，在实验过程中能自动绘出 P 和 Δl 的关系曲线图。

以拉力 P 为纵坐标，伸长量 Δl 为横坐标，将两者的关系按一定的比例绘制成的曲线，称为拉伸图，如图 4.11 所示。由于伸长量 Δl 与标距及横截面的大小有关，使得相同的材料由于试件的尺寸不同得到的拉伸图也不同。为消除截面积和标距的影响，将拉伸图的纵坐标 P 除以截面积 A，以应力 σ 表示，横坐标 Δl 除以标距 l，用应变 ε 来表示，这样的曲线称应力-应变图，如图 4.12 所示。

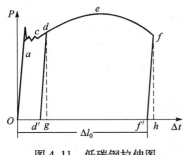

图 4.11 低碳钢拉伸图

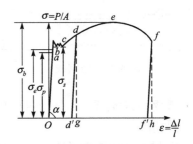

图 4.12 低碳钢应力-应变图

二、低碳钢拉伸时的力学性能

1. 拉伸图

低碳钢（含碳量在 0.3% 以下的碳素钢，如 A3 钢、16Mn 钢）是机械制造和一般工程中应用最广的塑性材料，在拉伸试验中表现出的力学性能比较全面，具有代表性。

图 4.11 所示为低碳钢的拉伸图（P-Δl 曲线），从图中可以看出，整个拉伸过程大致分为 4 个阶段：弹性阶段（Oa）、屈服（流动）阶段（bc）、强化阶段（ce）和颈缩段（ef）。

2. 应力应变图

由于 P-Δl 曲线与试样的尺寸有关，为了消除试件尺寸的影响，可采用应力-应变曲线，图 4.12 为低碳钢的应力-应变图（σ-ε 曲线）。σ-ε 曲线图各特征点的含义如下。

Oa 段：在拉伸（或压缩）的初始阶段应力 σ 与应变 ε 为直线关系直至 a 点。这说明在这一段内应力 σ 与应变 ε 成正比，材料服从胡克定律。a 点所对应的应力值称为**比例极限**，用 σ_p 表示。它是应力与应变成正比例的最大极限。当 $\sigma \leq \sigma_p$ 时，有 $\sigma = E\varepsilon$。直线 Oa 的斜率为：

$$\tan\alpha = \sigma/\varepsilon = E \tag{4-8}$$

通过式（4-8），可以确定材料的弹性模量。

当应力超过比例极限 σ_p 增加到 b 点时，σ-ε 关系偏离直线，此时若将应力卸至零，则应变随之消失（一旦应力超过 b 点，卸载后会有一部分应变不能消除），b 点所对应的应力定义为弹性极限 σ_e。σ_e 是材料只出现弹性变形的极限值。

bc 段：应力超过弹性极限后继续加载，会出现即使应力增加很少或不增加，应变也会很快增加的特殊现象，这种现象称为**屈服**。开始发生屈服的点所对应的应力叫屈服极限 σ_s，又称屈服强度。在屈服阶段应力不变而应变不断增加，材料似乎失去了抵抗变形的能力，因此产生了显著的塑性变形（此时若卸载，应变不会完全消失而存在残余变形，也称塑性变形）。σ_s 是衡量材料强度的重要指标。

表面磨光的低碳钢试样屈服时，表面将出现与轴线成 45°倾角的条纹，这是由于材料内部晶格相对滑移形成的，称为滑移线，如图 4.13 所示。

ce 段：越过屈服阶段后，如要让试件继续变形，就必须继续加载，材料似乎恢复了抵抗变形的能力，ce 段为低碳钢材料的强化阶段。应变强化阶段的最高点 e 点所对应的应力称为强度极限 σ_b，它表示材料所能承受的最大应力。

ef 段：过 e 点后，即应力达到强度极限后，试件局部发生剧烈收缩的现象，称为颈缩，如图 4.14 所示。进而试件内部出现裂纹，应力下跌，至 f 点试件断裂。

图 4.13 滑移线　　　　　　　　图 4.14 颈缩现象

对低碳钢而言 σ_s 和 σ_b 是衡量材料强度最重的两个指标。

3. 塑性指标

试件断裂后,弹性变形消失,只剩下残余变形。工程上常用试件的残留塑性表示材料的塑性能力,常用的指标有:变形延伸率 δ 和截面收缩率 ψ。

为度量材料塑性变形的能力,延伸率为:

$$\delta = (l_1 - l)/l \times 100\% \tag{4-9}$$

此处 l 为试件标线间的标距,l_1 为试件断裂后量得的标线间的长度。

截面收缩率为:

$$\psi = (A - A_1)/A \times 100\% \tag{4-10}$$

此处 A 为试件原始横截面面积,A_1 为断裂后试件颈缩处面积。

对于低碳钢:$\delta = 20\% \sim 30\%$,$\psi \approx 60\%$,这两个值越大,说明材料塑性越好。工程上通常按延伸率的大小把材料分为两类:$\delta \geq 5\%$ 的为塑性材料;$\delta < 5\%$ 为脆性材料。

4. 塑性材料的卸载规律及冷作硬化

试样加载到超过屈服极限(如图 4.12 中 d 点)后卸载,卸载线 $\overline{dd'}$ 大致平行于线 $\overline{Oa}$,此时 $\overline{Og} = \overline{Od'} + \overline{d'g} = \varepsilon_p + \varepsilon_e$,其中 ε_e 为卸载过程中恢复的弹性应变,ε_p 为卸载后的塑性变形(残余变形),卸载至 d' 后若再加载,加载线仍沿 dd' 线上升,加载的应力应变关系符合胡克定律。

材料进入强化阶段以后卸载再加载(如经冷拉处理的钢筋),使材料此后的 σ-ε 关系沿 $d'def$ 路径,此时材料的比例极限和开始强化的应力提高了,塑性变形能力降低了,这一现象称为**冷作硬化**。

三、低碳钢压缩时的力学性能

金属材料的压缩试件一般为短圆柱,其高度与直径之比为 $h/d = 1.5 \sim 3$。

压缩试验在万能试验机上进行。试验时也可以画出 σ-ε 曲线,如图 4.15 所示。与图 4.12 比较不难看出,塑性材料压缩时的比例极限 σ_p、屈服极限 σ_s 和弹性模量 E 与拉伸时是一样的。在屈服点之后,试件产生明显塑性变形,随着压力的增大,试件横截面面积不断增大,试件抗压能力持续增高,曲线急剧上升,不存在强度极限 σ_b。由于机械中的构件是不允许发生塑性变形的,所以对低碳钢一般不做压缩试验,压缩时的力学性能直接引用拉伸试验结果。

四、铸铁拉伸时的力学性能

灰口铸铁是工程上广泛应用的脆性材料,它在拉伸时的 σ-ε 曲线(如图 4.16 所示)是一段微弯的曲线,没有明显的直线部分,说明其应力与应变的关系不符合胡克定律,但在应力较小时,可近似以直线代替曲线,确定弹性模量 E。从图 4.16 中可以看出,灰口铸铁拉伸时没有屈服和颈缩阶段,当变形很小时,就突然断裂。强度极限 σ_b 是衡量脆性材料力学性能的唯一指标。

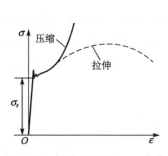

图 4.15 低碳钢压缩 σ-ε 曲线

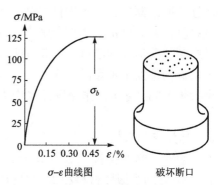

图 4.16 铸铁的拉伸

五、铸铁压缩时的力学性能

图 4.17 所示为灰口铸铁压缩时的 σ-ε 曲线。可以看出，灰口铸铁在压缩时也无明显直线部分，也只能认为近似符合胡克定律。此外灰口铸铁压缩时也不存在屈服极限 σ_s。由于铸铁材料组织结构内缺陷较多，铸铁的抗压强度极限与其抗拉强度极限均有较大分散度，但灰口铸铁的抗压强度 σ_y 远高于其抗拉强度 σ_l，有时可以高达 4~5 倍。破坏时试件的断口沿与轴线大约成 45°的斜面断开，为灰暗色平断口。

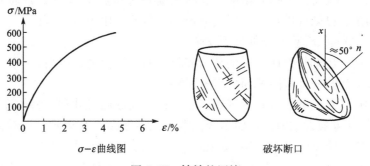

图 4.17 铸铁的压缩

与铸铁在机械工程中广泛作为机械底座等承压部件相类似，另一类典型的脆性材料混凝土，石料等则是建筑工程中重要的承压材料。

4.1.5 轴向拉（压）杆的强度计算

一、许用应力与安全系数

在工程中由于各种原因使结构丧失其正常工作能力的现象，称为失效。工程材料失效的形式有两种，分别如下。

（1）塑性屈服：材料失效时产生明显的塑性变形，并伴有屈服现象。如低碳钢、铝合金等塑性材料。

（2）脆性断裂：材料失效时几乎不产生塑性变形而突然断裂。如铸铁、混凝土等脆性材料。

由实验和工程实践可知，当构件的应力达到材料的屈服极限或者强度极限时，将产生较大的塑性变形或断裂,导致构件失效。为使构件正常工作,设定极限应力,用 σ^0 表示,对于塑性材料,取 $\sigma^0 = \sigma_s$,对脆性材料,取 $\sigma^0 = \sigma_b$。

考虑到载荷估计的准确度、应力计算的精确度、材料的均匀度以及构件的重要性等因素,为确保构件安全可靠的工作,应使其工作应力小于材料的极限应力。一般将极限应力除以一个大于1的系数 n,作为设计时应力的最大允许值,称为许用应力,用 $[\sigma]$ 表示。

$$[\sigma] = \sigma^0 / n \tag{4-11}$$

式中,n 称为安全系数。

工程上一般取:塑性材料:$[\sigma] = \sigma_s / n_s$;脆性材料:$[\sigma] = \sigma_b / n_b$。

式中 n_s、n_b 分别为塑性材料和脆性材料的安全系数。

不同工作条件下构件的安全系数 n 的选定应根据有关规定或查阅国家有关规范或设计手册。在静载荷设计中,一般 $n_s = 1.3 \sim 2.0$,$n_b = 2.0 \sim 3.5$。

二、强度条件

受载构件安全与危险两种状态的转化条件,称为强度条件。

为保证轴向拉(压)杆件安全正常的工作,必须使杆内的最大工作应力不超过材料拉伸和压缩时的许用应力,即:

$$\sigma_{\max} = (N_{\max} / A) \leq [\sigma] \tag{4-12}$$

上式称为拉(压)杆的强度条件。根据强度条件可解决以下3方面的问题。

(1) 校核强度,已知杆件尺寸、所受载荷和材料的许用应力,可由:
$\sigma_{\max} = (N_{\max} / A) \leq [\sigma]$ 验算杆件是否安全。

(2) 设计截面,已知杆件所承受的载荷和材料的需用应力,可由:
$A \geq N_{\max} / [\sigma]$ 计算杆件危险截面的安全面积。

(3) 确定构件所承受的最大安全载荷,已知杆件横截面尺寸和材料的许用应力,可由:
$N_{\max} \leq A[\sigma]$ 计算最大轴力,进而由 $N_{\max}$ 与载荷的平衡关系得到许可载荷。需要注意的是:对于变截面杆如阶梯杆,$\sigma_{\max}$ 不一定在 $N_{\max}$ 处,还应考虑截面面积 A。

例 4.5 某结构尺寸及受力如图 4.18 所示。AB、CD 为刚体,BC 和 EF 为圆截面钢杆,钢杆直径为 $d = 25$ mm,两杆材料均为 Q235 钢,其许用应力 $[\sigma] = 160$ MPa。若已知荷载 $F_P = 39$ kN,试校核此结构的强度是否安全。

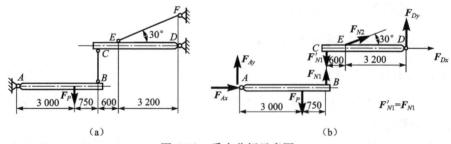

图 4.18 受力分析示意图

解: 1) 分析结构危险状态

该结构的强度与杆 BC 和 EF 的强度有关,在强度校核之前,应先判断哪一根杆最危险。现两杆直径及材料均相同,故受力大的杆最危险。为确定危险杆件,需先作受力分析,如图

4.18（b）所示。

研究 AB、CD 的平衡：$\sum M_A = 0$，$F_{N1} \times 3.75 - F_P \times 3 = 0$；

$\sum M_D = 0$，$F_{N1} \times 3.8 - F_{N2} \times 3.2\sin 30° = 0$。

解得：$F_{N1} = (39 \times 10^3 \times 3/3.75) = 31.2 \times 10^3 = 31.2$ kN

$F_{N2} = 31.2 \times 10^3 \times 3.8/1.6 = 74.1 \times 10^3 = 74.1$ kN

杆 EF 受力较大，为危险杆。

2）计算杆 EF 横截面上应力

$\sigma = F_{N2}/(\pi d^2/4) = 74.1 \times 10^3 \times 4/(\pi \times 25^2 \times 10^{-6}) = 151 \times 10^6$ Pa = 151 MPa

3）校核强度

$$\sigma = 151 \text{ MPa} \leq 160 \text{ MPa} = [\sigma]$$

满足强度条件，杆 EF 的强度足够，是安全的，即整个结构是安全的。

例 4.6 上例中若杆 BC 和 EF 的直径均为未知，其他条件不变。设计两杆所需的直径。

解：两杆材料相同，受力不同，故所需直径不同。设杆 BC、EF 的直径分别为 d_1 和 d_2，由强度条件得：$\sigma_1 = F_{N1}/(\pi d_1^2/4) \leq [\sigma]$，$\sigma_2 = F_{N2}/(\pi d_2^2/4) \leq [\sigma]$。

应用上例中受力分析的结果，得到：

$d_1 \geq \sqrt{4 \times F_{N1}/(\pi [\sigma])} = \sqrt{4 \times 31.2 \times 10^3/(3.14 \times 160 \times 10^6)} = 15.8$ mm

$d_2 \geq \sqrt{4 \times F_{N2}/(\pi [\sigma])} = \sqrt{4 \times 74.1 \times 10^3/(3.14 \times 160 \times 10^6)} = 24.3$ mm

例 4.7 若例 4.5 中的杆 BC，EF 直径均为 $d = 30$ mm，其他条件不变。试确定此时结构所能承受的许可荷载 $[F_P]$。

解：根据例题 4.5 的分析，杆 EF 为危险杆，由平衡方程得到其受力：

$F_{N2} = F_{N1} \times 3.8/(3.2 \times 0.5) = F_P \times 3 \times 3.8/(3.75 \times 3.2 \times 0.5) = 1.9 F_P$

根据强度条件：$\sigma = F_{N2}/(\pi d^2/4) \leq [\sigma]$，即：$1.9 F_P \times 4/\pi d^2 \leq [\sigma]$

可得：$F_P \leq 3.14 \times 30^2 \times 10^{-6} \times 160 \times 10^6 / (1.9 \times 4) = 59.52$ kN

结构的许可荷载：$[F_P] = 59.52$ kN

思考与练习

4-1 求题图 4-1 所示阶梯直杆横截面 1—1，2—2 和 3—3 上的轴力，并作轴力图。横截面面积 $A_1 = 200$ mm²，$A_1 = 300$ mm²，$A_1 = 400$ mm²，求各横截面上的应力。

4-2 一块厚 10 mm、宽 200 mm 的旧钢板，其截面被直径 $d = 20$ mm 的圆孔所削弱，圆孔的排列对称于轴线，如题图 4-2 所示。现用此钢板承受轴向拉力 $P = 200$ kN。如材料的许用应力 $[\sigma] = 170$ MPa，试校核钢板的强度。

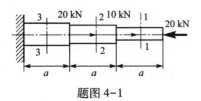

题图 4-1

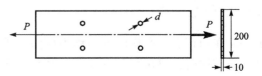

题图 4-2

第 5 章　剪切与扭转

导入案例

（1）用剪床剪钢板时，钢板在刀刃的作用下沿截面 m—m 发生相对错动，直至最后被切断，如图 5.1 所示。其受力特点是：在钢板的截面 m—m 两侧受到一对大小相等、方向相反、作用线平行且相距很近的外力作用。这时钢板的左、右两个部分将沿作用线之间的截面 m—m 发生相对错动，这种变形称为剪切变形。发生相对错动的截面 m—m 称为剪切面。

（2）传动轴是机械中重要的构件，它们通常为圆形截面，故称为圆轴。轴在传递动力时，往往受到力偶的作用。如图 5.2 所示，汽车中传递发动机动力的传动轴，它的两端受到一对大小相等、转向相反、作用面垂直于轴线的力偶作用。它的变形特点是：轴的各个横截面绕轴线产生相对转动（见图 5.3），这种变形称为扭转变形。

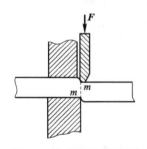

图 5.1　钢板被切示意图

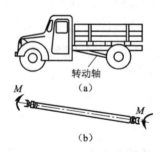

图 5.2　汽车传动轴受力图

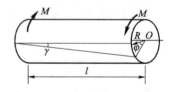

图 5.3　轴的变形示意图

§5.1　剪切和挤压的概念与计算

5.1.1　剪力

剪切时在剪切面上产生的内力称为剪力，用 Q 表示，（如图 5.4 所示）。由平衡条件可知，杆件受剪切时，剪切面上一定有一内力与外力相平衡，因此剪力与外力的大小相等、方向相反、且都平行于截面。

以销钉连接（如图5.4所示）为例，取销钉为研究对象，欲求 m—m 截面的内力，将销钉沿截面截开，取上面部分或下面部分为研究对象，为了保持水平方向的平衡，则：Q=F。

5.1.2 挤压力

在承载情形下，连接件与其所连接的构件相互接触并产生挤压，挤压时两接触面上的压力称挤压力，用 P_{jy} 表示（如图5.5所示）。挤压力的大小等于外力，方向与外力方向相反。

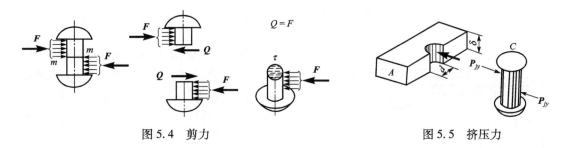

图5.4 剪力　　　　　　　　　　　图5.5 挤压力

5.1.3 剪切实用计算

工程上假设剪切面上的剪力 Q 所引起的切应力 τ 在剪切面上是均匀分布的，这样的结果能够满足工程实际需要。因此，

$$\tau = Q/A \tag{5-1}$$

式中，A 为剪切面的面积，单位为 mm^2；Q 为剪切面上的剪力，单位为 N。

为保证构件不发生剪切破坏，要求剪切面上的切应力不超过材料的许用切应力，这就是剪切的强度条件：

$$\tau = Q/A \leqslant [\tau] \tag{5-2}$$

材料的许用剪切应力 $[\tau]$ 由实验确定，其值可参考有关手册。在一般情况下，材料的许用切应力 $[\tau]$ 和许用正应力 $[\sigma]$ 之间有下列近似的关系：

塑性材料：$[\tau]=(0.6\sim0.8)[\sigma]$，脆性材料：$[\tau]=(0.8\sim1.0)[\sigma]$

5.1.4 挤压的实用计算

在承载的情形下，连接件与其所连接的构件接触面的局部区域会产生较大的接触应力，称为**挤压应力**。用 σ_{jy} 表示挤压应力。挤压应力在挤压面上的分布非常复杂，在工程上同样假设挤压应力在挤压面上分布是均匀的，这时挤压应力的计算为：

$$\sigma_{jy} = F_{jy}/A_{jy} \tag{5-3}$$

式中，F_{jy} 为挤压面上的挤压力，单位为 N；A_{jy} 为挤压面的计算面积，单位为 mm^2。

挤压面的计算面积是计算挤压力的关键，当挤压面是平面时，计算面积就是接触面积，当挤压面是半圆柱面时，取圆柱面过直径的截面的面积作为计算面积，形状是一个边长分别是圆柱体的直径和高度的矩形［如图5.6（c）所示］。螺栓和销的联结中挤压面就是半圆柱面。

为保证构件具有足够的挤压强度正常工作，必须满足工作挤压应力不超过许用挤压应力的条件。即挤压的强度条件是：$\sigma_{jy}=F_{jy}/A_{jy}\leqslant[\sigma_{jy}]$，材料的许用挤压应力 $[\sigma_{jy}]$ 由实验确定，其值可参考有关手册。

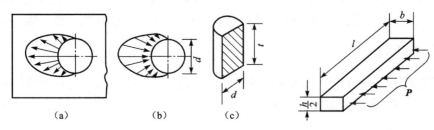

图 5.6 挤压面的计算面积

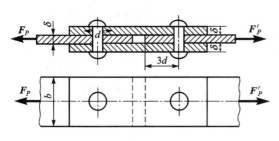

图 5.7 受力分析示意图

例 5.1 如图 5.7 所示钢板铆接件中，已知钢板的拉伸许用应力 $[\sigma] = 98$ MPa，挤压许用应力 $[\sigma_{jy}] = 196$ MPa，钢板厚度 $\delta = 10$ mm，宽度 $b = 100$ mm，铆钉直径 $d = 17$ mm，铆钉许用切应力 $[\tau] = 137$ MPa，挤压许用应力 $[\sigma_{jy}] = 314$ MPa。若铆接件所承受的荷载 $F_P = 23.5$ kN。试校核钢板与铆钉的强度。

解：对于钢板，自铆钉孔边缘线至板端部的距离比较大，该处钢板纵向承受剪切的面积较大，因而具有较高的抗剪切强度。因此只需校核钢板的拉伸强度和挤压强度，以及铆钉的挤压和剪切强度。现分别计算如下。

1）对于钢板：拉伸强度

考虑到铆钉孔对钢板的削弱，有：

$$\sigma = F_P / [(b-d) \times \delta] = 23.5 \times 10^3 / [(100-17) \times 10^{-3} \times 10 \times 10^{-3}] \text{ Pa} = 28.3 \text{ MPa}$$

$$\sigma = 28.3 \text{ MPa} \leq [\sigma] = 98 \text{ MPa}$$

钢板的拉伸强度合格。

挤压强度：在图示受力情况下，钢板所受的总挤压力为 F_{jy}；有效挤压面为 $\delta \cdot d$，有：

$$\sigma_{jy} = F_{jy} / (\delta d) = 23.5 \times 10^3 / [(100-17) \times 10^{-3} \times 10 \times 10^{-3}] = 138 \text{ MPa}$$

$$\sigma_{jy} = 138 \text{ MPa} \leq [\sigma_{jy}] = 196 \text{ MPa}$$

钢板的挤压强度合格。

2）对于铆钉：剪切强度

在图示情形中，铆钉有两个剪切面，每个剪切面上的剪力 $Q = F_p / 2$，有：

$$\tau = Q/A = (F_P/2)/(\pi d^2 / 4) = 2 \times 23.5 \times 10^3 / (3.14 \times 17^2 \times 10^{-6}) = 51.8 \text{ MPa}$$

$$\tau = 51.8 \text{ MPa} \leq [\tau] = 137 \text{ MPa}$$

铆钉的剪切强度合格。

挤压强度：铆钉的总挤压力与有效挤压面面积均与钢板相同，而且挤压许用应力较钢板为高，因钢板的挤压强度已校核是安全的，无须重复计算。

整个连接结构的强度都是安全的。

§5.2 圆轴扭转

5.2.1 圆轴扭转时外力偶矩的计算

为求圆轴扭转时截面上的内力，必须先计算轴上的外力偶。在工程计算中，轴上的外力偶矩 M 通常不会直接给出，需要通过给定的轴所传递的功率 P 和转速 n 计算得到。

令轴在外力偶矩 M 作用下匀速转动 ϕ 角，则力偶所做的功为 $A = M\phi$，由功率的定义可得：

$$p = dA/dt = M \cdot (d\phi/dt) = M\omega$$

式中，ω 为轴的角速度，它与轴的转速之间的关系是：$\omega = 2\pi n/60$，代入上式可得：

$$M = 9\,550 \cdot P/n \tag{5-4}$$

式中，P 的单位为 kW，M 的单位为 N·m，n 的单位为 r/min。

外力偶矩 M 的转向的确定：输入功率的主动外力偶矩的转向与轴的转向一致；输出功率的从动外力偶矩的转向与轴的转向相反。

5.2.2 扭矩和扭矩图

一、扭矩

用截面法求图 5.8 所示圆轴的内力，沿假想截面 A—A 将轴切开，取任意轴段为研究对象 [如图 5.8（b）和（c）所示]，根据平衡条件 $\sum M_x = 0$，可得 A—A 截面上的内力偶矩。

由 $T - m = 0$，可得：$T = m$。可见：圆轴在外力偶矩的作用下发生扭转变形时，横截面上产生的内力是一个在该截面内的力偶，其力偶矩叫做截面上的扭矩，用 T 表示。扭矩的单位为 N·m 或者 kN·m。

扭矩的正负号规定为：按右手螺旋法则，T 矢量离开截面为正，指向截面为负，或 T 矢量与横截面外法线方向一致为正，反之为负。如图 5.9 所示。

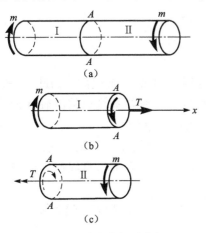

图 5.8 受力分析示意图

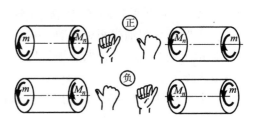

图 5.9 扭矩符号

二、扭矩的求解和扭矩图

扭转圆轴任一截面的扭矩等于该截面任意一侧轴段所有外力偶矩的代数和。通常扭转圆轴各截面上的扭矩不同，T 是截面位置 x 的函数。即：$T=T(x)$。

以平行于扭转圆轴轴线的水平线作 x 轴表示横截面的位置，以垂直于 x 轴的 T 轴表示扭矩，按一定比例绘制出 $T=T(x)$ 的曲线称为扭矩图。

例 5.2 如图 5.10 所示传动轴，主动轮 A 输入功率 $P_A=50$ 马力①，从动轮 B，C，D 输出功率分别为 $P_B=P_C=15$ 马力，$P_D=20$ 马力，轴的转速为 $n=300$ r/min。试作轴的扭矩图。

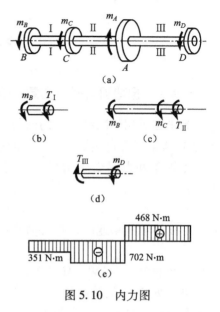

图 5.10 内力图

解：（1）计算各轮上的外力偶矩由 1 kW = 1.36 马力，当功率以马力为单位时，可将式（5-4）改写成：$m=7\ 024P/n$。

则：$m_A=7\ 024P_A/n=1\ 170$ N·m，$m_B=m_C=7\ 024P_B/n=351$ N·m，$m_D=7\ 024P_D/n=468$ N·m

（2）用截面法求 BC，CA，AD 三段的扭矩。BC 段：T_1 为截面 I—I 上的扭矩，如图 5.10（b）所示，由平衡方程 $\sum m_x=0$，有：$m_B+T_1=0$ 得：$T_1=-m_B=-351$ N·m

（负号说明，实际扭矩的转向与所设相反。）CA 段：T_2 为截面 II—II 上的扭矩，如图 5.10（c）所示，由平衡方程 $\sum m_x=0$，有：$m_B+m_C+T_2=0$ 得：$T_2=-2m_B=-702$ N·m

AD 段：T_3 为截面 III—III 上的扭矩，如图 5.10（d）所示，由平衡方程 $\sum m_x=0$，有：$-m_D+T_3=0$ 得：$T_3=m_D=468$ N·m

（3）根据结果作扭矩图：如图 5.10（e）所示。可以看出最大扭矩发生在 CA 段。
$$T_{\max}=-702 \text{ N·m}$$

5.3.3 圆轴扭转时的应力和强度条件

一、平面假设及变形几何关系

1. 平面假设

求解圆轴扭转时横截面的应力，必须知道应力在横截面上的分布规律。为此先进行扭转变形实验观察。取图 5.11 所示受扭圆轴，用一系列平行的纵线与圆周线将圆轴表面分成一个个小方格，在圆轴两端施加力偶矩为 M 的外力偶，可以观察到：

（1）各圆周线绕轴线相对转动一微小角度，但大小，形状及相互间距不变；

（2）由于是小变形，各纵线平行地倾斜一个微小角度，认为仍为直线；因而各小方格变形后成为菱形。

由以上现象可以推断：圆轴扭转前的各个横截面为圆形平面，变形后仍为圆形平面，只

---

① 1 马力 = 735.4 W。

是各截面绕轴线相对"刚性地"转了一个角度。这就是扭转时的**平面假设**。

2. 扭转轴变形特点

（1）圆轴变形前横截面是平面，变形后仍为平面，且大小和形状均未发生改变，这说明圆轴横截面上沿半径方向无切应力；各相邻横截面的间距不变，故横截面上没有正应力；

（2）相邻横截面相对转过一个角度，截面间发生旋转式相对错动，各纵向线倾斜了同一角度 γ，出现了切应变，故横截面上必有垂直于半径方向的切应力存在。

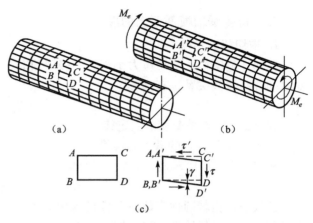

图 5.11 受力分析示意图

如图 5.12 所示，从图 5.12（a）取出图 5.12（b）所示微段 dx，其中两截面 p-p，q-q 相对转动了扭转角 $d\phi$，纵线 ab 倾斜小角度 γ 成为 ab'。说明**受扭后圆轴横截面只发生刚性转动**。

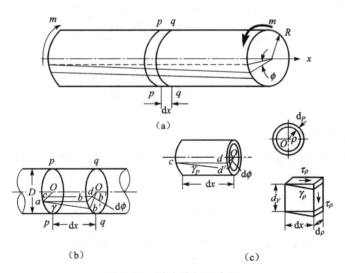

图 5.12 受力分析示意图

在半径 ρ（$\overline{Od}$）处的纵线 cd 根据平面假设，转过 $d\phi$ 后成为 cd'（其相应倾角为 γ_ρ，见图 5.12（c））。

由于是小变形，可知：$\widehat{dd'} = \gamma_\rho dx = \rho d\phi$，于是：

$$\gamma_\rho = \rho d\phi / dx \tag{5-5}$$

则：对于半径为 R 的圆轴表面（见图 2.39（b）），则为：

$$\gamma_{\rho\max} = R d\phi / dx \tag{5-6}$$

上面两式表明：圆轴扭转时，横截面上任意点处的切应变与该点至截面中心的距离成正比。截面上最大的应变发生在圆轴表面。

二、扭转圆轴横截面上的应力

1. 剪切胡克定律

在弹性范围内,当切应力小于某一极限值时,对于大多数各向同性材料,切应力与切应变之间存在线性关系,有:

$$\tau = G\gamma \quad (5\text{-}7)$$

式（5-7）就是**剪切胡克定律**。

式中的 G 是材料的剪切弹性模量。

将式（5-5）代入式（5-7），得到：

$$\tau_\rho = \tau(\rho) = G(\mathrm{d}\phi/\mathrm{d}x)\rho \quad (5\text{-}8)$$

这表明,扭转圆轴横截面上各点的切应力 τ_ρ 与点到截面中心的距离 ρ 成正比,即切应力沿截面的半径呈线性分布。如图 5.13 所示。

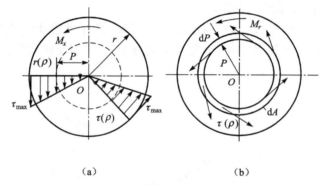

(a)　　　　　　　　(b)

图 5.13 横截面剪应力分布

2. 截面扭矩静力学方程

作用在扭转圆轴横截面上的切应力形成一分布力系,这一力系向截面中心简化的结果为一力偶,其力偶矩即为该截面上的扭矩,有:

$$\int_A \rho \tau_\rho \mathrm{d}A = T_x \quad (5\text{-}9)$$

将式（5-8）代入上式得: $\int_A \rho^2 G(\mathrm{d}\phi/\mathrm{d}x)\mathrm{d}A = T_x$，整理得:

$$G(\mathrm{d}\phi/\mathrm{d}x)\int_A \rho^2 \mathrm{d}A = T_x，$$

令:

$$\int_A \rho^2 \mathrm{d}A = I_\rho \quad (5\text{-}10)$$

I_ρ 与横截面的几何形状、尺寸有关,表征截面的几何性质,称为圆截面对其中心的极惯性矩,单位为 mm^4 或者 m^4。式中, A 为整个横截面的面积,单位为 mm^2；

将 I_ρ 代入式（5-10），整理后可得:

$$\mathrm{d}\phi/\mathrm{d}x = T_x/(GI_\rho) \quad (5\text{-}11)$$

3. 切应力表达式

将式（5-10）代入式（5-11），得到: $\tau_\rho = T_x \rho / I_\rho \quad (5\text{-}12)$

即圆轴扭转时横截面上任意点的切应力表达式, T_x 由平衡条件确定。I_ρ 由积分求得。

对于直径为 d 的实心圆轴：$I_p = \pi d^4/32$ (5-13)

对于内、外直径分别为 d，D 的空心圆轴；有：

$$I_p = \pi d^4(1-\alpha^4)/32, \quad \alpha = d/D \quad (5\text{-}14)$$

不难看出，最大切应力发生在横截面边缘上各点，即：

$$\tau_{\max} = T_x R/I_\rho \quad (5\text{-}15)$$

令

$$W_p = I_P/\rho_{\max} = I_P/R \quad (5\text{-}16)$$

称 W_p 为圆截面的抗扭截面系数，单位为 mm^3 或 m^3。

对于实心圆截面：$W_p = \pi d^3/16$；空心圆截面，$W_p = \pi d^3(1-\alpha^4)/16$

将 W_p 代入式（5-16），得：

$$\tau_{\max} = T_{\max}/W_p \quad (5\text{-}17)$$

三、圆轴扭转时的强度条件

为保证圆轴正常工作，应使危险截面上最大工作切应力不超过材料的许用切应力，即扭转圆轴的强度条件是：

$$\tau_{\max} = T_{\max}/W_p \leq [\tau] \quad (5\text{-}18)$$

例 5.3 图 5.14 所示传动机构中，功率从轮 B 输入，通过锥形齿轮将其一半传递给 C 轴，另一半传递给 H 轴。已知输入功率 $P_1 = 14$ kW，锥形齿轮 A 和 D 的齿数分别为 $Z_1 = 36$，$Z_3 = 12$；水平轴（E 和 H）的转速 $n_1 = n_2 = 120$ r/min；各轴的直径分别为 $d_1 = 70$ mm，$d_2 = 50$ mm，$d_3 = 35$ mm，试确定各轴横截面上的最大切应力。

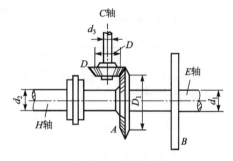

图 5.14 例 5.3 图

解：1）各轴所传递的功率

$P_1 = 14$ kW，$P_2 = P_3 = P_1/2 = 7$ kW，转速分别为：
$n_1 = n_2 = 120$ r/min

$$n_3 = n_1 z_1/z_3 = 120 \times 36/12 = 360 \text{ r/min}$$

各轴承受的扭矩分别为：$T_{x1} = M_{e1} = 9549 \times 14/120 = 1114$ N·m

$T_{x2} = M_{e2} = 9549 \times 7/120 = 557$ N·m $T_{x3} = M_{e3} = 9549 \times 7/360 = 185.7$ N·m

2）计算最大切应力

E，H，C 轴横截面上的最大切应力分别为：

$$\tau_{\max}(E) = T_{x1}/W_{P1} = 16 \times 1114/(\pi \times 70^3 \times 10^{-9}) = 16.54 \text{ MPa}$$

$$\tau_{\max}(H) = T_{x2}/W_{P2} = 16 \times 557/(\pi \times 50^3 \times 10^{-9}) = 22.69 \text{ MPa}$$

$$\tau_{\max}(C) = T_{x3}/W_{P3} = 16 \times 185.7/(\pi \times 35^3 \times 10^{-9}) = 21.98 \text{ MPa}$$

5.3.4 圆轴扭转时的变形和刚度条件

一、扭转角

圆轴扭转变形用横截面间绕轴线相对转角即扭转角 ϕ 表示。相距 dx 的两截面间的扭转角为：$d\phi = [T/(GI_\rho)]dx$。对等直圆轴而言，相距为 l 的两横截面间的扭转角为：

$$\phi = \int_l \mathrm{d}\phi = \int_l [T/(GI_\rho)]\mathrm{d}x = TL/(GI_\rho) \tag{5-19}$$

上式为等直圆轴相对转角公式。扭转角 ϕ 的单位为：弧度（rad）

扭转角的正负由扭矩正负决定，对于阶梯状圆轴及扭矩分段变化的等截面圆轴，需分段计算相对转角，即：$\phi = \sum T_i l_i/(GI_{\rho i})$。

T, L 一定时，GI_P 越大，扭转角 ϕ 越小，轴的刚度越大，故称 GI_P 为圆轴的扭转刚度。它反映材料和横截面几何尺寸对扭转变形的抵抗能力。

令 $\varphi = \mathrm{d}\phi/\mathrm{d}x$，称为单位长度相对扭转角，有：

$$\varphi = T/(GI_\rho) \ \text{rad/m} \tag{5-20}$$

二、圆轴扭转时刚度条件

要保证圆轴扭转时的安全性和可靠性，不仅要满足强度条件，还要满足刚度条件。在工程上，限制圆轴单位长度的扭转角 φ，使它不超过规定的单位长度许用转角 $[\varphi]$。即圆轴扭转的刚度条件是：

$$\varphi_{\max} = T/(GI_\rho) \leqslant [\varphi] \tag{5-21}$$

当许用转角单位为（°/m）时，有：

$$\varphi_{\max} = [T/(GI_\rho)] \times (180°/\pi) \leqslant [\varphi] \tag{5-22}$$

单位长度许用转角 $[\varphi]$ 的数值，根据机器的精度、工作条件定，可查询有关工程手册。

例 5.4 如图 5.15（a）所示的传动轴，$n = 500$ r/min，$N_1 = 500$ 马力，$N_2 = 200$ 马力，$N_3 = 300$ 马力，已知 $[\tau] = 70$ MPa，$[\varphi] = 1°/\mathrm{m}$，$G = 80$ GPa。求：AB 和 BC 段直径。

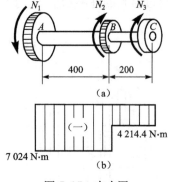

图 5.15 内力图

解： 1) 计算外力偶矩

$$m_A = 7\,024 N_1/n = 7\,024 \ \mathrm{N \cdot m}$$
$$m_B = 7\,024 N_2/n = 2\,809.6 \ \mathrm{N \cdot m}$$
$$m_C = 7\,024 N_3/n = 4\,214.4 \ \mathrm{N \cdot m}$$

由截面法，得 AB 和 BC 轴段的扭矩：

$$T_{AB} = -7\,024 \ \mathrm{N \cdot m}, T_{BC} = -4\,214.4 \ \mathrm{N \cdot m}$$

扭矩图如 5.15（b）所示。

2) 计算杆的直径

AB 段：$\tau_{\max} = T_{AB}/W_p = 16T/(\pi d_1^3) \leqslant [\tau]$

得：$d_{AB} \geqslant \sqrt[3]{16T_{AB}/(\pi [\tau])} = \sqrt[3]{16 \times 7\,024/(\pi \times 70 \times 10^6)} \approx 80$ mm

由刚度条件：$\varphi = [T/(GI_\rho)] \times (180°/\pi) \leqslant [\varphi]$

得：$d_{AB} \geqslant \sqrt[4]{32T \times 180°/(G\pi^2[\tau])} = \sqrt[4]{32 \times 7\,024 \times 180/(80 \times 10^9 \times \pi^2 \times 1)} \approx 84.6$ mm 取 $d_{AB} = 84.6$ mm

BC 段：同理，由扭转强度条件得：$d_{BC} \geqslant 67$ mm

由扭转刚度条件得：$d_{BC} \geqslant 74.5$ mm。

取 $d_{BC} = 74.5$ mm。

思考与练习

5-1 拉力 $P = 80$ kN 的螺栓连接如题图 5-1 所示。已知 $b = 80$ mm，$t = 10$ mm，$d = 22$ mm，螺栓的许用剪应力 $[\tau] = 130$ MPa，钢板的许用挤压应力 $[\sigma_{jy}] = 300$ MPa，许用拉应力 $[\sigma] = 170$ MPa。试校核该接头的强度。

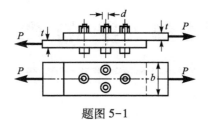

题图 5-1

5-2 同一圆杆在题图 5-2（a）、(b)、(c) 3 种不同载荷（加扭转力偶）情况下工作，在线弹性与小变形条件下，图 (c) 情况下的应力与变形是否等于图 (a) 和图 (b) 两种情况的叠加？

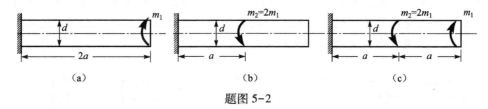

题图 5-2

5-3 钢制圆轴上作用有 4 个外力偶，如题图 5-3 所示。其矩为 $m_1 = 1$ kN·m，$m_2 = 0.6$ kN·m，$m_3 = m_4 = 0.2$ kN·m。

(1) 试作该轴的扭矩图；

(2) 若将 m_1 和 m_2 的作用位置互换，扭矩图有何变化？

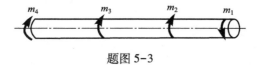

题图 5-3

第6章 梁的弯曲

导入案例

在实际工程和生活中,常常会遇到发生弯曲的杆件。例如,桥式吊车的大梁(见图6.1);受风力载荷作用的直立塔设备(见图6.2)等。当这些杆状构件受到垂直于杆轴的外力或在杆轴平面内受到外力偶的作用时,杆的轴线将由直线变成曲线,这种变形称为弯曲变形。工程上把以弯曲变形为主的杆件统称为梁。

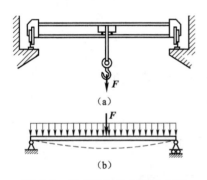

图6.1 桥式吊车的大梁受力图

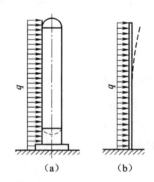

图6.2 直立塔设备受力图

§6.1 弯曲变形的内力

6.1.1 弯曲变形的内力——剪力和弯矩

梁弯曲时横截面上的内力包括:剪力和弯矩。剪力与横截面相切,用 Q 来表示;弯矩是一个作用面位于载荷平面的内力偶,用 M 来表示。

下面以简支梁为例加以证明。如图6.3所示,简支梁上有载荷 P_1、P_2、P_3 作用。求任一截面 m—m 上的内力。

根据外载荷计算支座反力 R_A,R_B。

沿截面 m—m 将梁截开,取左边为分离体(如图6.4所示)。分离体在截面上的内力 P_1

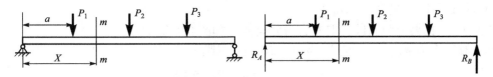

图 6.3 受力分析示意图

及支座反力 R_A 的共同作用下保持平衡。

分离体在竖直方向上有两个力 P_1、R_A，一般情况下 $P_1 \neq R_A$，则横截面上一定有一垂直力 Q，且 $Q \neq 0$，当 $P_1 = R_A$ 时，$Q = 0$；为保证分离体不发生转动，在横截面上必有一位于载荷平面内的力偶，其力偶矩 M 与 P_1、R_A 对横截面的力矩平衡。可见，梁弯曲时，横截面上有剪力 Q 和弯矩 M 两种内力。

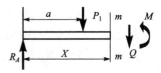

图 6.4 左边分离体

6.1.2 剪力和弯矩的计算

利用截面法容易得出计算剪力和弯矩的简捷方法。

（1）梁任一截面上的剪力等于截面任一侧（左边或右边）所有垂直方向外力的代数和。

剪力的正负判定方法：合外力的方向左上右下为正（截面左边向上的外力为正，截面右边向下的外力为正），反之为负。（如图 6.5 所示）。

（2）梁任一截面上的弯矩等于截面任一侧所有外力对横截面形心之矩的代数和。

弯矩的正负判定方法：合外力矩左顺右逆为正（截面左边顺时针的外力矩或力偶矩为正，截面右边逆时针的外力矩或力偶矩为正），反之为负（如图 6.6 所示）。

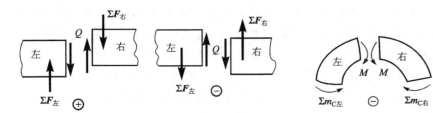

图 6.5 剪力正负的判断　　　　图 6.6 弯矩正负的判断

例 6.1 图 6.7 所示简支梁，$P_1 = P_2 = 30 \text{ kN}$，求 1—1 和 2—2 截面的剪力和弯矩。

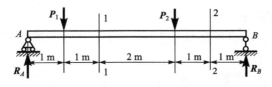

图 6.7 简支梁

解：1）求支座反力

$\sum m_B = 0$　即：$5P_1 + 2P_2 - 6R_A = 0$，$R_A = 35 \text{ kN}$

$\sum F_y = 0$　即：$R_A + R_B - P_1 - P_2 = 0$，$R_B = 25 \text{ kN}$

2）求截面 1—1 的剪力和弯矩

截面 1—1 把梁分为两段，取左边为分离体（如图 6.8 所示）。

其上有两个力 R_A，P_1，且 R_A 为正，P_1 为负。则：

$$Q_1 = \sum F = R_A - P_1 = 5 \text{ kN}$$

R_A 产生的弯矩为正，P_1 产生的弯矩为负，则：

$$M_1 = 2R_A - P_1 = 40 \text{ kN} \cdot \text{m}$$

3）求截面 2—2 的剪力和弯矩

截面 2—2 把梁分为两段，取右边为分离体（如图 6.9 所示）。

其上有一个力 R_B 且为负。则：

$$Q_2 = \sum F = -R_B = -25 \text{ kN}$$

R_B 产生的弯矩为正，则：$M_2 = R_B \times 1 = 25 \text{ kN} \cdot \text{m}$

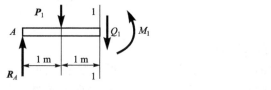

图 6.8　左边分离体

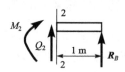

图 6.9　右边分离体

6.1.3　梁的内力图

进行梁的强度计算时，往往需要找出整个梁上内力最大的截面，因此需要知道整个梁上横截面的内力分布情况。将截面位置具体数值用变量 x 代替，则剪力和弯矩的计算结果将是含有变量 x 的函数，将剪力和弯矩的表达式称**剪力方程和弯矩方程**。两方程的图像称**剪力图和弯矩图**。利用剪力图和弯矩图可以很清楚地看到各个截面上内力的分布情况。

画剪力图和弯矩图时，首先要建立 Q-x 和 M-x 坐标。一般取梁的左端作为 x 坐标的原点，x 坐标向右为正，Q 和 M 坐标向上为正。然后根据载荷情况分段列出 $Q(x)$ 和 $M(x)$ 方程。由截面法和平衡条件可知，在集中力、集中力偶和分布载荷的起止点处，剪力方程和弯矩方程可能发生变化，所以这些点均为剪力方程和弯矩方程的分段点。分段点所对应的截面称控制截面。求出分段点处横截面上剪力和弯矩的数值（包括正负号），并将这些数值标在 Q-x、M-x 坐标中相应位置处。分段点之间的图形可根据剪力方程和弯矩方程绘出。最后注明 $|Q|_{\max}$ 和 $|M|_{\max}$ 的数值。

例 6.2　图 6.10（a）所示悬臂梁上有一集中力，试作其剪力图和弯矩图。

解：1）剪力方程和弯矩方程

设 x 是截面到梁左端的距离，则截面上的剪力和弯矩是：

剪力方程　　$Q = -P$　　$(0 \leqslant x \leqslant l)$

弯矩方程　　$M = -Px$　　$(0 \leqslant x \leqslant l)$

2）剪力图和弯矩图

对方程进行分析，剪力方程是个常量，其图像为一水平线，因剪力为负，故在基线的下面。弯矩方程为一次函数，其图像为一斜线，任取两点即可确定其位置。

当 $x=0$ 时，$M_A=0$；当 $x=l$ 时，$M_B=-Pl$。

例 6.3 如图 6.11 所示的简支梁承受集度为 q 的均布载荷。试写出该梁的剪力方程与弯矩方程，并作剪力图与弯矩图。

解：1) 求支座反力

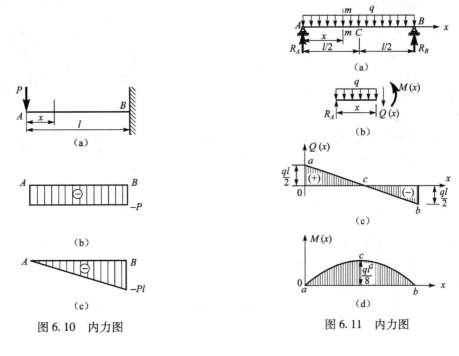

图 6.10 内力图　　　　图 6.11 内力图

根据平衡条件可求得 A、B 处的支座反力为：$R_A=R_B=ql/2$。

2) 建立剪力方程与弯矩方程

因沿梁的全长外力无变化，故剪力与弯矩均可用一个方程描述。

以 A 为原点建立 x 坐标轴，如图 6.11（a）所示，在坐标为 x 的截面 $m—m$ 处将梁截开，考察梁左段的平衡，如图 6.11（b）所示，梁的剪力方程和弯矩方程分别为：

$$Q(x)=R_A-qx=ql/2-qx \quad (0\leqslant x\leqslant l)$$
$$M(x)=R_Ax-qx^2/2=qlx/2-qx^2/2 \quad (0\leqslant x\leqslant l)$$

3) 作剪力图和弯矩图

根据剪力方程可知，剪力 $Q(x)$ 为 x 的一次函数，剪力图为一斜直线。因此只要求得区间端点处的剪力值 $Q(0)=ql/2$ 和 $Q(l)=-ql/2$，在 Q-x 坐标中标出相应的点 a、b，连接 a、b，即得该梁的剪力图 [如图 6.11（c）所示]。

根据弯矩方程可知，弯矩 $M(x)$ 为 x 的二次函数，弯矩图为一抛物线。绘制这一曲线，至少需要 3 个点。取两个端截面及中截面作为控制截面。3 个截面的弯矩值分别为：$M(0)=0$，$M(l/2)=ql^2/8$，$M(l)=0$。将它们标在 M-x 坐标中，得 a、b、c 3 个点，据此可大致绘出该梁的弯矩图 [如图 6.11（d）所示]。

4) 求 $|Q|_{max}$ 和 $|M|_{max}$

由图 6.11（c）可见，最大剪力发生在梁两端的截面处，其值为 $|Q|_{max}=ql/2$。

由图 6.11（d）可见，最大弯矩发生在中截面处，其值为 $|M|_{max}=ql^2/8$

§6.2 纯弯曲梁横截面上的正应力

6.2.1 纯弯曲变形

梁的横截面上同时存在剪力和弯矩时，称为横弯曲。剪力 Q 是横截面切向分布内力的合力；弯矩 M 是横截面法向分布内力的合力偶矩。横弯梁横截面上将同时存在切应力和正应力。实践和理论都证明，弯矩是影响梁的强度和变形的主要因素。因此，我们讨论 $Q=0$，$M=$ 常数的弯曲问题，这种弯曲称为纯弯曲。图 6.12 所示梁的 CD 段为纯弯曲；其余部分则为横弯曲。

6.2.2 变形关系——平面假设

以等截面直梁为例。加载前在梁表面上画上与轴线垂直的横线和与轴线平行的纵线，如图 6.13（a）所示。在梁的两端纵向对称面内施加一对力偶，梁发生弯曲变形，如图 6.13（b）所示。梁表面变形有如下特征。

（1）横线（m—m，n—n）仍是直线，只是发生相对转动，但仍与纵线（a—a，b—b）正交。

（2）纵线（a—a，b—b）弯曲成曲线，且梁的一侧伸长，另一侧缩短。

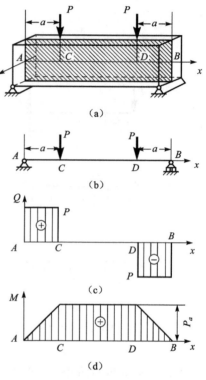

图 6.12 内力图

根据上述梁表面变形的特征，可以作出以下假设：梁变形后，其横截面仍保持为平面，并垂直于变形后梁的轴线，只是绕着梁上某一轴转过一个角度。这一假设称**平面假设**。此外，还假设：梁的各纵向层互不挤压，即梁的纵截面上无正应力作用。根据上述假设，梁弯曲后，其纵向层一部分产生伸长变形，另一部分则产生缩短变形，二者交界处存在既不伸长也不缩短的一层，这一层称为中性层。如图 6.14 所示，中性层与横截面的交线为截面的中性轴。横截面上位于中性轴两侧的各点分别承受拉应力或压应力；中性轴上各点的应力为零。如图 6.15 所示，梁上相距为 dx 的微段［如图 6.15（a）所示］，其变形如图 6.15（b）所示。其中 x 轴沿梁的轴线，y 轴与横截面的对称轴重合，z 轴为中性轴。则距中性轴为 y 处的纵向层 a—a 弯曲后的长度为 $(\rho+y)\mathrm{d}\theta$，其纵向正应变为：

$$\varepsilon = [(\rho+y)\mathrm{d}\theta - \rho\mathrm{d}\theta]/(\rho\mathrm{d}\theta) = y/\rho \quad (6-1)$$

该式表明：纯弯曲时梁横截面上各点的纵向线应变沿截面高度成线性分布。

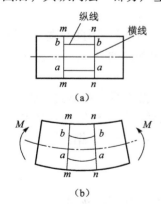

图 6.13 变形关系

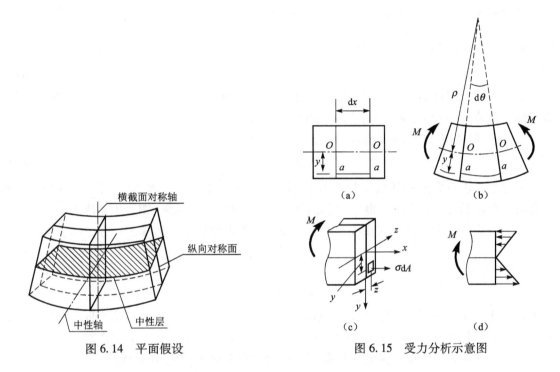

图 6.14 平面假设   图 6.15 受力分析示意图

6.2.3 纯弯曲梁横截面正应力计算

根据以上分析可知，纯弯曲梁横截面上各点只受正应力作用。根据胡克定律，有：

$$\sigma = E\varepsilon, \text{即}: \sigma = Ey/\rho \tag{6-2}$$

式中，E，ρ 为常数。

上式表明：梁横截面上任一点处的正应力与该点到中性轴的垂直距离 y 成正比。即正应力沿着截面高度按线性分布，如图 6.15（d）所示。

因为中性层的曲率半径以及中性轴的位置未确定。式（6-2）还不能直接用以计算应力，需要利用静力关系来解决。

如图 6.15（b）所示，弯矩 M 作用在 x—y 平面内。截面上坐标为 (y, z) 的微面积 dA 上有作用力 σdA。横截面上所有微面积上的这些 σdA 力将组成轴力 N 以及对 y，z 轴的力矩 M_y 和 M_z。其中：$N = \int_A \sigma dA$，$M_y = \int_A z\sigma dA$。

$M_Z = \int_A y\sigma dA$ 在纯弯情况下，梁横截面上只有弯矩 $M_z = M$，而轴力 N 和 M_y 皆为零。将 $\sigma = Ey/\rho$ 代入 $N = \int_A \sigma dA$，得：

$$N = \int_A (E/\rho) y dA = (E/\rho) \int_A y dA = 0 \tag{6-3}$$

令 $Z_s = \int_A y dA$，称 Z_s 为截面对 z 轴的静矩。显然：E，ρ 是不为 0 的，故：$Z_s = \int_A y dA = y_c A =$

0，这表明**中性轴 z 通过截面形心**。

将 $\sigma = Ey/\rho$ 代入 $M_z = \int_A y\sigma dA$，得：$M_z = \int_A (E/\rho)y^2 dA = (E/\rho)\int_A y^2 dA = M$，令 $I_z = \int_A y^2 dA$，有：$M_z = EI_z/\rho = M$，可得：

$$1/\rho = M/(EI_z) \tag{6-4}$$

上式表明，梁弯曲的曲率与弯矩成正比，与抗弯刚度成反比。式中 I_z 称为截面对 z 轴的惯性矩，单位为 mm^4 或 m^4；EI_z 称为截面的抗弯刚度。

将 $1/\rho = M/(EI_z)$ 代入 $\sigma = Ey/\rho$，得：

$$\sigma = My/I_z \tag{6-5}$$

上式中，正应力 σ 的正负号与弯矩 M 及点的坐标 y 的正负号有关。实际计算中，可根据截面上弯矩的方向，直接判断中性轴的哪一侧产生拉应力，哪一侧产生压应力。

显然，梁横截面上的最大正应力产生在距中性轴最远的截面边缘上，即：

$$\sigma_{max} = My_{max}/I_z \tag{6-6}$$

令 $W_z = I_z/y_{max}$，则：

$$\sigma_{max} = M/W_z \tag{6-7}$$

式中，W_z 称为抗弯截面系数，单位为 mm^3 或 m^3。I_z，W_z 都是与截面有关的几何参数，各种型钢（如：槽钢、角钢、工字钢等）的 I_z 和 W_z 可以在相关工程手册中查到。

对于宽度 b 为、高度 h 为的矩形截面，抗弯截面系数为：$W_z = bh^2/6$。

直径为 d 的圆截面，抗弯截面系数为：$W_z = \pi d^3/32$。

内径为 d，外径为 D 的空心圆截面，抗弯截面系数为：$W_z = \pi d^3(1-\alpha^4)/32$，$\alpha = d/D$。

6.2.4 纯弯曲梁强度条件

为保证梁正常工作，应使梁的危险截面上最大弯曲正应力不超过材料的许用应力，即扭转圆轴的强度条件是：

$$\sigma_{max} = M_{max}/W_z \leq [\sigma] \tag{6-8}$$

例 6.4 吊车梁如图 6.16 所示，起吊质量 $P = 30\ kN$，吊车梁跨度 $l = 8\ m$，梁材料的 $[\sigma] = 120\ MPa$，$[\tau] = 60\ MPa$。梁由工字钢制成，试选择工字钢的型号。

解：将吊车梁简化成简支梁，如图 6.16（b）所示。

1）按正应力强度条件确定梁的截面

当载荷作用于梁中点时，梁的弯矩为最大，其值为：

$$M_{max} = Pl/4 = 60\ kN \cdot m$$

根据强度条件：

$$\sigma_{max} = M_{max}/W_z \leq [\sigma]$$

有：$W_z \geq M_{max}/[\sigma] = 5.0 \times 10^5\ mm^3$

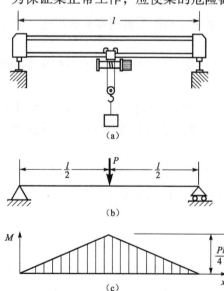

图 6.16 受力分析示意图

从型钢表中查得 28A 工字钢：$W_z = 5.08 \times 10^5$ m

2）校核最大剪应力作用点的强度

当小车移至支座处时梁内剪力最大，即：

$$Q_{\max} = P = 30 \text{ kN}$$

根据剪应力的强度条件：$\tau_{\max} = Q_{\max}(S_z)_{\max}/(dI_z) \leq [\tau]$

由型钢表查得 28A 工字钢的：$d = 8.5$ mm，$I_z/(S_z)_{\max} = 246.2$ mm

故：$\tau_{\max} = Q_{\max}(S_z)_{\max}/(dI_z) = 30 \times 10^3/(8.5 \times 246.2) = 14.3$ MPa $\leq [\tau]$

显然最大剪应力作用点是安全的。因而根据正应力强度条件所选择的截面是可用的。

本例结果表明：梁中最大剪应力是较小的，这是因为在设计型钢时，已令腹板有足够的厚度，以保证剪应力的强度。

§6.3 弯曲梁的变形和位移

6.3.1 挠度和转角

梁受载前后形状的变化称为**变形**，用各段梁曲率的变化表示。梁受载前后位置的变化称为**位移**，包括线位移和角位移。

如图 6.17 所示。在小变形和忽略剪力影响的条件下，线位移是截面形心沿垂直于梁轴线方向的位移，称为**挠度**，用 y 表示。规定向上的挠度为正，向下的挠度为负。角位移是横截面变形前后的夹角，称为**转角**，用 θ 表示，且有：$\theta(x) = \mathrm{d}y/\mathrm{d}x$。规定逆时针转动的转角为正，顺时针转动的转角为负，单位为弧度（rad）。

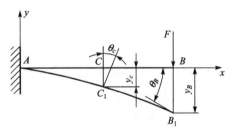

图 6.17 挠度和转角

梁弯曲时，轴线由直线变为曲线，称该曲线为挠曲线，或弹性曲线。挠曲线可表示为：$y = f(x)$，又称弯曲梁的弹性曲线方程。

6.3.2 弯曲梁变形的计算

弯曲梁变形计算的基本方法是积分法，但过于复杂，工程上一般采用叠加法。即：梁在几种载荷的共同作用下产生的变形，等于各载荷单独作用下产生变形的代数和。

在材料服从胡克定律和小变形的条件下，由小挠度曲线微分方程得到的挠度和转角均与载荷呈线性关系。因此，当梁承受复杂载荷时，可将其分解成几种简单载荷，利用梁在简单载荷作用下的位移计算结果，叠加后得到梁在复杂载荷作用下的挠度和转角。

表 6.1 列出了简单载荷单独作用下梁的变形，计算实际变形时，可先从表中查出在简单载荷单独作用下梁的变形，最后计算各变形的代数和，即实际载荷作用下的变形。

表 6.1 简单载荷单独作用下梁的变形

梁的简图	挠曲线方程	端截面转角	最大挠度
悬臂梁端部受力偶 m	$y=-mx^2/(2EI)$	$\theta_B=-ml/(EI)$	$y_B=-ml^2/(2EI)$
悬臂梁端部受集中力 P	$y=-Px^2(3l-x)/(6EI)$	$\theta_B=-Pl^2/(2EI)$	$y_B=-Pl^3/(3EI)$
悬臂梁中间受集中力 P	$y=-Px^2(3a-x)/(6EI)$ $(0\leqslant x\leqslant a)$ $y=-Pa^2(3x-a)/(6EI)$ $(a\leqslant x\leqslant l)$	$\theta_B=-Pa^2/(2EI)$	$y_B=-Pa^2(3l-a)/(6EI)$
悬臂梁受均布载荷 q	$y=-qx^2(x^2-4lx+6l^2)/24EI$	$\theta_B=-ql^3/(6EI)$	$y_B=-ql^4/(8EI)$

6.3.3 弯曲梁的刚度条件

弯曲梁除了需要满足强度条件外，还应将其弹性变形限制在一定范围内，即满足刚度条件：梁的最大挠度不得超出许用挠度，即

$$y_{\max} \leqslant [y] \tag{6-9}$$

梁的最大转角不得超出许用转角，即：

$$\theta_{\max} \leqslant [\theta] \tag{6-10}$$

式中的 $[y]$ 和 $[\theta]$ 分别为梁的许用挠度和许用转角，可从有关设计手册中查得。

§6.4 提高梁抗弯能力的措施

梁的承载能力主要由正应力控制，根据正应力的强度条件可知，梁横截面上的最大正应力与最大弯矩成正比，与横截面的抗弯截面系数成反比。提高梁的抗弯能力主要从降低 $M_{\max}$ 和提高 W_z 两方面着手。

6.4.1 选择合理的截面形状

一、根据比值 W_z/A 选择

抗弯截面系数与截面的尺寸和形状有关，梁的合理截面形状应是用最小的面积得到最大的抗弯截面系数。梁的截面经济程度可以用 W_z/A 比值来衡量。该比值越大，截面就越经济

合理，表 6.2 列出了圆形、矩形以及"工"字形截面的 W_z/A 比值。

表 6.2　圆形、矩形以及"工"字形截面比较

截面形状	W_z/mm^3	所需尺寸	A/mm^2	$W_z/A/\text{mm}$
圆形	250×10^3	$d=137$ mm	148×10^2	1.69
矩形	250×10^3	$b=7$ mm $h=144$ mm	104×10^2	2.4
工字形	250×10^3	$20b$ "工"字钢	39.5×10^2	6.33

从表中可以看出，截面的经济程度是"工"字形优于矩形，而矩形优于圆形。这是因为离中性轴越远，正应力越大，所以应使大部分的材料分布在离中性轴较远处，材料才能充分发挥作用，工字形截面就较好地符合这一点，矩形截面竖搁比横搁合理也是这个道理。

二、根据材料特性选择

对于抗拉和抗压能力相同塑性材料，一般采用对称于中性轴的截面，使得上下边缘的最大拉应力和最大压应力相等，同时达到材料的许用应力值。如矩形、圆形和"工"字形等。

对于抗拉和抗压能力不同的脆性材料，最好选择不对称于中性轴的截面，使中性轴偏于强度较小的一侧，如铸铁梁常采用 T 形截面。

当 $y_l/y_y=[\sigma_l]/[\sigma_y]$ 时，截面上的最大拉应力和压应力同时达到材料的许用应力，材料得到最充分利用。如图 6.18 所示。

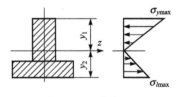

图 6.18　内力图

6.4.2　合理安排梁的受力情况，以降低最大弯矩值

在可能的情况下，将载荷靠近支座或将集中载荷分散布置都可以减小最大弯矩，从而提高梁的承载能力。如图 6.19 所示。

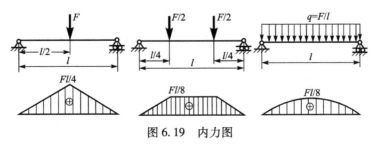

图 6.19　内力图

6.4.3 采用变截面梁

等截面梁的强度计算,是根据危险截面上的最大弯矩确定截面尺寸,这时其他截面的弯矩都小于危险截面的最大弯矩,未能充分利用材料。为使材料得到充分的利用,应在弯矩较大的截面采用较大的截面尺寸,弯矩较小的截面采用较小的截面尺寸,使得每个截面的最大正应力都同时达到材料的许用应力,这样的梁称为**等强度梁**。阶梯轴是根据等强度梁的近似尺寸设计的。完全的等强度梁加工非常困难,也无法满足结构设计的要求。

6-1 矩形截面的悬臂梁受集中力和集中力偶作用,如题图 6-1 所示。试求 I—I 截面和固定端 II—II 截面上 A, B, C, D 4 点处的正应力。

6-2 简支梁承受均布载荷如题图 6-2 所示。若分别采用截面面积相等的实心和空心圆截面,且 $D_1 = 40$ mm, $d_2/D_2 = 3/5$,分别计算它们的最大正应力。并问空心截面比实心截面的最大正应力减少了百分之几?

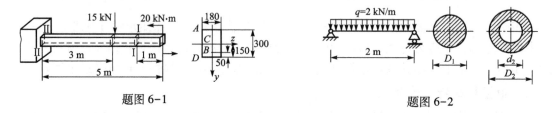

题图 6-1   题图 6-2

第 7 章　平　面　机　构

 导入案例

如图 7.1 所示，机构中所有的运动件均在同一平面内，其被称为平面机构。目前，工程上常见的机构大多属于平面机构，所以本章只讨论平面机构。

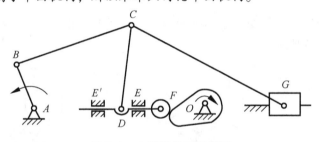

图 7.1　大筛机构运动简图

§7.1　平面机构的组成

7.1.1　平面运动副的组成和类型

机器中的每一个独立的运动单元体，称为"构件"。所以从运动的观点来看，也可以说机器都是由若干个构件组成的。机构中的每个构件都以一定的方式与其他构件相连。这种连接不是固定连接，而是能产生相对运动的连接。这种使两个构件直接接触并能产生一定相对运动的连接称为运动副。例如活塞与汽缸、传动齿轮两个轮齿间的连接等都构成运动副。

平面机构中，构成运动副的各构件均为平面运动，所以称为平面运动副。按照运动副接触形式不同可分为高副和低副。

1. 高副

高副是由两个构件通过点或线接触组成的运动副，如图 7.2 所示。

2. 低副

低副是由两个构件通过面接触组成的运动副。平面低副按其相对运动形式可分为移动副和转动副两种。

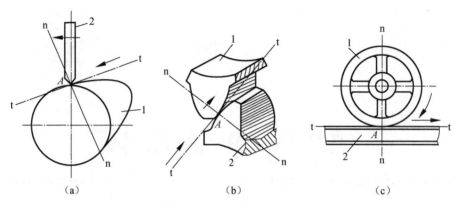

图 7.2 平面高副
(a) 凸轮机构中的平面高副：1—凸轮；2—推杆；(b) 齿轮机构的平面高副：1，2—齿轮；
(c) 机车车轮机构的平面高副：1—机车车轮；2—轨道

1) 移动副

移动副是指组成运动副的两构件通过面接触只能作相对移动的低副，如图 7.3 所示。

2) 转动副

转动副也称为铰链，是指组成运动副的两构件通过铰链相连，只能在一个平面内作相对转动的低副，如图 7.4 所示。

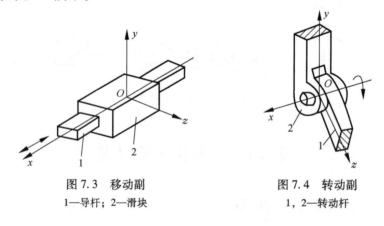

图 7.3 移动副　　　　图 7.4 转动副
1—导杆；2—滑块　　　 1，2—转动杆

7.1.2 平面机构的组成

1. 运动链

运动链是由两个以上运动副连接而成的系统。运动链分为闭链和开链两种。若组成运动链的各构件首尾相连所构成的系统，则称为封闭式运动链，简称为闭链，如图 7.5 (a)、(b) 所示。若组成运动链的各构件未构成首尾封闭的系统，则称为开式运动链，简称为开链，如图 7.5 (c) 所示。

2. 运动链和机构的关系

在运动链中将某一构件固定，让另外一个或几个构件按照给定的运动规律相对于该固定构件运动，若运动链中其余各构件都有确定的相对运动，这种运动链便成为机构，否则就构不成机构。

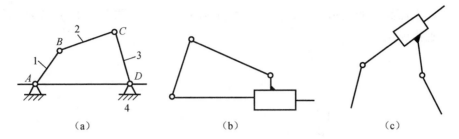

图 7.5 运动链
(a)、(b) 闭链；(c) 开链
1，3—连架杆；2—连杆

机构中固定不动的构件称为机架。按照给定的运动规律相对于该固定构件运动的构件称为原动件或主动件，其余各活动构件称为从动件。

§7.2 平面机构简图的绘制

7.2.1 平面运动副和构件的表示

为了简化问题，在研究机构的运动时，有必要撇开那些与运动无关的构件外形和运动副的具体结构，仅用简单的线条和规定的运动符号来表示构件和运动副，并按一定的比例绘出各运动副之间的相对位置。这种用规定符号准确表示各构件间相对关系和原有机械所具有的运动特性及规律的简明图形，称为机构运动简图。

对于只表示各构件间相对关系和原有机械所具有的运动特性及规律，而不按严格的比例绘制的简图，称为机构运动示意图。

在平面机构运动简图中，运动副的表示方法如下：

（1）常见构件的表示方法和代表符号如图 7.6 所示。图 7.6（a）表示参与组成两个转动副的构件。图 7.6（b）、（c）表示参与组成一个转动副和一个移动副的构件。图 7.6（d）、（e）、（f）表示参与组成三个转动副的构件。图 7.6（d）、（e）用三角形表示组成三个转动副的构件，为了表明三角形是一个单一的构件，常在三角形内加剖面线或在三角形三内角上涂以焊缝标记。图 7.6（f）表示三个转动副中心在一条直线上。

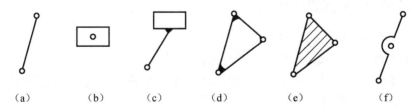

图 7.6 常见构件的表示方法和代表符号
(a) 参与组成两个运动副的构件；(b)，(c) 参与组成一个转动副和一个移动副的构件；
(d)，(e)，(f) 参与组成三个转动副的构件

（2）常见平面高副的表示方法和代表符号如图7.7所示。图7.7（a）表示凸轮副，图7.7（b）表示齿轮副。

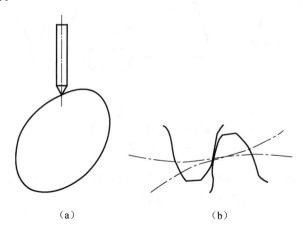

图 7.7　常见平面高副的表示方法和代表符号
(a) 凸轮副；(b) 齿轮副

（3）常见平面低副的表示方法和代表符号如图7.8所示。图7.8（a）、（b）、（c）为两构件1、2组成移动副的表示方法和代表符号，移动副的导路必须与相对移动方向一致。图7.8（d）、（e）、（f）为两构件1、2组成转动副的表示方法和代表符号，圆圈表示转动副，其圆心表示相对转动的轴线，带阴影斜线的为机架。

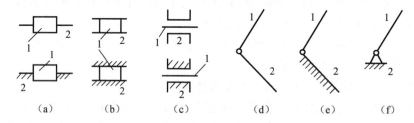

图 7.8　常见平面低副的表示方法和代表符号
(a)，(b)，(c) 两构件1、2组成移动副；(d)，(e)，(f) 两构件1、2组成转动副

其他常用零部件的表示方法可参看 GB 4460—1984 的"机构运动简图符号"。

7.2.2　平面机构简图的绘制

绘制平面机构运动简图的步骤如下：

（1）分析机构运动，找出机架、原动件和从动件。

（2）从原动件开始，按照运动传递的顺序，逐一分析各构件之间的相对运动的性质，确定各运动副的类型和数目。

（3）选择适当的视图平面和机构运动的瞬时位置。一般选择与各构件平面相互平行的平面作为绘制机构运动简图的视图平面。

（4）选择合适的比例尺 $\mu_l\left(\mu_l=\dfrac{\text{实际长度（m）}}{\text{图示长度（mm）}}\right)$，按照选定比例定出的各运动副的相对位置，用规定符号绘出平面机构运动简图。最后还要注意在原动件上标出表示运动方向的箭头，在机架上画上斜线。

下面举例说明平面机构运动简图的绘制方法。

例 7.1 绘出图 7.9（a）所示油泵机构的运动简图。

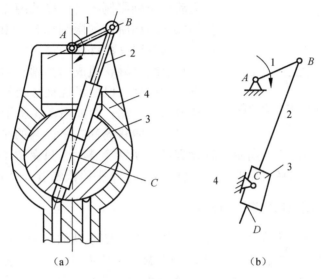

图 7.9　油泵及其运动简图
（a）结构图；（b）运动简图
1—曲柄；2—导杆；3—摇块；4—机架

解：

（1）分析机构运动，找出机架、原动件和从动件。当转动副 B 在 AC 中心线左边时，从机架 4 的右孔道吸油；当转动副 B 在 AC 中心线右边时，从机架 4 的左孔道排油。该机构由曲柄 1、导杆 2、摇块 3 和机架 4 等四个构件组成，其构件 1 为原动件，构件 4 为机架。

（2）从原动件开始，按照运动传递的顺序，逐一分析各构件之间的相对运动的性质，确定各运动副的类型和数目。构件 1 与构件 4、构件 1 与构件 2、构件 3 与构件 4 分别在 A、B、C 点组成转动副，构件 2 与构件 3 组成移动副 D，它们的导路沿 BC 方向。

（3）选择适当的视图平面和机构运动的瞬时位置。一般选择与各构件平面相互平行的平面作为绘制机构运动简图的视图平面。

（4）选择合适的比例尺，按照选定比例定出的各运动副的相对位置，用规定符号绘出平面机构运动简图。最后还要注意在原动件上标出表示运动方向的箭头，在机架上画上斜线。图 7.9（a）所示油泵机构的运动简图如图 7.9（b）所示。

§7.3　平面机构自由度的计算

7.3.1　平面运动副对构件的约束

如图 7.10 所示，一个做平面运动的自由构件有三个独立的运动，即沿 x 轴和 y 轴的移

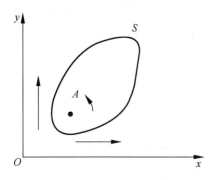

图 7.10 一个作平面运动构件的自由度

动以及在 xOy 平面内的转动，构件所具有的独立运动的数目称为自由度。显然一个做平面运动的自由构件有三个自由度。

两个构件直接接触构成运动副后，构件的某些独立运动将受到限制，自由度就随之减少。运动副对构件的独立运动所加的限制称为约束。运动副的类型不同，引入的约束数目就不同，如图 7.2（b）所示的两个齿轮呈线接触状组成的高副只约束了沿接触处公法线方向的移动，保留了绕接触处的转动和沿接触处公切线方向的移动；而如图 7.3 所示的移动副约束了沿一轴线方向的移动和在平面内的转动，只保留了沿另一轴线方向的移动；如图 7.4 所示的转动副约束了两个移动，只保留了一个转动。由此可知，在平面机构中，一个平面高副引入一个约束，一个平面低副引入两个约束。

7.3.2 平面机构自由度的计算公式

设平面机构中共有 K 个构件，其中一个构件是固定不动的机架，则活动构件的数目为 $n=K-1$。这 n 个活动构件在没有通过运动副连接时，应有 $3n$ 个自由度。当用 P_L 个低副、P_H 个高副连接成为运动链后，因为一个平面低副引入两个约束，一个平面高副引入一个约束，所以这些运动副共引入了 $(2P_L+P_H)$ 个约束。若用 F 表示平面机构的自由度数，则该平面机构的自由度数为全体活动构件在自由状态时自由度的总数与全部运动副引入的约束条件总数之差，即

$$F = 3n - 2P_L - P_H \tag{7-1}$$

例 7.2 计算如图 7.9（a）所示油泵的自由度。

解：

由图 7.9（b）可知，该机构由 4 个构件组成。导杆 2 与摇块 3 组成移动副，曲柄 1 与导杆 2、曲柄 1 与机架 4、摇块 3 与机架 4 分别组成转动副。油泵泵体为机架。活动构件的数目为 $n=3$，低副 $P_L=4$，高副 $P_H=0$，则该机构的自由度为

$$F = 3n - 2P_L - P_H = 3 \times 3 - 2 \times 4 - 0 = 1$$

7.3.3 计算平面机构自由度时应注意的问题

在应用公式（7-1）计算平面机构自由度时，应注意以下几种特殊的情况。

1. 虚约束

在某些机构中，有些运动副引入的约束与其他运动副引入的约束是重复的，这种重复却对运动不起独立限制作用的约束称为虚约束。计算机构自由度时，应不计虚约束。

平面机构的虚约束常在以下情况下发生：

（1）如果构件上某点的运动所加的约束与该点本来的运动轨迹相重合，则该运动副引入的约束为虚约束。如图 7.11（a）所示的平面连杆机构中，由于 AB 平行且等于 CD，因此，在机构运动过程中，构件 BC 上的 E 点与构件 5 上的 E 点的运动轨迹重合，因此，EF 杆引进的约束为虚约束，在计算时应去掉，如图 7.11（b）所示。

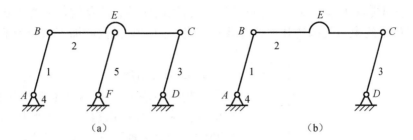

图 7.11 运动轨迹重合引入的虚约束
(a) 引入虚约束 5 后的平面连杆机构；(b) 去掉虚约束后的平面连杆机构
1，3—连架杆；2—连杆；4—机架；5—起虚约束作用的连架杆

（2）机构运动时，如果两构件上两点间的距离始终保持不变，将此两点用构件和运动副连接，则会引入虚约束，如图 7.12 所示。构件 1 上 E 点和构件 3 上 F 点的距离始终保持不变，若将这两点用构件 5 和运动副连接，则构件 5 会引入虚约束。

（3）如果两构件组成多个轴线重合的转动副（如图 7.13 所示），或两构件组成多个移动方向一致的移动副（如图 7.14 所示），只需考虑其中一处的约束，其余引进的约束均为虚约束。

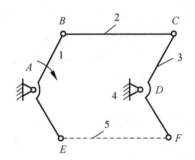
图 7.12 两点间的距离不变引入的虚约束

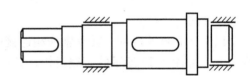
图 7.13 轴线重合引入的虚约束

（4）机构中对传递运动不起独立作用的对称部分引入的约束为虚约束。如图 7.15 所示差动齿轮系，只需一个齿轮 2 便可传递运动。为了提高承载能力使机构受力均匀，图中采用三个行星轮对称布置。这时，每增加一个行星轮便引进一个虚约束。

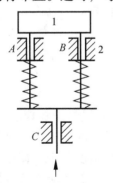

图 7.14 移动方向一致引入的虚约束
1—压板；2—机架

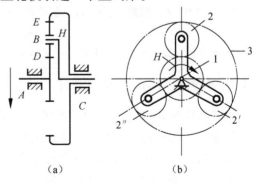

图 7.15 差动轮系引入的虚约束
(a) 差动齿轮系的侧面图；(b) 差动齿轮系的正面图

虚约束虽然不影响机构的运动，但它能增加机构的刚性，改善构件的受力状况，因此被广泛采用。当然虚约束对机构的几何条件要求较高，因此对机构的加工和装配精度提出了较高的要求。

2. 局部自由度

机构中出现的不影响其他构件运动的构件的自由度称为局部自由度。在计算机构自由度时，这种构件应该去掉不计。如图 7.16（a）所示的凸轮机构，为了减少高副处的摩擦，常在从动件 3 上装一滚轮 2。当主动构件凸轮 1 绕固定轴 A 转动时，从动件 3 则在导路中作间歇的上下往复运动。在计算自由度时如果按 $n=3$，低副 $P_L=3$，高副 $P_H=1$，则该机构的自由度为

$$F = 3n - 2P_L - P_H$$
$$= 3 \times 3 - 2 \times 3 - 1 = 2$$

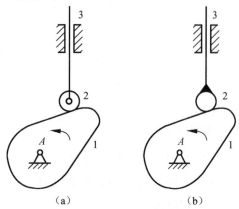

图 7.16 凸轮机构
（a）引入局部约束的凸轮机构；
（b）去掉局部约束的凸轮机构
1—凸轮；2—滚轮；3—从动件

但实际上这种机构的自由度应为 1。计算结果与实际不符，其原因在于：滚轮 2 绕自身的轴线转动的快慢或不转（如图 7.16（b）），都不影响整个机构的运动，出现了局部自由度，在计算机构自由度时，滚轮 2 应去掉不计，将滚轮 2 和从动件 3 看成一个构件。于是 $n=2$，低副 $P_L=2$，高副 $P_H=1$，则该机构的自由度为

$$F = 3n - 2P_L - P_H = 3 \times 2 - 2 \times 2 - 1 = 1$$

3. 复合铰链

两个以上的构件共用同一转动轴线相连接所构成的运动副称为复合铰链。如图 7.17 所示的直线机构，其构件的相对长度为：$AF=FE$，$AD=AB$，$BC=CD=DE=EB$，当 FE 摆动时，C 点的轨迹为垂直于 AF 的直线。该机构在 A、B、D、E 四点各为由三个构件组成的轴线重合的两个转动副，称为复合铰链，在计算机构自由度时切不可将它看成一个转动副，以此类推，由 K 个构件组成的复合铰链，其转动副的个数为（$K-1$）个。所以该机构中活动构件的数目为 $n=7$，低副 $P_L=10$，高副 $P_H=0$，则该机构的自由度为

$$F = 3n - 2P_L - P_H = 3 \times 7 - 2 \times 10 - 0 = 1$$

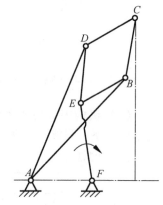

图 7.17 直线机构

7.3.4 机构具有确定运动的条件

机构是具有确定相对运动的构件系统，但不是任何构件系统都能实现确定的相对运动的，因此也就不能构成机构。构件能否成为机构，可用是否具有确定相对运动条件来判断。

机构的自由度数是机构具有的独立运动数，例如机构的自由度为 1，则表示机构只有一个独立运动。如果通过一个主动件，并给定一个运动规律对此独立运动加以控制，则该机构的运动就完全确定了。一般一个主动构件只能给定一个运动规律，所以机构如果需两个自由度，则需要两个主动构件。由此可知，机构具有确定运动的条件是：机构的原动件数与机构

的自由度数相等。

1. 解释高副、低副、复合铰链、局部自由度、虚约束等概念。
2. 简述绘制平面机构运动简图的步骤。
3. 简述机构具有确定运动的条件。

第8章　平面连杆机构

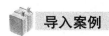导入案例

缝纫机踏板机构如图 8.1（a）所示，缝纫机工作过程（如图 8.1（b））：摇杆踏板 4 通过连杆 3 带动曲柄转轴 2 做 360°旋转，从而带动缝纫机轮工作。

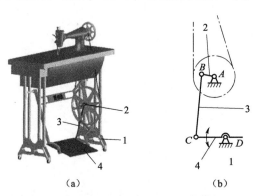

图 8.1　缝纫机踏板机构运动简图
1—机架；2—曲柄转轴；3—连杆；4—摇杆踏板

平面连杆机构是由转动副将构件连接起来所组成的平面机构，又称为平面低副机构。它的主要作用是实现运动形式的变换。最常用的平面连杆机构是由四个构件组成的平面连杆机构，称为平面铰链四杆机构。本章着重讨论平面铰链四杆机构的有关知识和设计问题。

§8.1　平面连杆机构的组成、基本类型和演化

8.1.1　平面连杆机构的组成

图 8.2 所示的平面铰链四杆机构是由平面转动副连接起来的封闭平面四杆系统，被固定的杆 4 称为机架杆，不直接与机架相连的杆 2 称为连杆，与机架相连的杆 1 和杆 3 称为连架杆。凡是能做整周回转运动的连架杆称为曲柄，只能在小于 360°范围内往复摆动的连架杆

称为摇杆。

8.1.2 平面连杆机构的基本类型

平面铰链四杆机构根据其两连架杆的运动形式不同，可分为双曲柄机构、曲柄摇杆机构和双摇杆机构三种基本形式。

1. 双曲柄机构

连架杆均为曲柄的四杆机构，称为双曲柄机构。图 8.3 所示的惯性筛机构是双曲柄机构。它由曲柄 1、3、连杆 2、5、机架 4 和筛 6 组成，当曲柄 1 等速回转时，另一曲柄 3 变速回转，使筛 6 具有所需的加速度，利用加速度所产生的惯性力，使物料在筛上往复运动而达到筛选的目的。

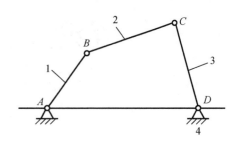

图 8.2 平面铰链四杆机构
1，3—连架杆；2—连杆；4—机架杆

2. 曲柄摇杆机构

两连架杆中一个为曲柄，另一个为摇杆的四杆机构，称为曲柄摇杆机构。图 8.4 所示的雷达天线俯仰角调整机构就是曲柄摇杆机构。天线固定在连架摇杆 3 上，由主动曲柄 1 通过连杆 2 使天线缓缓摆动，要求实现一定的摆角，以保证天线具有指定的摆动角。

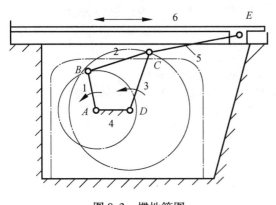

图 8.3 惯性筛图
1，3—曲柄；2，5—连杆；4—机架；6—筛

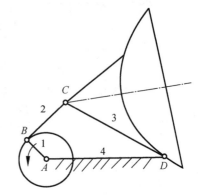

图 8.4 雷达天线俯仰角调整机构
1—曲柄；2—连杆；3—连架摇杆；
4—机架杆

3. 双摇杆机构

两连架杆均为摇杆的四杆机构称为双摇杆机构。图 8.5 所示的汽车前轮转向机构就是双摇杆机构。

8.1.3 平面铰链四杆机构中存在曲柄的条件

平面铰链四杆机构是否存在曲柄，与其各构件相对尺寸的大小及取哪个构件作机架有关。

设图 8.6 所示的平面铰链四杆机构各杆的长度分别为 a、b、c、d。如果杆 1 为曲柄，则在回转过程中，它必须存在如图 8.6 所示的三个位置。

根据三角形两边之和大于第三边的几何关系可得如下公式。

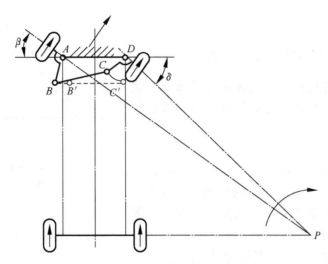

图 8.5　汽车前轮转向机构

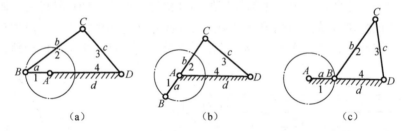

图 8.6　平面铰链四杆机构曲柄存在条件
（a）连架杆 1 和机架杆 4 延长线共线的情况；（b）连架杆 1 和连杆 2 共线的情况；
（c）连架杆 1 和连架杆 4 重叠共线的情况
1，3—连架杆；2—连杆；4—机架杆

（1）由图 8.6（a）可得

$$b+c>a+d$$

即

$$a+d<b+c$$

（2）由图 8.6（b）可得

$$(b-a)+d>c$$

即

$$a+c<b+d$$

（3）由图 8.6（c）可得

$$(d-a)+c>b$$

即

$$a+b<c+d$$

当运动过程中出现四杆共线情况时，上述不等式变成等式，因此，以上三个不等式可改写为

$$a+d \leqslant b+c \tag{8-1}$$

$$a+c \leqslant b+d \tag{8-2}$$
$$a+b \leqslant c+d \tag{8-3}$$

将上式各式两两相加，即得

$$a \leqslant b, \quad a \leqslant c, \quad a \leqslant d \tag{8-4}$$

由式（8-4）可知，杆1（即 a）为最短杆，且为机架或连架杆，其余三杆中必有一杆为最长杆。由式（8-1）、式（8-2）和式（8-3）可知，最短杆与最长杆长度之和小于或等于其余两杆长度之和。这就是平面铰链四杆机构中存在曲柄的条件。上述两个条件必须同时满足，否则机构中不存在曲柄。

根据平面铰链四杆机构中存在曲柄的条件可知：当最短杆与最长杆长度之和大于其余两杆长度之和时，只能得到双摇杆机构。当最短杆与最长杆长度之和小于或等于其余两杆长度之和且最短杆为机架时得到双曲柄机构；当最短杆的相邻杆为机架时得到曲柄摇杆机构；当最短杆的对面杆为机架时得双摇杆机构。

8.1.4 平面铰链四杆机构的演化

平面铰链四杆机构的演化形式有曲柄滑块机构、曲柄摇块机构和导杆机构等。

1. 曲柄滑块机构

对于图 8.7（a）所示的曲柄摇杆机构，当曲柄 AB 转动时，C 点沿圆弧 mm 做往复运动，若圆弧的曲率半径（即摇杆 CD 的长度）趋向于无穷大，则 C 点的运动将转变为沿直线的往复移动，演化成曲柄滑块机构，曲柄回转中心 A 至滑块移动导路中心线的垂直距离称为偏距，用 e 来表示，若 $e=0$，如图 8.7（b）所示，该曲柄滑块机构称为对心曲柄滑块机构；若 $e \neq 0$，如图 8.7（c）所示，该曲柄滑块机构称为偏置式曲柄滑块机构。

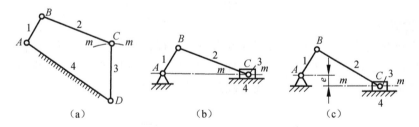

图 8.7 曲柄摇杆机构演化成曲柄滑块机构
（a）曲柄摇杆机构：1—曲柄；2—连杆；3—摇杆；4—机架杆；
（b）对心曲柄滑块机构：1—曲柄；2—连杆；3—滑块；4—机架杆；
（c）偏心曲杆滑块机构：1—曲柄；2—连杆；3—滑块；4—机架杆

曲柄滑块机构能把回转运动转换为往复直线运动，或将往复直线运动转换为回转运动，因此广泛应用于内燃机、往复式压缩机和冲床等机械上。

2. 曲柄摇块机构

在图 8.7（b）所示的对心曲柄滑块机构中，若取构件2作机架，即得到如图 8.8 所示的曲柄摇块机构。在该机构中，滑块3与机架2形成回转副，被称

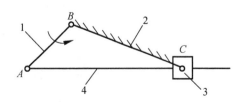

图 8.8 曲柄摇块机构

为摇块，当构件 1 为主动件做回转运动时，导杆 4 相对摇块 3 移动，并带动摇块 3 一起绕 C 点摆动。这种机构广泛用于摆缸式内燃机和液压驱动装置等机械中。

3. 定块机构

在图 8.7（b）所示的对心曲柄滑块机构中，若取构件 3 作机架，即得到如图 8.9 所示的定块机构。这种机构常用于手动抽水泵和抽油泵中。

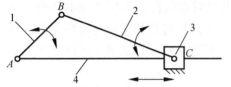

图 8.9　定块机构

4. 导杆机构

在图 8.7（b）所示的对心曲柄滑块机构中，若取构件 1 作机架，即得到如图 8.10 所示的导杆机构。当 $l_1<l_2$ 时（如图 8.10（a）），机架是最短构件，它的相邻构件 2 与导杆 4 均做整周回转，称为移动导杆机构；当 $l_1>l_2$ 时（如图 8.10（b）），机架不是最短构件，它的相邻构件导杆 4 只能来回摆动，称为摆动导杆机构。导杆机构常用于牛头刨床、插床等机械中。

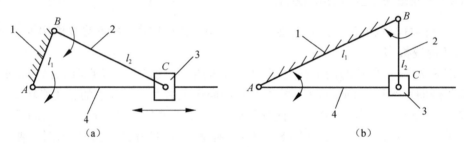

图 8.10　导杆机构
（a）移动导杆机构；（b）摆动导杆机构

5. 偏心轮机构

在平面四杆机构中，若需曲柄很短或要求滑块行程较小时，通常都把曲柄做成盘状，因圆盘的几何中心与转动中心不重合也称为偏心轮，即得到如图 8.11 所示的偏心轮机构。这种机构常用传力较大的剪床、冲床、颚式破碎机等机械中。

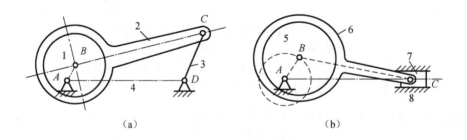

图 8.11　偏心轮机构
（a）带摆杆的偏心轮机构；（b）带移动滑块的偏心轮机构
1，5—偏心轮；2，6—连杆；3—连杆架；4，8—机架；7—滑块

§8.2 平面连杆机构的工作特性

8.2.1 压力角和传动角

在设计平面四杆机构时,不仅要满足预期运动规律的要求,而且应具有良好的传力性能以提高机械效率。

在如图 8.12 所示的曲柄摇杆机构中,当曲柄 AB 为主动件时,工作件 CD 则为摇杆。如果不计重力、惯性力和摩擦力,由连杆 BC 所传递的驱动力 F,必然沿连杆的轴线作用在摇杆的点 C 上。将力 F 分解为沿 C 点速度方向的分力 F_t 和沿 CD 方向的分力 F_n。其中 F_t 是推动摇杆摆动的有效分力,而 F_n 是对铰链的径向压力,只能增加摩擦阻力矩。由图可见

$$F_t = F\cos\alpha \tag{8-5}$$

$$F_n = F\sin\alpha \tag{8-6}$$

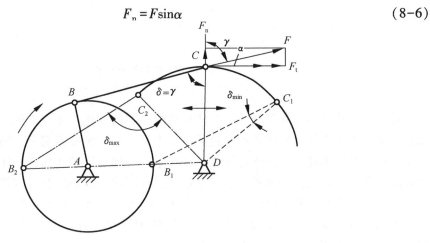

图 8.12 曲柄摇杆机构

显然,角 α 越大则径向压力 F_n 也越大,而有效分力 F_t 就越小。角 α 称为机构在该位置的压力角,它是作用在工作件摇杆上 C 点的力 F 与 C 点速度 v_c 之间所夹的锐角,可作为机构传力性能的标志。

压力角的余角 γ 是连杆与摇杆两轴线所夹的锐角,角 γ 越大则有效分力 F_t 越大,有害分力 F_n 越小,对机构传动越有利,因此,角 γ 称为机构在该位置的传动角。在连杆机构中由于传动角 γ 便于观察,所以常用来检验机构的传力性能。在机构运动时其压力角 α 和传动角 γ 都是在不断变化的,为保证机构有较好的传力性能,应使机构的最小传动角 γ_{min} 不小于某一规定数值。通常取 $\gamma_{min} \geq 40°$,对于高速和重载的机器取 $\gamma_{min} \geq 50°$。

为了便于检验,必须找出机构在什么位置可能出现最小传动角 γ_{min}。由分析图 8.12 所示的曲柄摇杆机构可知,曲柄摇杆机构的最小传动角 γ_{min} 将出现在曲柄与机架共线的两个位置之一。

8.2.2 死点

在图8.13所示的曲柄摇杆机构中,如果以摇杆3作主动件,通过摇杆3的往复摆动带动曲柄回转,当摇杆3摆到两个极限位置时,即从动曲柄与连杆共线的两个位置之一时,出现了机构的传动角 $\gamma=0°$、压力角 $\alpha=90°$ 的情况。这时连杆对从动曲柄的作用力恰好通过其回转中心,不能推动曲柄转动。机构的这种位置称为死点。此外,机构在死点位置时由于偶然外力的影响,也可能使曲柄转向不定。

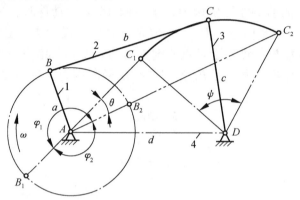

图8.13 曲柄摇杆机构
1—曲柄;2—连杆;3—摇杆;4—机架

死点对于传动机构是不利的,为使机构能顺利通过死点而正常运转,一般采用安装飞轮以加大从动件的惯性,利用惯性来使从动件通过死点,例如缝纫机上的大带轮就起到飞轮的作用,利用惯性来使从动件通过死点;也可采用机构错位排列的方法使从动件通过死点,例如多缸活塞式内燃机,将死点位置相互错开,从而使曲轴始终获得有效的驱动力矩。

当然死点也有它有用的一面,例如图8.14(a)所示的夹具机构就是利用死点进行工作的。当工件被夹紧后,BCD 成一直线,机构处于死点位置,即工件的反力很大,夹具也不会自行松开,如图8.14(b)所示。

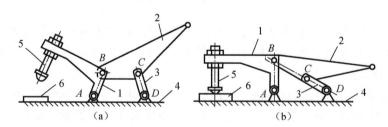

图8.14 机构死点位置的应用
1,3—连架杆;2—连杆;4—机架;5—夹紧螺钉;7—工件

8.2.3 急回特性

在图8.13所示的曲柄摇杆机构中,设曲柄 AB 是主动件,摇杆 CD 是工作件。曲柄每回转一周有两次与连杆重叠共线的位置 B_1AC_1 和曲柄与连杆延伸共线的位置 AB_2C_2。这时摇杆

的两个位置 C_1D 和 C_2D 为极限位置，ψ 叫做摇杆的最大摆角。主动曲柄在摇杆处于两个极限位置时所夹的锐角 θ 称为极位夹角。

若曲柄以等角速度 ω 顺时针转动，当曲柄自 AB_1 位置转过（$180°+\theta$）到达 AB_2 位置时，摇杆则从左边极限位置 C_1D 摆过 ψ 角到达右边极限位置 C_2D，所需时间为 t_1，点 C 的平均速度为 v_1。当曲柄继续转过（$180°-\theta$）到达 AB_1 位置时，摇杆从 C_2D 摆回到 C_1D，所需时间为 t_2，点 C 的平均速度为 v_2。显然，$t_1>t_2$ 而 $v_2>v_1$。机构工作件的这种返回行程速度大于工作行程速度的特性为急回特性。

为了表示工作件往复运动时急回的程度，常用 v_2 与 v_1 的比值 K 来描述，K 称为行程速比系数。即

$$K=\frac{从动件回程平均速度}{从动件工作平均速度}=\frac{\overline{C_1C_2}/t_2}{\overline{C_1C_2}/t_1}=\frac{t_1}{t_2}=\frac{180°+\theta}{180°-\theta} \tag{8-7}$$

由式（8.7）可知，只要 $\theta>0$，总有 $K>1$，这说明具有急回特性。K 值越大，机构的急回就越显著。若 $\theta=0$，总有 $K=1$，说明该机构不具有急回特性。因此，极位夹角是判断连杆机构是否具有急回特性的依据。

在设计机器时，利用这一特性，可以使机器在工作行程速度小些，以减小功率消耗；而空回行程时速度大些，以缩短回程时间，提高机器的工作效率。通常根据工作要求预先选定行程速比系数 K，再由下式确定机构的极位夹角 θ。

$$\theta=\frac{K-1}{K+1}\times 180° \tag{8-8}$$

§8.3 图解法设计平面连杆机构

平面四杆机构设计的主要任务是根据给定的条件，确定机构型式和各构件的尺寸。在生产实际中，对平面连杆机构提出的工作要求虽然多种多样，但是一般可归纳为两类问题：一是根据给定的运动规律设计平面四杆机构；二是根据给定的轨迹要求设计平面四杆机构。

平面四杆机构的设计有解析法、实验法和图解法三种。

（1）用解析法设计平面四杆机构时首先要建立方程式，然后根据已知参数对方程式求解。解析法的精度高，但计算过程复杂烦琐。

（2）实验法是利用一些简单的工具反复调整试验，直到得到满意结果为止的方法，这种方法虽然简便，但需要经过多次反复，并且难免产生误差。所以它常用来解决比较复杂的平面四杆机构。

（3）图解法虽然精度较低，但具有简便易行、直观清晰的优点。本节仅介绍图解法。

图解法设计平面四杆机构有按连杆预定的位置设计四杆机构、按两连架杆的对应位置设计四杆机构和按给定的行程速度变化系数设计四杆机构等三种情况。

8.3.1 按两连架杆的对应位置设计四杆机构

图 8.15 所示为已知连杆的长度和它占据的三个预定位置 B_1C_1、B_2C_2 和 B_3C_3，要求设计此铰链四杆机构。

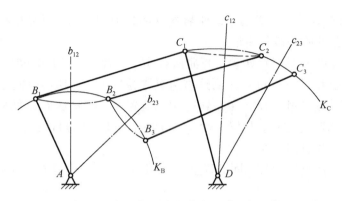

图 8.15 按连杆预定的位置设计四杆机构

由于连杆的长度已知,而 B、C 既是连杆上运动副的中心,又是连架杆上活动端运动中心,所以机构运动时,连杆运动副上中心 B、C 必将分别在圆弧 K_B 和圆弧 K_C 上作圆周运动,此圆弧的圆心即为两连架杆与机架相连的运动副中心 A 和 D。如果运动副 A 和 D 的位置已经确定,则该机构各杆的长度即可求得。所以按给定三个连杆位置设计四杆机构,实质上是已知圆弧上三点确定圆心的问题。具体的作法和步骤如下。

(1) 根据实际尺寸选择适当的长度比例尺,画出给定的连杆位置。

$$\mu_l = \frac{实际长度}{图示长度} = \frac{l_{BC}}{\overline{BC}} \quad (\text{m/mm})$$

图上画的连杆长度为

$$\overline{BC} = \frac{l_{BC}}{\mu_l}$$

(2) 作线段 $\overline{B_1B_2}$ 中垂线 b_{12},则圆弧 K_B 的圆心应在直线 b_{12} 上。再作线段 $\overline{B_2B_3}$ 中垂线 b_{23},而圆弧 K_B 的圆心应在直线 b_{23} 上,所以 b_{12} 和 b_{23} 的交点必为圆弧 K_B 的圆心。同理可得圆弧 K_C 的圆心 D。

(3) 以点 A 和 D 作为两连架杆与机架的铰链中心,连接 AB_1 和 DC_1,并连 AD 作机架,即得各构件的实际长度为

$$l_{AB} = \mu_l \overline{AB}(\text{m})$$
$$l_{DC} = \mu_l \overline{DC}(\text{m})$$
$$l_{AD} = \mu_l \overline{AD}(\text{m})$$

8.3.2 用反转法按连杆预定的位置设计四杆机构

在图 8.16 所示的平面四杆机构中,已知原动件 AB 和机架 AD 的长度,连架杆 AB 和 CD 的两组对应位置 AB_1、DC_1 和 AB_2、DC_2(即两对应摆角 φ_1、ψ_1 和 φ_2、ψ_2)。试设计此四杆机构。

分析:此机构设计实质上是要求定出连杆 BC 和摇杆 CD 的长度,关键是求出连杆 BC 与摇杆 CD 相连的铰链 C 的位置。

由前述可知,当连杆占据每一个位置时,两连架杆都相应地有一组对应位置或一组对应

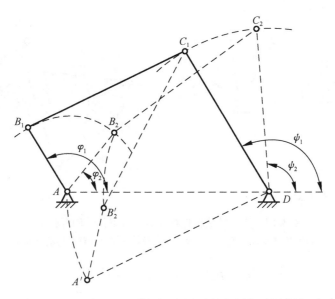

图 8.16 用反转法按连杆预定的位置设计四杆机构的原理

的转角 φ_i、ψ_i,根据相对运动的原理,机构在运动时,无论取哪个杆为机架,各杆的相对运动的性质不变。因此,若取杆 DC 为机架杆,就可以将该问题转化为按两连架杆预定的位置设计四杆机构了。

在图 8.16 所示的平面四杆机构中,机构在第一位置时,形成四边形 AB_1C_1D;在第二位置时,形成四边形 AB_2C_2D。为了求出杆 AB 相对于杆 DC 的位置,令杆 DC 固定在 DC_1 位置(假设 DC 为机架),则杆 AB 对 DC_1 的第一相对位置为 AB_1。第二位置可以这样求,今将 AB_2C_2D 刚化,并将其绕 D 点按逆时针方向转过 ($\psi_1-\psi_2$) 角度,使 DC_2 和 DC_1 重合,则杆 AB_2 转到 $A'B_2'$。因为 $B_1C_1=B_2'C_1$,故知 C_1 点必在 B_1B_2' 中垂线 b_{12} 上。铰链 C 的转动中心可在中垂线 b_{12} 上任意取。铰链中心 C 定出后,其他两杆长度也就确定了,显然有无穷多解。这种转化的方法,称为反转法。

下面讨论给定两连架杆的三组对应位置时的机构设计问题。如图 8.17 (a) 所示,已知原动件 AB 和机架 AD 的长度,要求在该四杆机构的传动过程中,构件 AB 和构件 CD 上某一标线 DE 能占据三组预定的对应位置 AB_1、AB_2、AB_3 及 DE_1、DE_2、DE_3 (即三组对应摆角),试设计此四杆机构。这样的设计问题可转化为以构件 CD 为机架,以构件 AB 为连杆,按照构件 AB 相对于构件 CD 依次占据的三个位置进行机构设计问题。为此利用反转法。具体的作法和步骤如下。

(1) 根据实际尺寸选择适当的长度比例尺,按照给定条件画出两连架杆的三组对应位置,并连接 DB_1、DB_2 和 DB_3,如图 8.17 (b) 所示。

(2) 用反转法将 DB_2 和 DB_3 分别绕 D 点反转 ($\psi_1-\psi_2$) 和 ($\psi_1-\psi_3$),得 B_2' 和 B_3',如图 8.17 (b) 所示。

(3) 作 B_1B_2' 和 $B_2'B_3'$ 垂直平分线 b_{12} 和 b_{23} 交于 C_1 点,连接 AB_1C_1D 即为该铰链四杆机构,如图 8.17 (b) 所示。

(4) 各构件实长分别应为

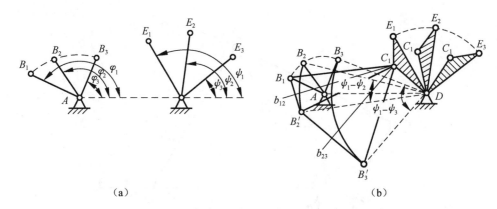

图 8.17 用反转法按连杆预定的位置设计四杆机构
（a）两连架杆三组已知位置；（b）反转法设计四杆机构的情况

$$l_{BC} = \mu_l B_1 C_1, \quad l_{CD} = \mu_l C_1 D$$

8.3.3 按给定的行程速比系数设计四杆机构

已知曲柄摇杆机构的行程速比系数 K、摇杆的长度 l_{CD} 及摆角 ψ，试设计此四杆机构。

分析：如图 8.18 所示，$ABCD$ 为已有的曲柄摇杆机构，当摇杆 CD 处于夹角为 ψ 的两极限位置 C_1D 和 C_2D 时，曲柄 AB 则应处于与连杆 BC 共线的两个位置 AB_1 和 AB_2，且其夹角为 θ。由 A、C_1、C_2 三点所确定的圆 η 上，弧 C_1C_2 所对应的圆心角必为 2θ。

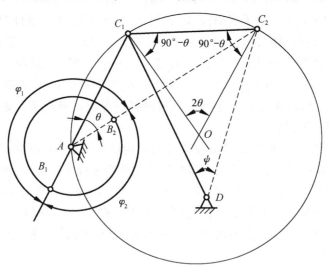

图 8.18 按给定的行程速比系数设计四杆机构

设计步骤如下：

（1）由公式 $\theta = \dfrac{K-1}{K+1} \times 180°$ 计算出极位角 θ。

（2）根据实际尺寸确定适当长度比例尺，任选固定铰链中心 D 的位置，按摇杆长度 l_{CD} 及摆角 ψ，作出两极限位置 C_1D 和 C_2D。

（3）由 C_1、C_2 作 $\angle C_1C_2O = \angle C_2C_1O = 90°-\theta$，得交点 O。

（4）以交点 O 为圆心、OC_1 为半径作圆 η，则圆弧 C_1C_2 所对应的圆周角为 θ。显然，在弧 C_1E 和弧 C_2F 上任一点均可作曲柄 AB 的固定铰链中心 A，其解有无数多个，可根据曲柄长、连杆长、机架长以及 γ_{min} 等附加条件确定，即可确定铰链中心 A。

（5）连接 C_1A 和 C_2A，则 C_1A 和 C_2A 分别为曲柄与连杆的两个位置，故 $AC_1 = B_1C_1 - AB_1 = l_{BC} - l_{AB}$，$AC_2 = B_2C_2 + AB_2 = l_{BC} + l_{AB}$，两式相减得 $l_{AB} = \dfrac{AC_2 - AC_1}{2}$；两式相加得 $l_{BC} = \dfrac{AC_2 + AC_1}{2}$。

1. 简述平面铰链四杆机构的组成和基本类型。
2. 平面铰链四杆机构能演化哪几种形式？
3. 解释平面铰链四杆机构的急回特性、死点、压力角和传动角。
4. 简述平面铰链四杆机构中存在曲柄的条件。
5. 试判断如图 8.19 所示的各机构的类型。

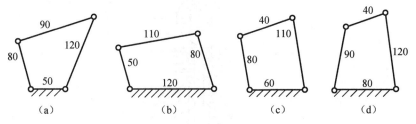

图 8.19　题 5 图

6. 已知一平面铰链四杆机构中，摇杆的长 $l_{CD} = 0.05$ m，摆角 $\psi = 45°$，行程速比系数 $K = 1.4$，机架长 $l_{AD} = 0.038$ m，求曲柄和连杆的长度。

7. 铰链四杆机构作为加热炉炉门的开闭机构。炉口高 $h = 140$ mm（如图 8.20），要求炉门盖紧时（图示位置 I），上下外伸量 $d = 80$ mm，门上铰链中心 B、C 安装在炉门主截面的对角线上，B 和 C 的距离为 90 mm，且各与对角线终端等距。炉门开启后（图示位置 II），外面与炉口底面相平，另外要求两固定铰链中心 A 和 D 装在与炉口面距离为 $x = 15$ mm 处，相对位置及尺寸如图 8.20 所示，试设计此机构。

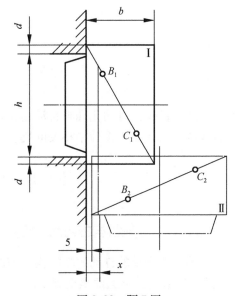

图 8.20　题 7 图

第9章 盘形凸轮机构和间歇运动机构

内燃机配气凸轮机构简图,如图9.1所示。当具有一定曲线轮廓的凸轮1以等角速度回转时,它的轮廓迫使阀杆2按内燃机工作循环的要求启闭阀门。

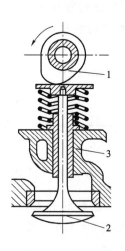

图9.1 内燃机配气凸轮机构简图
1—凸轮;2—阀杆;3—机体

凸轮机构在自动化和半自动化机械中被广泛应用。本章着重讨论盘形凸轮轮廓曲线绘制的基本方法和凸轮设计中相关问题。

§9.1 凸轮机构的组成及类型

9.1.1 凸轮机构的组成、特点和应用

图9.2所示的自动送料机构,带凹槽的圆柱凸轮1作等速转动,槽中的滚子带动从动件2做往复移动,将工件推至指定的位置,从而完成自动送料任务。

图 9.3 所示的靠模车削机构，工件回转时，刀架 2 向左移动，并在靠模板曲线轮廓的推动下作横向移动，从而切削出与靠模板曲线一致的工件。

图 9.4 所示为绕线机的凸轮机构，当绕线轴 3 快速转动时，经蜗杆传动带动凸轮 1 缓慢地转动，通过凸轮轮廓与尖顶 A 之间的作用，驱使从动件 2 往复摇动，从而使线均匀地缠绕在绕线轴上。

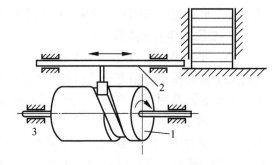

图 9.2　自动送料机构
1—凸轮；2—从动件；3—机架

由以上实例可以看出：凸轮机构是由凸轮、从动件和机架三部分组成。在自动化和半自动化机械中广泛应用。它可将凸轮的旋转运动转换为从动件的间歇的往复移动或摆动，或者将凸轮的移动转换为从动件的间歇的往复移动或摆动。

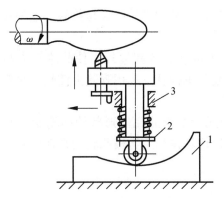

图 9.3　靠模车削机构
1—靠模（凸轮）；2—刀架；3—机架

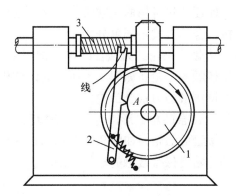

图 9.4　绕线机的凸轮机构
1—凸轮；2—从动件；3—绕线轴

凸轮机构的优点是只需设计适当的凸轮轮廓便可使从动件得到所需的运动规律，并且结构简单、设计方便，因此，在机械中得到了广泛应用。它的缺点是凸轮轮廓与从动件之间为点接触或线接触、不便润滑、易于磨损，所以通常多用于传力不大的控制机构中。

9.1.2　凸轮机构的类型

凸轮机构的类型繁多，常见的类型如下：

1. 按凸轮的形状分

（1）盘形凸轮（如图 9.1 所示）：凸轮是一个径向尺寸有变化且绕固定轴转动的盘形构件。盘形凸轮机构的结构比较简单，应用较多，是凸轮中最基本的形式。

（2）圆柱凸轮（如图 9.2 所示）：在圆柱体上开有曲线凹槽或制有外凸曲线的凸轮。圆柱绕轴线旋转，曲线凹槽或外凸曲线推动从动件运动。圆柱凸轮可使从动件得到较大行程，所以可用于要求行程较大的传动中。

（3）移动凸轮（如图 9.3 所示）：凸轮相对机架作直线平行移动。它可看作是回转半径无限大的盘型凸轮。凸轮做直线往复运动时，推动从动件在同一运动平面内也做往复直线运动。有时也可将凸轮固定，使从动件导路相对于凸轮运动。

2. 按从动件的形式分

（1）平底从动件（如图9.1所示）：从动件与凸轮轮廓之间为线接触，若忽略摩擦，凸轮对从动件的作用力垂直于从动件的平底，接触面之间易于形成油膜有利于润滑，因而磨损小、效率高，常用于高速凸轮机构，但不能与内凹形轮廓接触。

（2）滚子从动件（如图9.3所示）：从动件端部安装滚子，从而把滑动摩擦变成滚动摩擦，摩擦阻力小、磨损较少，所以可用于传递较大的动力。但由于它的结构比较复杂，滚子轴磨损后有噪声，所以只适用于重载或低速的场合。

（3）尖顶从动件（如图9.4所示）：从动件与凸轮接触的一端是尖顶的称为尖顶从动件，它是结构最简单的从动件。尖顶能与任何形状的凸轮轮廓保持逐点接触，因而能实现复杂的运动规律。但因尖顶与凸轮是点接触，滑动摩擦严重，接触表面易磨损，故只适用于受力不大的低速凸轮机构。

3. 按凸轮与从动件维持高副接触方式分

为了保证凸轮机构的正常工作，必须使凸轮轮廓与从动件始终保持接触，这种作用称为锁合。按锁合的方式不同可分为

（1）力锁合凸轮，力锁合凸轮是指利用弹簧力或重力等其他外力使凸轮轮廓与从动件始终保持接触的凸轮。如图9.1所示的内燃机的配气机构就是利用弹簧力使凸轮轮廓与从动件始终保持接触的力锁合凸轮。

（2）形锁合凸轮，形锁合凸轮是指利用高副元素本身的几何形状使凸轮轮廓与从动件始终保持接触的凸轮。如图9.2所示的自动送料机构就是利用沟槽凸轮的几何形状使凸轮轮廓与从动件始终保持接触的形锁合凸轮。

§9.2 从动件的运动规律和选择

9.2.1 凸轮机构的工作过程

图9.5所示为尖底对心直动从动件盘形凸轮机构，以凸轮轮廓的最小向径 r_b 为半径所绘的圆称为基圆。当尖底与凸轮轮廓上的 A 点相接触时，从动件位于上升的起始位置。当凸轮以 ω 等角速顺时针方向回转 δ_s 时，从动件与凸轮轮廓 AB 段圆弧相接触，从动件在最近的位置停留不动，δ_s 称为近休止角；当凸轮继续以 ω 等角速顺时针方向回转 δ_t 时，从动件尖底被凸轮轮廓推动，从动件与凸轮轮廓 BC 段圆弧相接触，以一定规律由离回转中心最近的位置 B 到达最远的位置 C，这个过程称为推程（或升程）。这时所走过的距离 h 称为从动件的升程，而与推程对应的凸轮转角 δ_t 称为推程运动角；当凸轮继续回转 δ_s' 时，以 O 为中心圆弧 CD 与尖底相接触，从动件在最远的位置停留不动，δ_s' 称为远休止角；当凸轮继续回转 δ_t' 时，从动件从最远的位置，以一定运动规律回到起始位置，这个过程称为回程运动角，δ_t' 称为回程角。当凸轮连续回转时，从动件即重复上述"停—升—停—降"的运动循环。

从上述分析可知，从动件的运动规律是与凸轮轮廓曲线的形状对应的。通常设计凸轮主要是根据从动件的运动规律，然后再根据选定的从动件的运动规律来设计凸轮轮廓。

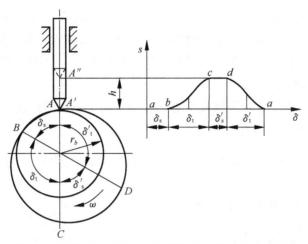

图 9.5 尖底对心直动从动件盘形凸轮机构的工作过程

9.2.2 从动件的常用运动规律

所谓从动件的运动规律是指从动件位移 s、速度 v、加速度 a 随时间 t 或凸轮转角 δ 的变化而产生的变化规律。通常把从动件位移 s、速度 v、加速度 a 随时间 t 或凸轮转角 δ 的变化曲线称为从动件运动线图。下面介绍几种常用运动规律。

1. 等速运动规律

当凸轮以等角速度 ω_1 回转时,从动件上升或下降的速度为一常数,这种运动规律称为等速运动规律。

设凸轮以等角速度 ω_1 顺时针方向回转 δ_t 时,从动件升程为 h,相应的推程时间为 T,则从动件的加速度 $a=\dfrac{\mathrm{d}v}{\mathrm{d}t}=0$,其运动线图如图 9.6 所示。其运动方程为

$$\left.\begin{array}{l} s=\dfrac{h}{\delta_t}\delta \\ v=\dfrac{h}{\delta_t}\omega_1 \\ a=0 \end{array}\right\} \quad (9-1)$$

回程时,凸轮转过回程运动角 δ_h,从动件位移相应由 $s=h$ 逐渐减小为零。参照式(9-1),并按回程中 $s=h$ 时,$\delta=0$,可导出回程做等速运动时从动件的运动方程

$$\left.\begin{array}{l} s=h\left(1-\dfrac{\delta}{\delta_h}\right) \\ v=-\dfrac{h}{\delta_h}\omega_1 \\ a=0 \end{array}\right\} \quad (9-2)$$

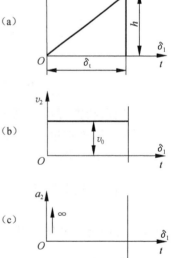

图 9.6 从动件等速运动曲线

由图 9.6 可知,从动件在运动开始和终止的瞬时,由于速度的突然变化,其加速度在理

论上为无穷大,从而在理论上也会产生无穷大的惯性,使机构产生强烈震动、冲击和噪声,这种冲击称为刚性冲击。实际上由于材料的弹性变形,加速度和惯性力都不会达到无穷大,但是刚性冲击仍对构件极为不利。因此,等速运动规律很少单独使用,或只适用低速轻载的场合。

2. 等加等减速运动规律

这种运动规律是从动件在一个推程或者回程中,前半程作等加速运动,后半程作等减速运动。通常加速度和减速度的绝对值相等。

从动件推程的前半程作等加速运动,经过的运动时间为 $\dfrac{T}{2}$,对应的凸轮转角为 $\dfrac{\delta_t}{2}$,$s=\dfrac{h}{2}$,将这些参数代入位移方程 $s=\dfrac{1}{2}a_0 t^2$ 可得

$$\frac{h}{2}=\frac{1}{2}a_0\left(\frac{T}{2}\right)^2$$

故

$$a_0=\frac{4h}{T^2}=4h\left(\frac{\omega_1}{\delta_t}\right)^2$$

将 a_0 代入位移方程,并对时间求导,便可得到从动件推程的前半程作等加速运动的运动方程为

$$\left.\begin{array}{l}s=\dfrac{2h}{\delta_t^2}\delta^2\\[4pt]v=\dfrac{4h\omega_1}{\delta_t^2}\delta\\[4pt]a=\dfrac{4h\omega_1^2}{\delta_t^2}\end{array}\right\} \quad (9-3)$$

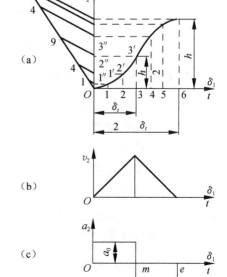

图9.7 从动件等加等减速运动曲线
(a) 位移线图;(b) 速度线图;
(c) 加速度线图

根据运动方程可以画出从动件的运动线图,如图9.7所示。当推程角 δ_t 和最大位移 h 已知时,位移线图可用下述方法作图。

在横坐标轴上找出代表 $\dfrac{\delta_t}{2}$ 和 $\dfrac{h}{2}$ 的点,将其分为若干等分(图中为3等分)得1、2、3各点,过这些点作横坐标轴的垂线,并取 $(1-1')=\dfrac{1}{9}\dfrac{h}{2}$,$(2-2')=\dfrac{4}{9}\dfrac{h}{2}$,$(3-3')=\dfrac{9}{9}\dfrac{h}{2}=\dfrac{h}{2}$ (作图时,可过 O 点的任一斜线 OO' 上,以任意间距截取9个等分点,连接直线 9-3″,并作其平行线 4-2″ 和 1-1″,最后由 1″、2″、3″ 分别向过1、2、3点垂线投影),得到 1′、2′、3′ 点,将这些点连成光滑曲线,便得前半推程等加速位移曲线。后半推程的等减速运动的位移曲线,可以用同样的方法绘制。

由加速度线图9.7可见,这种运动规律当有远停程和近停程时,在推程或回程的两端及中点,其加速度只是有限值,由此而产生的冲击较刚性冲击要小,称为柔性冲击。尽管如此,这种运动规律也不适用于高速凸轮机构,而多用于中、低速,轻载的场合。

以同样的方法可推导出等减速段的运动方程

$$\left.\begin{aligned} s &= h - \frac{2h}{\delta_t^2}(\delta_t-\delta)^2 \\ v &= \frac{4h\omega_1}{\delta_t}(\delta_t-\delta) \\ a &= -\frac{4h\omega_1^2}{\delta_t} \end{aligned}\right\} \quad (9-4)$$

3. 简谐（余弦加速度）运动规律

简谐运动规律是指当一质点在圆周上做匀速运动时，该点在这个圆的直径上的投影所形成的运动规律。其运动线图如图 9.8 所示，设以从动件升程 h 为直径，其从动件的位移方程为

$$s = \frac{h}{2}(1-\cos\theta)$$

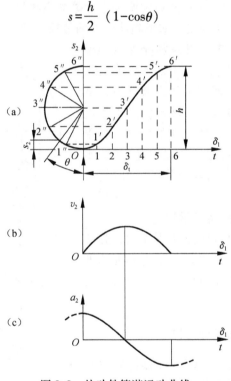

图 9.8 从动件简谐运动曲线
(a) 位移线图；(b) 速度线图；(c) 加速度线图

由图 9.8 可知，当 $\theta=\pi$ 时，$\delta=\delta_t$，故 $\theta=\dfrac{\pi\delta}{\delta_t}$，代入上式可导出从动件推程时所做简谐运动方程为

$$\left.\begin{aligned} s &= \frac{h}{2}\left[1-\cos\left(\frac{\pi}{\delta_t}\delta\right)\right] \\ v &= \frac{\pi h\omega_1}{2\delta_t}\sin\left(\frac{\pi}{\delta_t}\delta\right) \\ a &= \frac{\pi^2 h\omega_1^2}{2\delta_t^2}\cos\left(\frac{\pi}{\delta_t}\delta\right) \end{aligned}\right\} \quad (9-5)$$

同理，可推导出从动件回程简谐运动的运动方程为

$$\left.\begin{array}{l}s=\dfrac{h}{2}\left[1+\cos\left(\dfrac{\pi}{\delta_\mathrm{h}}\delta\right)\right]\\[2mm] v=-\dfrac{\pi h\omega_1}{2\delta_\mathrm{t}}\sin\left(\dfrac{\pi}{\delta_\mathrm{h}}\delta\right)\\[2mm] a=-\dfrac{\pi^2 h\omega_1^2}{2\delta_\mathrm{t}^2}\cos\left(\dfrac{\pi}{\delta_\mathrm{h}}\delta\right)\end{array}\right\} \quad (9-6)$$

简谐运动规律位移线图的画法如下：在纵轴上以从动件的位移 h 作为直径画半圆，将此半圆分成若干等分，得 1″、2″、3″、…点，再将代表凸轮转角 δ 的横坐标轴段也分成相应等分，并作垂线 11′、22′、33′、…；然后将圆周上的等分点投影到相应的垂直线上得 1′、2′、3′、…点。用光滑曲线联结这些点，即得到从动件的位移线图。

从动件做简谐运动时，其加速度按余弦规律变化，故又称为余弦加速运动规律。由加速度曲线可见，这种运动规律在推程或回程的始点及终点，从动件有停歇时（停程角不为零），该点仍产生柔性冲击，因此它只适用于中、低速工作的场合。如果从动件做无停歇的往复运动时（停程角为零），则得到连续余弦曲线，运动中完全消除了柔性冲击，在这种情况下可用于高速。

4. 摆线（正弦加速度）运动规律

这种运动规律的加速度线图是整周期的正弦曲线，如图 9.9 所示。运动图可见，其速度和加速度曲线都是连续的，因此没有柔性冲击，故常用于高速凸轮机构。

9.2.3　从动件运动规律的选择

凸轮轮廓曲线完全取决于从动件的运动规律，因此，正确选择从动件的运动规律是凸轮设计的重要环节。选择从动件运动规律时，要综合考虑工作要求、动力特性和加工制造等方面。

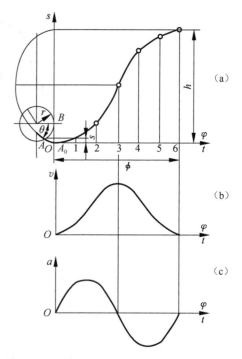

图 9.9　从动件摆线运动曲线
(a) 位移线图；(b) 速度线图；
(c) 加速度线图

(1) 要满足工作要求。凸轮设计必须首先要满足机器的工作过程对从动件的工作要求，根据工作要求选择从动件的运动规律。如各种机床中控制刀架进给的凸轮机构，从动件带动刀架运动，为了加工出表面光滑的零件并使机床载荷稳定，则要求刀具进刀时做等速运动，所以从动件应选择等速运动规律。

(2) 加工制造要方便。当机器的工作过程对从动件的运动规律没有特殊要求时，对于低速凸轮机构主要考虑便于加工，如夹紧送料等凸轮机构，可只考虑加工方便，采用圆弧、直线等组成的凸轮轮廓。

(3) 动力特性要好。对于高速凸轮机构，主要以考虑减小惯性力为依据来选择从动件运动规律。

§9.3 作图法设计凸轮轮廓曲线

凸轮轮廓曲线的设计是凸轮机构设计的重要环节。当根据工作要求确定了凸轮机构类型和从动件运动规律后，就可进行凸轮轮廓曲线的设计。凸轮轮廓曲线的设计有作图法和解析法两种。

作图法尽管其设计精度较低，但简单易行，能满足一般机械的要求，故应用最广。

图 9.10（a）所示为尖顶对心移动从动件盘形凸轮机构，当凸轮以角速度 ω 绕 O 等速回转时，将推动推杆运动。图 9.10（b）所示为凸轮回转角 φ 时，推杆上升至位移 s 的瞬时位置。

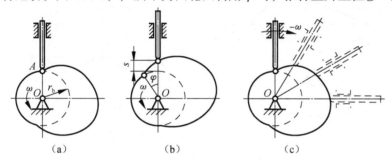

图 9.10　反转法设计凸轮轮廓曲线
(a) 凸轮回转角为 0°时，推杆上升的瞬时位置；(b) 凸轮回转角 φ 时，
推杆上升至位移 s 的瞬时位置；(c) 反转法设计凸轮轮廓曲线的原理图

作图法设计凸轮轮廓曲线所依据的基本原理是反转从动件原理，即通常称的反转法。反转法的原理是：如图 9.10（c）所示，给凸轮机构加上一个与凸轮角速度大小相等、转向相反的角速度 $-\omega$，这时各构件的相对运动保持不变，但凸轮相对静止，而从动件一方面和机架一起以角速度 $-\omega$ 转动，另一方面又按已知运动规律在导路中做相对往复移动。由于从动件的尖顶始终与凸轮轮廓线相接触，所以反转后尖顶的运动轨迹就是凸轮的轮廓曲线。

9.3.1　尖顶对心移动从动件盘形凸轮轮廓曲线的设计

试设计一尖顶对心移动从动件盘形凸轮轮廓曲线。已知从动件推杆和回程均采用等速运动规律，升程 $h = 10$ mm，升程角 $\delta_t = 135°$，远休止角 $\delta_s' = 75°$，回程角 $\delta_t' = 60°$，近休止角 $\delta_s = 90°$，且凸轮以匀角速度 ω 逆时针转动，凸轮基圆半径 $r_b = 20$ mm。

根据反转法，该凸轮的轮廓曲线的作图步骤如下：

(1) 选取适当比例尺作出从动件位移线图，如图 9.11（a）所示。在横坐标轴上按一定间隔等分推程和回程，这里将推程角等分成 6 份，每等份 22.5°，回程角等分成 2 份，于是得到等分点 1、2、3、…、9、0，停程不必取分点。从这些分点作垂线交位移图于 1′、2′、3′、…、9′、0′各点，即得与凸轮各转角相对应的从动件的位移 11′、22′、33′、…、99′、00′，如图 9.11（b）所示。

(2) 用与位移线图相同的比例尺作基圆取分点。任取一点 O 为圆心，以 r_b 为半径作凸轮的基圆，圆周上点 O 即为轮廓曲线起始点。按 $-\omega$ 方向取推程角、回程角和远停程角，并分成与位移图对应的相同等份，可得分点 1、2、3、…、9、0，如图 9.11（c）所示。

（3）过凸轮轴心 O 作上述各等分点的射线 O_1、O_2、…，这些射线便是反转后从动件在各位置的轴线。

（4）在各射线上分别量取 $11'$、$22'$、$33'$、…、$99'$、$00'$ 与 s-δ 曲线中对应位移相等，于是得到 $1'$、$2'$、$3'$、…、$9'$、$0'$ 各点，如图 9.11（c）所示。

（5）将 $1'$、$2'$、$3'$、…、$9'$、$0'$ 各点连接为光滑曲线，即得所求的轮廓曲线，如图 9.11（c）所示。

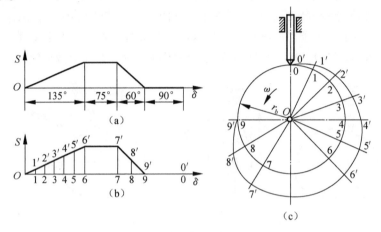

图 9.11 尖顶对心移动从动件盘形凸轮轮廓曲线的设计
（a）从动件运动位移线图；（b）等分从动件运动位移线图；（c）反转法设计凸轮的轮廓曲线图

9.3.2 滚子对心移动从动件盘形凸轮轮廓曲线的设计

滚子从动件与尖顶从动件的不同点只是在从动件端部装上半径为 r_T 的滚子。由于滚子的中心是从动件上的一个定点，此点的运动就是从动件的运动。在应用反转法绘制凸轮轮廓时，滚子中心的运动轨迹就是尖顶从动件尖顶的运动轨迹。由此就可以在上述尖顶从动件凸轮设计的基础上来设计滚子从动件的凸轮轮廓曲线。具体步骤如下：

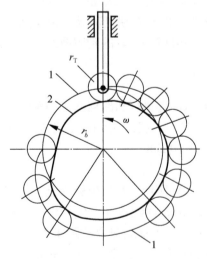

图 9.12 滚子对心移动从动件盘形凸轮轮廓曲线的设计
1—理论轮廓曲线；2—实际凸轮轮廓曲线

（1）把滚子的中心看成是尖顶从动件的尖顶，按给定的运动规律，用绘制尖顶从动件盘形凸轮的方法画出一个轮廓曲线，它就是滚子中心的轮廓曲线，称为该凸轮的理论轮廓曲线 1，如图 9.12 所示。

（2）以理论轮廓曲线上的点为圆心，滚子的半径 r_T 为半径画一系列圆，作这些圆的包络线就是所求的实际凸轮轮廓曲线 2。

值得注意的是滚子从动件盘形凸轮的基圆仍然指的是理论轮廓的基圆，即以理论轮廓的最小向径为半径所作的圆。

9.3.3 偏置从动件盘形凸轮轮廓曲线的设计

由于结构上的需要或为了改善受力,可采用偏置从动件盘形凸轮,如图 9.13 所示,其从动件的中心线偏离凸轮回转中心 O 的距离 e 称为偏心距。若以 O 点为圆心、以 e 为半径作圆(称为偏距圆),则凸轮转动时,从动件的中心线必始终与偏距圆相切。因此,在应用反转法绘制凸轮轮廓曲线时,从动件中心依次占据的位置必然都是偏距圆的切线,从动件的位移($11'$、$22'$、$33'$、$\cdots$)也相应从这些切线与基圆的交点起始,在这些切线上量取。这是与尖顶对心移动的从动件不同的地方。其余的作图步骤则与尖顶对心移动的从动件盘形凸轮轮廓线的作法相同。

如为滚子从动件时,则上述方法求的轮廓线就是其理论轮廓线,只要如前所述作出它们的内包络线,便可得到相应的实际轮廓曲线。

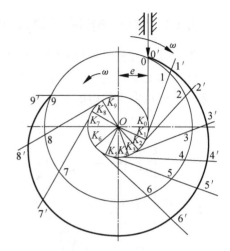

图 9.13　偏置从动件盘形凸轮轮廓曲线的设计

9.3.4 对心平底从动件盘形凸轮轮廓曲线的设计

如图 9.14 所示,设计平底从动件盘形凸轮时,首先在平底上选一固定点 A_0 视为尖顶,按照尖顶从动件凸轮轮廓的设计方法,求出从动件在复合运动中 A_0 点依次所占据的位置点 A_1、A_2、A_3、$\cdots$,其次,过这些点画出一系列代表平底的直线 A_1B_1、A_2B_2、A_3B_3、$\cdots$,然后作这些直线的包络线,便得到凸轮的轮廓曲线。

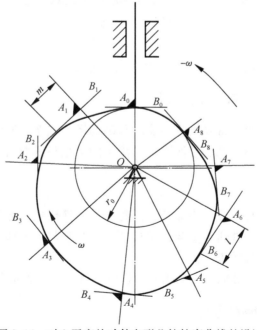

图 9.14　对心平底从动件盘形凸轮轮廓曲线的设计

§9.4 解析法设计凸轮轮廓曲线

9.4.1 解析法设计凸轮轮廓曲线

随着计算机的普及和数控技术的发展，用解析法设计凸轮轮廓日趋广泛。解析法设计凸轮轮廓实际上是通过建立凸轮理论轮廓线与实际轮廓线的方程，精确计算出轮廓线上各点的坐标。下面对偏置移动滚子从动件盘型凸轮轮廓的设计为例说明。

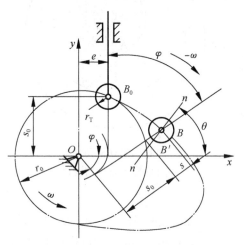

图 9.15 解析法设计凸轮轮廓曲线

如图 9.15 所示，建立过凸轮转轴中心的坐标系 xOy，图 9.15 中 B_0 点为从动件推程的起始点，导路与转轴中心的距离为 e（当凸轮逆时针转动、导路右偏时，e 为正，反之，e 为负，当凸轮顺时针转动时，则与之相反）。凸轮基圆半径为 r_0。根据反转法原理，凸轮以 ω 转过 φ 角，相当于从动件及导路以 $-\omega$ 转过 φ 角，滚子中心到达 B 点，位移量为 s。从图中可知，B 点的坐标为

$$\left. \begin{array}{l} x = (s_0+s)\sin\varphi + e\cos\varphi \\ y = (s_0+s)\cos\varphi - e\sin\varphi \end{array} \right\} \quad (9-7)$$

式中 $s_0 = \sqrt{r_0^2 - e^2}$。上式为凸轮理论廓线方程。

凸轮实际廓线与理论廓线在法线方向上相距滚子半径 r_T，若已知理论廓线上任一点 $B(x, y)$，则在法线上与之相距 r_T 的点 $B'(x', y')$ 就是实际廓线上的点，经数学推导得

$$\left. \begin{array}{l} x' = x \pm r_T\cos\varphi \\ y' = y \pm r_T\sin\varphi \end{array} \right\} \quad (9-8)$$

式中取负号时为等距曲线，取正号时为外等距曲线。

9.4.2 凸轮机构设计中的几个问题

凸轮机构的设计不仅要保证从动件能实现预期的运动规律，还要确保传力性良好、结构紧凑。这些要求与凸轮材料、凸轮基圆半径、滚子的半径和压力角等因素有关。

9.4.3 凸轮的材料

凸轮机构工作时，往往承受冲击载荷，凸轮与从动件接触部分磨损严重，因此，必须合理选择凸轮与滚子的材料，并进行适当的热处理，使凸轮与滚子和工作表面具有较高的硬度和耐磨性，而芯部具有较好的韧性。

常用的材料有：45 钢、20Cr、18CrMnTi 或 T9、T10 等，并对其表面进行淬火处理。

9.4.4 凸轮基圆半径的确定

基圆半径 r_b 是凸轮的主要尺寸参数，基圆半径 r_b 过小，会引起压力角 α 过大而传动角

γ 过小，使机构效率降低，甚至会发生自锁。因此，基圆半径 r_b 的确定，应满足最大压力角小于许用压力角 [α] 的要求。

如果对机构的尺寸没有严格要求，可将基圆半径 r_b 选大些，以减小压力角 α，增大传动角 γ，使机构有良好的传力性能；如果要求机构尺寸紧凑，则所选基圆半径 r_b 大小应使最大压力角不超过许用值。

当凸轮与轴做成一个整体（常称为凸轮轴）时

$$r_b \geq r_s + r_T + (2 \sim 5) \text{ mm} \tag{9-9}$$

当凸轮与轴分开制造时

$$r_b \geq r_n + r_T + (2 \sim 5) \text{ mm} \tag{9-10}$$

式中，r_s 为凸轮轴半径；r_n 为凸轮轮毂外圆半径；r_T 为滚子半径。

按初选的基圆半径 r_b 设计凸轮轮廓，然后校核机构推程的最大压力角。

9.4.5 滚子半径的选择

当采用滚子从动件时，如果滚子的大小选择不适当，从动件将不能实现设计所预期的运动规律，这种现象称为运动失真。

运动失真与理论轮廓的最小曲率半径和滚子半径有关，如图 9.16 所示，设外凸的理论廓线的最小曲率半径为 $\rho_{\min}$，滚子半径为 r_T。

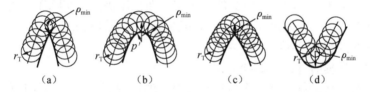

图 9.16 滚子半径与运动失真

(a) $r_T > \rho_{\min}$ 时的凸轮廓线；(b) $r_T < \rho_{\min}$ 时的凸轮廓线；(c) $r_T = \rho_{\min}$ 时的凸轮廓线；(d) 内凹的凸轮廓线

当 $r_T > \rho_{\min}$ 时，凸轮的实际廓线必将出现交叉（如图 9.16 (a) 所示），加工该凸轮时，这个交叉部位将被切，致使从动件的运动失真。

当 $r_T < \rho_{\min}$ 时，凸轮的实际廓线为一条光滑曲线（如图 9.16 (b) 所示），凸轮机构能够保证正常工作。

当 $r_T = \rho_{\min}$ 时，凸轮的实际廓线就会产生尖点（如图 9.16 (c) 所示），这样的凸轮在工作时，尖点的接触应力很大，极易磨损，不能采用。

所以对于外凸的凸轮，应使滚子半径 r_T 小于理论廓线的最小曲率半径为 $\rho_{\min}$，一般取 $r_T \leq 0.8 \rho_{\min}$，并使实际轮廓线的最小曲率半径为 $\rho'_{\min} \geq 3 \sim 5$ mm。若出现运动失真，可以用减小滚子半径的方法来解决。若由于滚子的结构等原因不能减小其半径时，可适当增大基圆半径以增大理论廓线的最小曲率半径，重新设计凸轮轮廓曲线。

如图 9.16 (d) 所示内凹的凸轮廓线，因其实际廓线的最小曲率半径 $\rho'_{\min}$ 等于理论廓线的最小曲率半径 ρ 与滚子半径 r_T 之和，即 $\rho'_{\min} = \rho + r_T$。因此，无论滚子半径的大小如何，实际廓线总不会变尖，更不会交叉。

当然滚子的半径的选择也受到结构、强度等因素的限制，也不能取得太小，设计时常取 $r_T = (0.1 \sim 0.5) r_b$，其中 r_b 为凸轮的基圆半径。

9.4.6 压力角的确定

图 9.17 所示为尖顶对心移动从动件盘形凸轮机构在推程的某个位置，当不计摩擦时，凸轮对从动件的推力 F 必沿接触点的法线 $n-n$ 方向。作用力 F 与从动件速度 v_2 所夹的锐角 α 称凸轮机构在图示位置的压力角，压力角的余角 γ 称为传动角。其意义与连杆机构的压力角和传动角相同。凸轮廓线上的各点压力角不相同。

由图可见，作用力 F 可分解为沿从动件方向的分力 F' 和垂直于运动方向分力 F''。

压力角 α 越大，传动角 γ 就越小，推动从动件运动的有效分力 F' 越小，有害分力 F'' 越大，由此引起的摩擦阻力也就越大；当压力角 α 达到某一数值时，有效分力 F' 不能克服由有害分力 F'' 所引起的摩擦阻力，于是力 F 无论多大也不能使从动件运动，这种现象称为自锁。可见，从提高效率、传力合理来看，压力角 α 越小，传动角 γ 就越好。因此，在凸轮机构的实际对压力角 α 的最大值要加以限制，即凸轮机构的实际压力角不应超过许用压力角 $[\alpha]$，一般推荐 $[\alpha]$ 的数值如下：

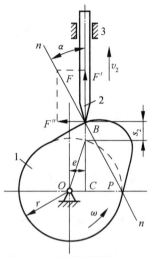

图 9.17 凸转机构的压力角
1—盘形凸轮；2—尖顶

移动从动件的推程时 $[\alpha] \leq 30° \sim 40°$
摆动从动件的推程时 $[\alpha] \leq 40° \sim 50°$

由于在回程时，从动件通常是靠自重或弹簧力的作用而下降，不会出现自锁现象，并且希望从动件有较快的回程，故压力角 α 可取大些，一般推荐 $[\alpha] \leq 70° \sim 80°$。

§9.5 间歇运动机构

间歇运动机构是一种将主动件的连续运动转换为从动件有规律的运动和停歇的机构。间歇运动机构在自动生产线的转位机构、步进机构、计数装置等方面有着广泛的应用。间歇运动机构的类型很多。本章主要介绍槽轮机构、棘轮机构、不完全齿轮间歇机构和凸轮式间歇机构。

9.5.1 槽轮机构

一、槽轮机构的组成、工作原理和类型

1. 槽轮机构的组成和工作原理

图 9.18 所示为槽轮机构由带有圆柱销 C 的拨盘 1、具有径向槽的槽轮 2 和机架等组成。主动件拨盘 1 逆时针做等速连续转动，当圆柱销 C 未进入槽轮的径向槽时，槽轮 2 的内凹锁止弧被拨盘 1 的外凸锁止弧锁住而静止；当圆柱销 C 开始进入径向槽时，内外锁止弧脱开，槽轮 2 在圆销 C 的驱动下顺时针转动；当圆柱销 C 开始脱离槽轮 2 的径向槽时，槽轮 2 因另一锁止弧被拨盘 1 的外凸锁止弧锁住而静止，直到圆柱销 C 再次进入下一个径向槽

时，锁止弧脱开，槽轮 2 才能继续转动，从而实现从动槽轮 2 的周期性间歇运动。

2. 类型

槽轮机构有外槽轮机构（图 9.18）和内槽轮机构（图 9.19）两种类型。

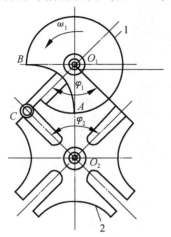

图 9.18 外槽轮机构
1—拨盘；2—槽轮

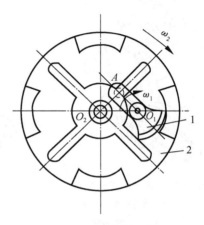

图 9.19 内槽轮机构
1—拨盘；2—槽轮

按机构中圆销的数目不同，外槽轮机构又有单圆销（图 9.18）、双圆销（图 9.20）和多圆销槽轮机构之分。单圆销外槽轮机构工作时，拨盘转一周，槽轮反向转动一次；双圆销外槽轮机构工作时，拨盘转一周，槽轮反向转动两次；内槽轮机构的槽轮转动方向与拨盘转向相同。

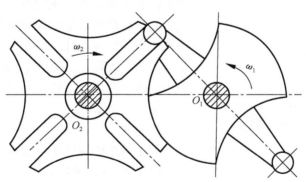

图 9.20 双圆销槽轮机构

二、槽轮机构的特点和应用

槽轮机构的优点是结构简单、制造容易、转位迅速、工作可靠，但制造与装配精度要求高且转角大小不能调节，转动时有冲击，故不适用于高速。一般用于转速不是很高的自动机械、轻工机械或仪器仪表中。

图 9.21 所示为自动传送链装置，拨盘 1 使槽轮 2 间歇转动，并通过齿轮 3、4 传至链轮 5，从而得到传送链 6 的间歇运动，以满足自动流水线上装配作业的要求。

图 9.22 所示为电影放映机的卷片机构，槽轮 2 上有 4 个径向槽，拨盘 1 每转一周，圆

销将拨动槽轮转过 90°，使胶片移过一幅画面，并停留一定的时间，以适应人眼视觉暂留的需要。

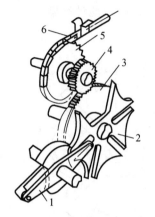

图 9.21 自动传送链装置
1—拨盘；2—槽轮；3, 4—齿轮；
5—链轮；6—传送链

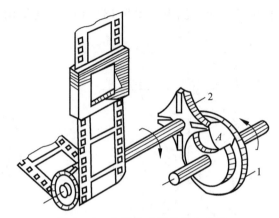

图 9.22 电影放映机的卷片机构
1—拨盘；2—槽轮

9.5.2 棘轮机构

一、棘轮机构的组成、工作原理和类型

1. 棘轮机构的组成和工作原理

图 9.23 所示为由摇杆 1、棘轮 2、棘爪 3、机架 4、制动爪 5 和弹簧 6 组成的棘轮机构。当摇杆 1 连同棘爪 3 逆时针转动时，棘爪 3 进入棘轮 2 的相应齿槽，推动棘轮 2 转过一定的角度；当摇杆 1 顺时针转动时，棘爪 3 在棘轮 2 齿背上滑过。制动爪防止棘轮 2 跟随摇杆 1 顺时针转动，使棘轮 2 静止不动。这样，摇杆不断地做往复摆动，棘轮便得到单向的间歇转动。

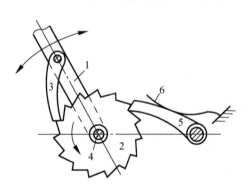

图 9.23 外啮合单动式棘轮机构
1—摇杆；2—棘轮；3—棘爪；4—机架；
5—制动爪；6—弹簧

2. 类型

常见棘轮机构可分为齿啮式和摩擦式两大类。

1) 齿啮式棘轮机构

齿啮式棘轮机构又有单向式和双向式两种。

（1）单向齿啮式棘轮机构。

这种棘轮机构靠棘爪和棘轮啮合传递动力，结构简单、制造方便、转角可靠。但棘轮转角只能有级调节，且棘爪在齿背是滑行易引起噪声、冲击和磨损，故不宜用于高速。

齿啮式棘轮机构有外啮合式（图 9.23）和内啮合式（图 9.24）两种基本形式。按驱动棘轮数量不同，又有单动式（图 9.23）和双动式（图 9.25）两种棘轮机构。

图 9.23 所示为单动式棘轮机构，当主动摇杆 1 往复摆动一次时，棘轮只能单向间歇转过一定角度。

图 9.25 所示为双动式棘轮机构，其棘爪可制成直动双动式（图 9.25（a））或钩头双动式（图 9.25（b））。当主动摇杆做往复摆动时，可使棘轮沿同一方向作间歇转动。这种棘轮机构每次的转角也较小。

（2）双向齿啮式棘轮机构。

图 9.26（a）所示为矩形齿双向齿啮式棘轮机构，它的棘轮齿形为对称梯形。当棘爪在实线位置时，主动摇杆 1 上的棘爪 3 将棘轮 2 向逆时针方向做间歇运动；当棘爪翻到双点划线位置时，主动摇杆 1 上的棘爪 3 将棘轮 2 向顺时针方向做间歇运动。

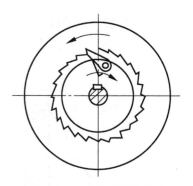

图 9.24 内啮合式棘轮机构

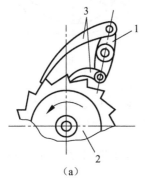 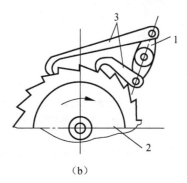

图 9.25 双动式棘轮机构
（a）自动双动式；（b）钩头双动式
1—摇杆；2—棘轮；3—棘爪

图 9.26（b）所示为另一种回转棘爪双向齿啮式棘轮机构。其棘轮 1 齿形为矩形，棘爪 2 背面为斜面，棘爪 2 顺时针转动时，它可以从棘齿上滑过。当棘爪处在图 9.26（b）示位置时，棘轮将向逆时针做单向间歇转动；若将棘爪 2 提起并绕其轴线转 180°后放下，则可实现棘轮 1 沿顺时针方向单向间歇运动；若将棘爪提起并绕其轴线转 90°后，使棘爪搁在壳体的平台上，则棘爪和棘轮脱开。主动杆往复摆动时，棘轮 1 静止不动。

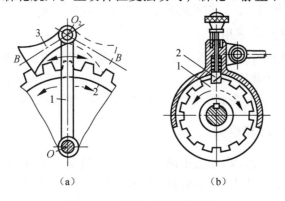

图 9.26 双向齿啮式棘轮机构
（a）矩形齿双向齿啮式棘轮机构：1—主动摇杆；2—棘轮；3—棘爪；
（b）回转棘爪双向齿啮式棘轮机构：1—棘轮；2—棘爪

2）摩擦式棘轮机构（如图 9.27 所示）

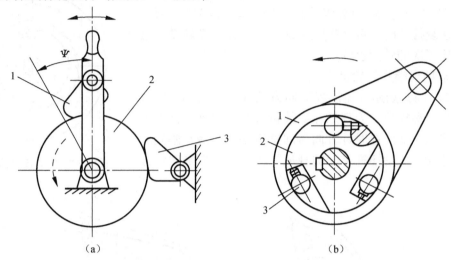

图 9.27　摩擦式棘轮机构
(a) 外摩擦式棘轮机构：1—棘爪；2—棘轮；3—止回棘爪；
(b) 滚子式内摩擦棘轮机构：1—外套；2—星轮；3—滚子

为了减少棘轮机构的冲击和噪声，并实现转角大小的无级调节，可采用摩擦式棘轮机构。

图 9.27（a）所示为外摩擦式棘轮机构，由摇杆、棘爪 1、棘轮 2、止回棘爪 3、机架等组成。棘轮 2 上无轮齿，它靠棘爪 1 和棘轮 2 之间的摩擦力传递动力，该机构可将摇杆的往复运动转换为棘轮 2 的单向间歇运动。棘轮转角可做无级调节，且传动平稳、无噪声。但因靠摩擦力传递动力，其接触表面容易发生滑动，一方面可起过载保护作用，另一方面传动精度不高，故适用于低速、轻载的场合。

图 9.27（b）所示为滚子式内摩擦式棘轮机构，由外套 1、星轮 2 和滚子 3 等组成。图中滚子 3 起棘爪的作用，若构件 1 顺时针方向转动，由于弹簧的推动使滚子在摩擦力的作用下楔紧在构件 1、2 之间狭隙处，从而带动构件 2 一起转动；若构件 1 逆时针方向转动，滚子在弹簧的作用下回到构件 1、2 之间宽隙处，构件 2 静止不动。

二、棘轮机构的特点和应用

棘轮机构具有结构简单、容易制造和运动可靠、棘轮转角调节方便且有防止棘轮反转的作用。但传动时冲击较大，运动的平稳性差。故棘轮机构只能用于低速、轻载的间歇运动的场合。

棘轮机构在生产中可满足送料、制动、超越和转位分度等要求。

9.5.3　不完全齿轮间歇机构

图 9.28 所示的不完全齿轮机构是由渐开线齿轮机构演变而成的一种间歇运动机构，与一般齿轮机构相比，最大区别在于主动齿轮 1 的轮齿不布满整个圆周。

图 9.28（a）中主动齿轮 1 转一周，从动齿轮 2 只转 1/8 周，图 9.28（b）中主动齿轮 1 转一周，从动齿轮 2 只转 1/4 周，当从动齿轮 2 处于停锁歇位置时，锁止弧将其锁住，使从动齿轮停在确定的位置，不能转动。

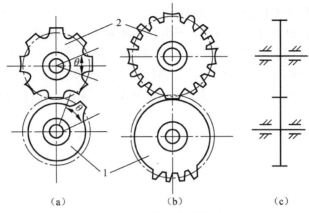

图 9.28 不完全齿轮机构
1—主动齿轮；2—从动齿轮
（a）主动齿轮只有一个齿的不完全齿轮机构；（b）主动齿轮有四个齿的不完全齿轮机构；
（c）不完全齿轮机构的示意图

图 9.28（c）所示为不完全齿轮机构的示意图。

不完全齿轮机构的优点是设计灵活，工作可靠，传递的力大，而且从动轮停歇的次数、每次停歇的时间及每次转过角度的变化范围比较大；其缺点是加工工艺较复杂，从动轮在运动开始和终了时有较大的冲击，不宜用于高速传动，且主、从动轮不能互换。

不完全齿轮机构一般用于低速、轻载的场合，如在自动机械和半自动机械中，用作工作台的间歇转位机构、间歇进给机构以及计数装置等。

9.5.4 凸轮式间歇机构

凸轮式间歇运动机构是利用凸轮的轮廓曲线，通过对转盘上滚子的推动，将凸轮的连续转动变换为从动转盘的间歇转动的机构。它一般由主动凸轮 1、从动转盘 2 和机架等组成，通常有圆柱凸轮间歇运动机构（图 9.29）和蜗杆凸轮间歇运动机构（图 9.30）两种形式。

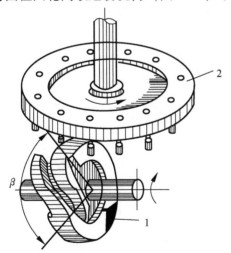

图 9.29 圆柱凸轮间歇运动机构
1—主动凸轮；2—从动转盘

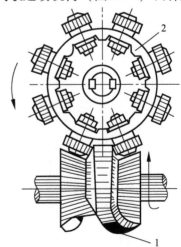

图 9.30 蜗杆凸轮间歇运动机构
1—主动凸轮；2—从动转盘

凸轮式间歇运动机构的优点是结构简单，运转可靠，转位精确，传动平稳无噪声，且只要适当选择从动件的运动规律和合理设计凸轮的轮廓曲线，就可减小动载荷和避免冲击，适应高速运转的要求。这是它不同于棘轮机构、槽轮机构的最突出的优点。

凸轮式间歇运动机构主要用于能传递交错轴间的间歇传动，在轻工机械、冲压机械等高速机械中常用作高速、高精度的步进进给、分度转位等机构。例如卷烟机、包装机、多色印刷机、高速冲床等。

思考与练习

1. 简述凸轮机构的组成及类型。
2. 简述从动件的常用运动规律和选择原则。
3. 解释凸轮机构的压力角。
4. 一尖底对心移动从动件盘形凸轮机构，凸轮按逆时针方向转动，其运动规律为：

凸轮转角 δ	0°~90°	90°~150°	150°~240°	240°~360°
从动件位移 s	等速上升 40 mm	停止	等加速、等减速下降到原处	停止

要求：（1）画出从动件的位移曲线；
（2）若基圆半径 r_b = 45 mm，画出凸轮轮廓。
5. 选择凸轮机构的滚子半径时，应考虑哪些因素？
6. 选择凸轮机构的基圆半径时，应考虑哪些因素？
7. 简述槽轮机构的组成、工作原理、类型、特点和应用。
8. 简述棘轮机构的组成、工作原理、类型、特点和应用。
9. 简述不完全齿轮间歇机构和凸轮式间歇机构的组成、特点和应用。

第10章 螺纹连接与螺旋传动的设计

导入案例

台式钻床立柱与底座的连接如图 10.1 所示，台式钻床的立柱插入立柱座，立柱座与底座靠螺纹连接在一起。

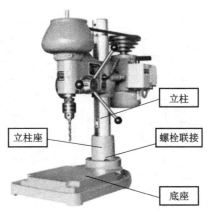

图 10.1 台式钻床

螺纹连接是最常用的连接之一。它具有结构简单、工作可靠、拆装方便、形式多样的优点。螺旋传动是利用螺杆和螺母组成的螺旋副来实现传动要求的。它的作用是将旋转运动转变成直线运动，同时传递运动和动力。

§10.1 螺纹的形成、类型和主参数

10.1.1 螺纹的形成

螺纹的基本几何形状是螺旋线，如图 10.2 所示，将一直角三角形（底边长为 πd_2）绕在直径为 d_2 的圆柱体上，同时底边与圆柱体端面圆周线重合，则此三角形的斜边在圆柱体的表面上形成一条螺旋线。在圆柱表面上，用不同形状的车刀沿螺旋线切制出沟槽即形成螺纹。

10.1.2 螺纹的类型

按螺纹加工位置不同,螺纹可分外螺纹和内螺纹。加工在圆柱体外表面上的螺纹称为外螺纹;加工在圆柱体内表面上的螺纹称为内螺纹。内、外螺纹成对使用,由内、外螺纹旋合而成的运动副称为螺纹副。

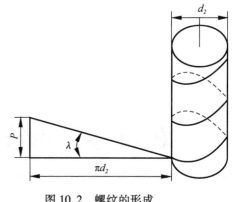

图 10.2 螺纹的形成

按螺纹所起作用的不同,螺纹可分连接螺纹和传动螺纹。起连接作用的螺纹称为连接螺纹,起传递动力作用的螺纹称为传动螺纹。

按螺旋线数目的不同,螺纹可分单线螺纹和多线螺纹。在圆柱体上沿一条螺旋线切制的螺纹,称为单线螺纹(如图 10.3(a)所示);在圆柱体上沿二条螺旋线切制的螺纹,称为双线螺纹(如图 10.3(b)所示),为了制造的方便,螺纹的线数一般不超过 4。单线螺纹主要用于连接,多线螺纹主要用于传递动力。

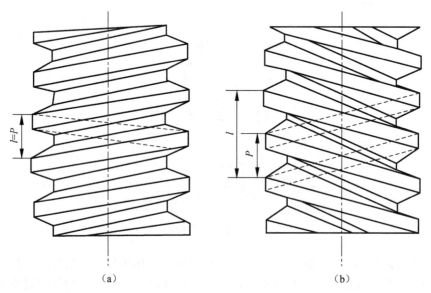

图 10.3 螺纹的线数和旋向
(a) 单线右旋螺纹;(b) 双线左旋螺纹

按螺旋线绕行方向的不同,螺纹可分为右旋螺纹和左旋螺纹,如图 10.3 所示。通常采用右旋螺纹。

按螺纹牙型角的不同,螺纹可分为三角形(普通)螺纹(图 10.4(a))、管螺纹(图 10.4(b))、矩形螺纹(图 10.4(c))、梯形螺纹(图 10.4(d))、锯齿形螺纹(图 10.4(e))等,如图 10.4 所示。三角形(普通)螺纹和管螺纹用于连接,矩形螺纹、梯形螺纹和锯齿形螺纹用于传递动力。

按螺纹的制式不同,螺纹可分为公制和英制两类。公制螺纹的螺距以每毫米牙数表示,英制螺纹的螺距以每英寸牙数表示。我国除管螺纹外,多采用公制螺纹。在国际上原来采用英制螺纹的国家也正逐步向公制螺纹的方向过渡。凡是牙型、外径及螺距符合国家标准的螺纹称为标准螺纹。

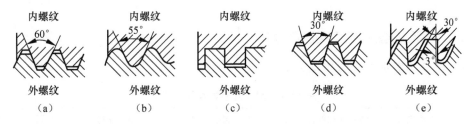

图 10.4 螺纹的牙型
（a）普通螺纹；（b）管螺纹；（c）矩形螺纹；（d）梯形螺纹；（e）锯齿形螺纹

10.1.3 螺纹的主参数

现以图 10.5 所示的圆柱普通三角形螺纹为例说明螺纹的主要参数。

1. 大径 d （D）

它是与外螺纹牙顶或内螺纹牙底相重合的假想圆柱的直径，是螺纹的最大直径，称为大径或公称直径。

2. 小径 d_1 （D_1）

它是与外螺纹牙底或内螺纹牙顶相重合的假想圆柱的直径，是螺纹的最小直径，称为小径。

3. 中径 d_2 （D_2）

螺纹牙厚与牙间宽相等处的假想圆柱的直径，称为中径。

4. 螺距 P

螺纹相邻两牙在中径线上对应两点间的轴向距离，称为螺距。

5. 导程 L

同一条螺旋线上相邻两牙在中径线上对应两点间的轴向距离，称为导程。设螺纹线数为 n，则对于单线螺纹有 $L=P$；则对于多线螺纹有 $L=nP$。

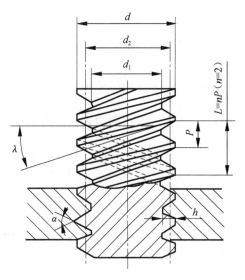

图 10.5 螺纹的主参数

6. 牙型角 α

在螺纹的轴向剖面内，螺纹牙型相邻两侧边的夹角，称为牙型角。

7. 升角 λ

在中径 d_2 的圆柱面上，螺纹线的切线与垂直于螺纹轴线的平面间的夹角，称为升角。

$$\tan\lambda = \frac{L}{\pi d_2} = \frac{nP}{\pi d_2} \tag{10-1}$$

§10.2 螺纹连接的类型和应用

10.2.1 螺纹连接的类型和应用概述

螺纹连接的主要类型和应用见表 10.1。

表 10.1 螺纹连接类型和应用

类型	普通螺栓连接	铰制孔用螺栓连接	双头螺柱连接	螺钉连接	紧定螺钉连接
应用	用于通孔，经常拆卸的连接，应用广泛	用于承受横向载荷。螺栓杆与通孔多采用基孔制过渡配合	用于盲孔，经常拆卸的连接	用于盲孔，较少拆卸的连接	用于固定两个零件的相对位置，可传递不大的力的连接

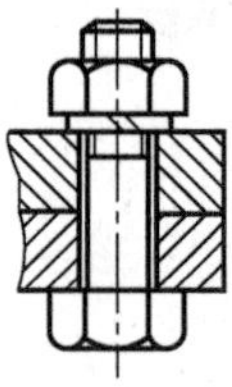

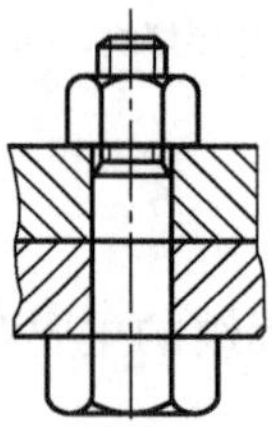

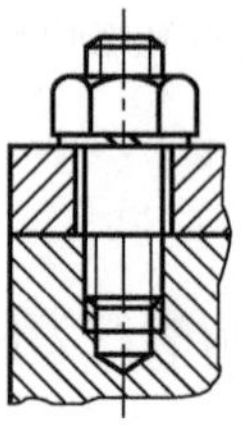

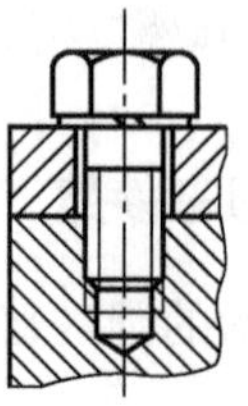

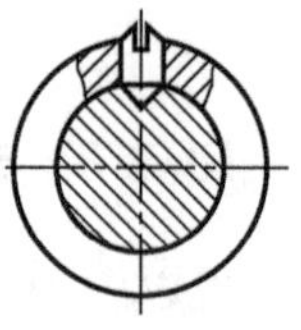

10.2.2 标准螺纹连接的结构特点和应用

常用的螺纹连接件有螺母、垫圈、螺栓、螺钉、双头螺栓等，其结构、形式和尺寸都已标准化，设计时可根据有关标准选用，常用的标准螺纹连接件的结构特点和应用见表 10.2。

表 10.2 常用的螺纹连接件的结构特点和应用

类型	图例	结构特点和应用
六角螺母	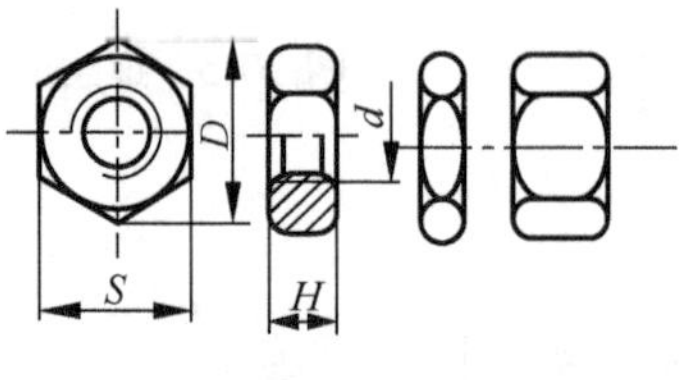	六角螺母应用最广。根据螺母厚度不同，分为标准、扁、厚三种规格。扁螺母常用于受剪力的螺栓上或空间尺寸受限制的场合；厚螺母用于经常拆装易于磨损的场合 螺母的制造精度和螺栓相同，分为粗制、精制两种，分别与相同精度的螺栓配用
圆螺母	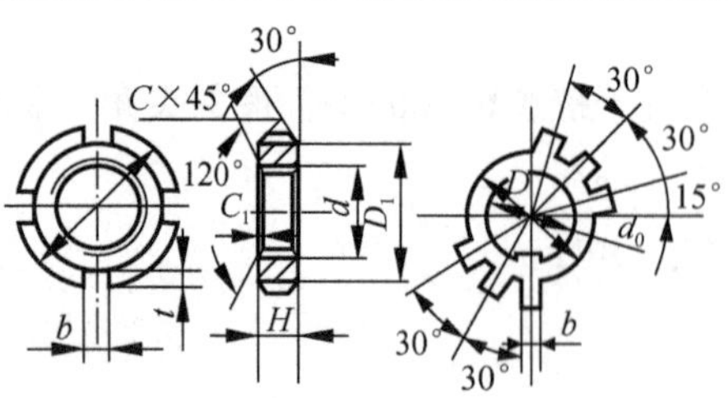	圆螺母常与止退垫圈配用，装配时将垫圈内舌插入轴上的槽内，而将垫圈的外舌嵌入圆螺母的槽内，螺母即被锁紧。常作为滚动轴承的轴向固定用

续表

类型	图 例	结构特点和应用
垫圈		垫圈是螺纹连接中不可缺少的附件，常放置在螺母和被连接件之间，起保护支承表面等作用。按加工精度不同，分为粗制、精制两种。精制垫圈又分为 A 型和 B 型两种形式
六角头螺栓		螺栓头部形状很多，其中以六角头螺栓应用最广。六角头螺栓又分为标准头、小头两种。小六角头螺栓尺寸小、重量轻，但不宜用于拆装频繁、被连接件抗压强度较低或易锈蚀的场合。 按加工精度不同，螺栓分为粗制和精制。在机械制造中精制螺栓用得较多。 螺栓末端应制成倒角，倒角尺寸按标准取定
双头螺柱		双头螺柱两端都制有螺纹，在结构上分为 A 型（有退刀槽）和 B 型（无退刀槽）两种。根据旋入端长度又分为四种规格：$L_1 = d$（用于钢或铜制螺纹孔）；$L_1 = 1.25d$，$L_1 = 1.5d$（用于铸铁制螺纹孔）；$L_1 = 2d$（用于铝合金制螺纹孔）
螺钉		螺钉头部形状有半圆头、平圆头、六角头、圆柱头和沉头等。头部起子槽有一字槽、十字槽和内六角孔三种形式。十字槽螺钉头部强度高、对中性好，便于自动装配。内六角孔螺钉能承受较大的扳手力矩，连接强度高，可代替六角头螺栓，用于要求结构紧凑的场合
紧定螺钉		紧定螺钉的末端形状，常用的有锥端、平端和圆柱端。锥端适用于被紧定零件的表面硬度较低或不经常拆卸的场合；平端接触面积大，不伤零件表面，常用于顶紧硬度较大的平面或经常拆卸的场合；圆柱端压入轴上的凹坑中，适用于紧定空心轴上的零件位置

§10.3 螺纹连接的预紧及防松

10.3.1 螺纹连接的预紧

螺纹连接在装配时需要拧紧，使螺纹连接在承受工作载荷之前，预先受到力的作用，这个预加作用力称为预紧力。预紧的目的是为了增大连接的紧密性和可靠性。此外，适当地提高预紧力，还能提高螺栓的疲劳强度和防止松动。

对于一般的连接，可凭经验控制预紧力 F_0 的大小，但对于重要的连接就要用测力矩扳手（如图10.6所示）严格控制其预紧力。

图10.6 测力矩扳手

拧紧时，用扳手施加力矩 T，以克服螺纹副中的阻力矩 T_1 和螺母支承面上的摩擦阻力矩 T_2，故拧紧力矩 T

$$T = T_1 + T_2 = KF_0 d \tag{10-2}$$

式中，K 为拧紧系数，一般 $K=0.1\sim0.3$，对于 M10~M68 的粗牙普通螺纹，无润滑时可取 $K=0.2$；F_0 为预紧力，单位为 N；d 为螺纹公称直径，单位为 mm。

对于不控制预紧力的重要的螺栓连接，应采用不小于 M12~M16 的螺栓，以免装配时拧断。

10.3.2 螺纹连接的防松

螺纹连接在静载荷作用下或温度不变化时就不会自动松脱。但在冲击、振动、变载荷作用下或温度变化时就可能自动松脱，影响连接的牢固性和紧密性，甚至造成严重事故。所以设计螺纹连接时，应考虑到防松。

螺栓连接的防松就是防止螺纹副的相对转动。防松的方法很多，常用的几种防松的方法见表10.3。

表10.3 螺纹连接的防松方法

防松方法		结构形式	特点和应用
机械防松	串联钢丝	正确 错误	用低碳钢丝穿入各螺钉头部的孔内，将各螺钉串联起来，使其相互约束，使用时必须注意钢丝的穿入方向；适用于螺钉组连接，防松可靠，但装拆不方便

续表

防松方法		结构形式	特点和应用
机械防松	开口销与开槽螺母		拧紧槽形螺母后,将开口销插入螺栓尾部小孔和螺母的槽内,再将销口的尾部分开,使螺母锁紧在螺栓上; 适用于有较大冲击、振动的高速机械中的连接
	止动垫圈		将垫圈套入螺栓,并使其下弯的外舌放入被连接件的小槽中,再拧紧动螺母,最后将垫圈的另一边向上弯,使之和螺母的一边贴紧,此时垫片约束螺母而自身又约束在被连接件上(螺栓应另有约束); 结构简单,使用方便,防松可靠
摩擦防松	对顶螺母		用两个螺母对顶着拧紧,使旋合螺纹间始终受到附加摩擦力的作用; 结构简单,但连接的高度尺寸和重量增大。适用于平稳、低速运转和重载的连接
	弹簧垫圈		拧紧螺母后,弹簧垫圈被压平,垫圈的弹性恢复力使螺纹副轴向压紧,同时垫圈斜口的尖端抵住螺母与被连接件的支承面,也有防松作用; 结构简单,应用方便,广泛用于一般的连接

续表

防松方法	结构形式	特点和应用
破坏螺纹副运动关系防松	冲点	螺母拧紧后，在螺栓末端与螺母的旋合缝处冲点或焊接来防松； 防松可靠，但拆卸后连接不能重复使用，适用于不需拆卸的特殊连接
	焊住	
	粘合	在旋合的螺纹间涂以黏合剂，使螺纹副紧密黏合； 防松可靠，且有密封作用

§10.4 螺栓连接的强度计算

螺栓连接的受载形式很多，它所传递的载荷主要有两类：一类为外载荷沿螺栓轴线方向，称轴向载荷；一类为外载荷垂直于螺栓轴线方向，称横向载荷。对螺栓来讲，当传递轴向载荷时，螺栓受的是轴向拉力，故称受拉螺栓，可分为不预紧的松连接和有预紧的紧连接。当传递横向载荷时，一种是采用普通螺栓，靠螺栓连接的预紧力使被连接件接合面间产生的摩擦力来传递横向载荷，此时螺栓所受的是预紧力，仍为轴向拉力。另一种是采用铰制孔用螺栓，螺杆与铰制孔间是过渡配合，工作时靠螺杆受剪，杆壁与孔相互挤压来传递横向载荷，此时螺杆受剪切力作用，故称受剪螺栓。

螺栓连接的强度计算主要是根据连接的类型、连接的装配情况（预紧或不预紧）、载荷状态等条件来确定螺栓的受力。然后按相应的强度条件计算螺栓危险剖面的直径（螺纹的内径）或校核其强度。螺栓的其他部分（螺纹牙、螺栓头、光杆）和螺母、垫圈的结构尺寸，是根据等强度条件及使用经验规定的，通常都不需要进行强度计算，可按螺栓螺纹的公称直径由标准中选定。

10.4.1 普通螺栓连接的强度计算

普通螺栓的主要失效形式为螺栓杆拉断。其强度计算分为松螺栓连接和紧螺栓连接两种。螺栓连接的强度计算方法对双头螺柱和螺钉连接也同样适用。

1. 松螺栓连接的强度计算

起重吊钩的松螺栓连接在装配时不拧紧螺母，如图 10.7 所示。设当吊钩起吊重物时，螺栓工作时受到的最大轴向载荷为 F_a，则螺栓正常工作的强度条件为

$$\sigma = \frac{4F_a}{\pi d_1^2} \leqslant [\sigma] \qquad (10\text{-}3)$$

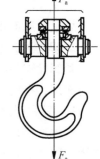

图 10.7 起重吊钩的松螺栓连接

式中 σ 为螺栓工作时受到的最大轴向应力，单位为 MPa；$[\sigma]$ 松螺栓连接的许用应力，单位为 MPa，（见表 10.4）；d_1 为螺纹小径，单位为 mm。

常用螺栓连接许用应力 $[\sigma]$ 及安全系数如表 10.4 和表 10.5 所示。

表 10.4 螺栓连接的许用应力 $[\sigma]$ MPa

连接情况	受载情况	许用应力 $[\sigma]$ 和安全系数 S
松连接	轴向静载荷	$[\sigma] = \dfrac{\sigma_S}{S}$。$S = 1.2 \sim 1.7$（未淬火钢取小值）
紧连接	轴向静载荷 横向静载荷	$[\sigma] = \dfrac{\sigma_S}{S}$。控制预紧力时 $S = 1.2 \sim 1.5$； 不能严格控制预紧力时，安全系数 S 查表 10.5
铰制孔用螺栓连接	横向静载荷	$[\tau] = \dfrac{\sigma_S}{2.5}$。被连接为钢时，$[\sigma_P] = \dfrac{\sigma_S}{1.25}$； 被连接为铸铁时 $[\sigma_P] = \dfrac{\sigma_S}{2 \sim 2.5}$ $[\tau] = \dfrac{\sigma_S}{3.5 \sim 5}$。$[\sigma_P]$ 按静载荷的 $[\sigma_P]$ 值降低 20%~30% 计算

表 10.5 紧螺栓连接的安全系数 S

材料	静载荷			变载荷	
	M6~M16	M16~M30	M30~M60	M6~M16	M16~M30
碳素钢	4~3	3~2	2~1.3	10~6.5	6.5
合金钢	5~4	4~2.5	2.5	7.5~5	5

由式（10-3）可得设计公式为

$$d_1 \geqslant \sqrt{\frac{4F_a}{\pi [\sigma]}} \qquad (10\text{-}4)$$

计算得出 d_1 值，再查有关手册可得公称直径 d。

例 10.1 如图 10.7 所示的起重吊钩，已知其材料为 35 钢，许用拉应力 $[\sigma] = 60$ MPa，受到的载荷为 25 kN，试求吊钩尾部螺纹的小径。

解：由式（10-4）得螺纹的小径

$$d_1 \geqslant \sqrt{\frac{4F_a}{\pi [\sigma]}} = \sqrt{\frac{4 \times 25 \times 10^3}{\pi \times 60}} = 23.033 \text{ mm}$$

由 d_1 值，查有关手册可得，公称直径 $d=27$ mm 的螺纹 $d_1 = 23.752$ mm> 23.033 mm，合格，故吊钩尾部螺纹可采用 M27。

2. 紧螺栓连接的强度计算

紧螺栓连接在装配时必须拧紧螺母，螺栓受到预紧力的作用。有的紧螺栓连接只受预紧力的作用，有的则受预紧力的作用和横向或轴向载荷的作用。

1）只受预紧力的紧螺栓连接的强度计算

这种连接在拧紧螺母时，螺栓受到预紧力作用的同时，还受到拧紧螺母时的摩擦力矩的作用。因此，在紧连接中的螺栓，受到的是拉伸和扭转的组合作用，螺栓所承受的应力是拉伸和扭转切应力的组合应力。根据第四强度理论，同时为了计算简便，对于 M10~M68 普通螺纹的钢制螺栓，考虑扭转对螺栓强度的影响，把螺栓所受的拉力加大 30%，即计算载荷为 $1.3F_0$，因此，螺栓螺纹部分的强度条件为

$$\sigma = \frac{1.3 \times 4F_0}{\pi d_1^2} \leqslant [\sigma] \tag{10-5}$$

由式（10-5）可得设计公式为

$$d_1 \geqslant \sqrt{\frac{5.2F_0}{\pi [\sigma]}} \tag{10-6}$$

式中 σ 为螺栓工作时受到的最大轴向应力，单位为 MPa；$[\sigma]$ 紧螺栓连接的许用拉应力，单位为 MPa（查表 10.4）；d_1 为螺纹小径，单位为 mm；F_0 为螺栓承受的预紧力，单位为 N。

2）受横向载荷的紧螺栓连接的强度计算

如图 10.8（a）、图 10.8（b）所示，这种连接的螺栓与孔之间有间隙，拧紧螺母后，被连接件由预紧力 F_0 压紧，使被连接件之间产生足够大的摩擦力，以阻止被连接件之间的相对移动。预紧力的大小可根据受横向载荷作用时接合面不发生相对移动的条件确定，也即接合面间产生的最大摩擦力必须大于或等于横向载荷。即

$$zfF_0 m \geqslant CF \tag{10-7}$$

$$F_0 \geqslant \frac{CF}{zfm} \tag{10-8}$$

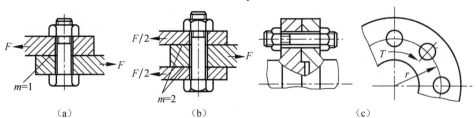

图 10.8 受横向载荷的紧螺栓连接

（a）两个连接件受横向载荷的紧螺栓连接；（b）三个连接件受横向载荷的紧螺栓连接；
（c）接合面内受转矩 T 作用的普通螺栓连接

式中，C 为可靠系数，一般取 $1.1\sim 1.5$；F 为横向外载荷，单位为 N；z 为螺栓数目；f 为接合面摩擦系数，可查表 10.6；m 为接合面的数目。

表 10.6 接合面摩擦系数 f

被连接件	表面状态	接合面摩擦系数 f
钢或铸铁零件	干燥的加工表面	$0.10\sim 0.16$
	有油的加工表面	$0.06\sim 0.10$
钢结构	喷砂处理	$0.45\sim 0.55$
	涂富锌漆	$0.35\sim 0.40$
	轧制表面、用钢丝刷清理浮锈	$0.30\sim 0.35$
铸铁对榆杨木（或混凝土）	干燥表面	$0.40\sim 0.50$

由式（10-8）可知，若取 $f=0.15$，$C=1.2$，$m=1$，$z=1$，则预紧力 $F_0 \geqslant \dfrac{CF}{zfm} = 8\,F$，可见，这种靠摩擦力传递横向载荷的普通螺栓连接，其尺寸是较大的。为了避免上述缺陷，常用减载装置来承担横向工作载荷，而螺栓仅起连接作用。

如图 10.8（c）所示为接合面内受转矩 T 作用的普通螺栓连接，工作转矩 T 是靠摩擦力来传递的。若各螺栓的中心线到螺栓组形心距离相等，均为 r，则由理论力学可知，预紧力应为

$$F_0 \geqslant \dfrac{CT}{zfr} \tag{10-9}$$

式中 C 为可靠系数，一般取 $1.1\sim 1.5$；z 为螺栓数目；f 为接合面摩擦系数，可查表 10.6。

3）受轴向载荷的紧螺栓连接的强度计算

图 10.9 所示为压力容器的螺栓连接，由于工作前已拧紧螺母，故螺栓受到预紧力的作用，工作时还要受到被连接件传来的工作载荷 F_E 的作用。螺栓实际承受的总拉伸载荷 F_a 与预紧力 F_0、轴向工作载荷 F_E 及螺栓的刚度、被连接件的刚度有关，可用静力平衡与变形来分析。

设图示容器的内径为 D，流体的单位压力（压强）为 p，连接的螺栓数目为 z，则单个螺栓承受轴向工作载荷 $F_E = \dfrac{\pi D^2 p}{4z}$。螺栓和被连接件在预紧力 F_0 和轴向工作载荷 F_E 作用前后的受力和变形情况如图 10.10 所示。

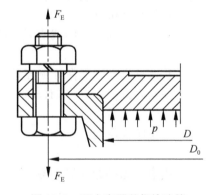

图 10.9 压力容器的螺栓连接

图 10.10（a）所示为螺母与被连接件彼此刚好贴合时的情况，此时因螺母未拧紧，故螺栓、被连接件均未受力也无变形。

图 10.10（b）所示为螺母拧紧后，但未承受工作载荷时的情况，这时螺栓在预紧力 F_0 的作用下，拉长了 δ_{b0}；被连接件在预紧力 F_0 的作用下，缩短了 δ_{c0}。

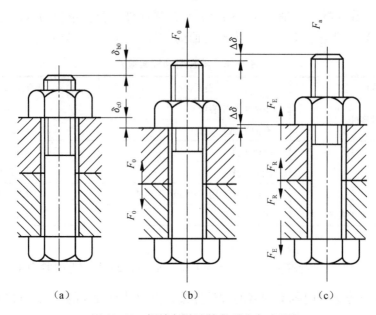

图 10.10 螺栓与被连接件受力与变形
（a）螺母与被连接件彼此刚好贴和时的情况；（b）螺母拧紧但未承受工作载荷的情况；
（c）连接在预紧后，受到轴向工作载荷 F_E 作用的情况

图 10.10（c）所示为连接在预紧后，受到轴向工作载荷 F_E 作用的情况。这时螺栓所受到的轴向拉力由 F_0 增加到 F_a，螺杆的长度伸长量增加 $\Delta\delta$，而成为 $\delta_{b0}+\Delta\delta$，与此同时，被连接件由于螺杆的伸长量到了一定的弹性恢复，压缩量减少 $\Delta\delta$，而成为 $\delta_{c0}-\Delta\delta$。与此对应的压力就是残余预紧力 F_R。

此时螺栓的总拉伸载荷 F_a 等于工作载荷 F_E 与残余预紧力 F_R 之和，即

$$F_a = F_E + F_R \tag{10-10}$$

紧螺栓连接应能保证被连接件的接合面不产生缝隙，因此，残余预紧力 F_R 应大于零，残余预紧力 F_R 可按下式计算

$$F_R = KF_E$$

总拉伸载荷为

$$F_a = F_E + KF_E \tag{10-11}$$

式中 K 为残余预紧系数，其值可查表 10.7。

表 10.7 残余预紧系数 K

连接情况	紧 固		紧 密
	静载荷	变载荷	
残余预紧系数 K	0.2~0.6	0.6~1	1.5~1.8

在一般计算中，可先根据连接的工作要求规定残余预紧力 F_R，其次由式（10-11）求出螺栓的总拉伸载荷 F_a，然后按式（10-6）计算螺栓强度。

10.4.2 铰制孔螺栓连接的强度计算

图 10.11 所示为铰制孔螺栓连接，这种连接由于螺杆配合部分与通孔采用过渡配合，无

间隙，横向载荷直接由螺杆配合部分承受，工作时，螺杆在接合面处承受剪切，螺杆与被连接件孔壁相接触处受挤压，其强度条件为

$$\tau = \frac{4F}{\pi m d_0^2} \leqslant [\tau] \quad (10\text{-}12)$$

$$\sigma_P = \frac{F}{d_0 \delta} \leqslant [\sigma_P] \quad (10\text{-}13)$$

式中 d_0 为螺杆受剪切处的直径，单位为 mm；δ 为螺杆和被连接件孔壁相接触面受挤压的最小轴向长度，单位为 mm；m 为螺杆受剪切面的数目；$[\tau]$ 为螺栓的许用剪切应力，单位为 MPa；$[\sigma_P]$ 为螺栓或孔壁的许用挤压应力，单位为 MPa。

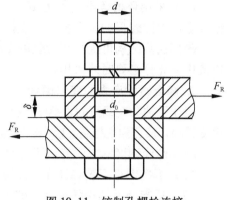

图 10.11 铰制孔螺栓连接

§10.5 提高螺栓连接强度的措施

10.5.1 螺纹连接件的材料

螺纹连接件常用的材料有 Q215、Q235、35 号钢和 45 号钢等。承受中等载荷和精密机械中的螺栓可用 35、45 号钢；承受重载、高速工况下的螺栓可用合金钢，如 40Cr 调质钢；特殊用途时，如防腐蚀的化工设备中螺栓可用 Cr17Ni2 等合金钢；高温下工作时，可用 35CrMo（或 35CrMoA）；要求导电性好、防腐、防磁、耐高温等特殊的螺栓常用黄铜 H62、HPb62 防磁、HPb62 以及铝合金 2B11、2A10 等。

10.5.2 提高螺栓连接强度的措施

1. 改善螺纹牙间载荷分布不均匀的现象

使用普通螺栓和螺母连接，在传力时其旋合各圈螺纹牙的受力是不均匀的。为了改善螺纹牙间载荷分布不均匀的现象，可采用以下的方法：

（1）采用内斜螺母（如图 10.12（a）所示），在螺母下端受力大的几圈螺纹处制成 10°~15° 的斜角。可以把力转移到原受力小的牙上。

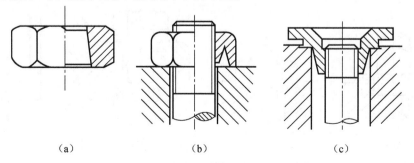

图 10.12 改善螺纹牙间的载荷分布不均匀的方法
(a) 内斜螺母；(b) 环槽螺母；(c) 悬置螺母

（2）采用环槽螺母（如图10.12（b）所示）和悬置螺母（如图10.12（c）所示）。从结构上使螺栓螺母的旋合段均匀受拉，减小螺距变形差，使牙间载荷趋于均匀。

采用这些结构可提高疲劳强度20%~40%，但因螺母的结构特殊，加工复杂，只在重要连接中有充分必要时才采用。

2. 降低螺栓应力的变化幅度

对于受轴向变载荷的紧螺栓连接，应力变化幅度是影响其疲劳强度的重要因素，应力变化幅度越小，疲劳强度越高。减小螺栓的刚度或增加被连接件的刚度，均能使应力变化幅度减小。

减小螺栓刚度的方法有以下几种方法：

（1）可在螺母下装弹性元件以降低螺栓刚度，如图10.13所示。

（2）适当增大螺栓的长度、减小螺栓光杆直径，如图10.14所示。

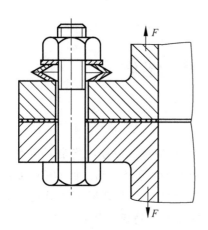

图10.13 螺母下装弹性元件

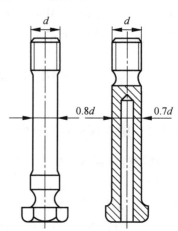

图10.14 柔性螺栓

3. 避免承受附加弯曲的应力

引起附加弯曲应力的因素很多，除因制造、安装上的误差及被连接件的变形等因素外，螺栓、螺母支承面不平或倾斜，都可能引起附加弯曲的应力。支承面应为加工面，不在斜面上布置螺栓。在工艺上保证被连接件、螺栓头部的支承面应平整，为减少加工面，常将支承面做成凸台、凹坑，如图10.15（a）、图10.15（b）所示。为了适应特殊的支承面，可采用斜垫圈、球面垫圈，如图10.15（c）、图10.15（d）所示。

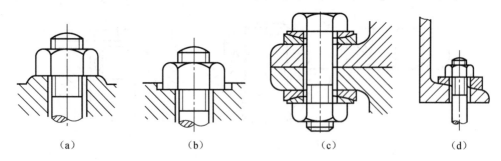

图10.15 避免承受附加弯曲的应力的措施

（a）凸台支承面；（b）凹坑支承面；（c）加斜垫圈的支承面；（d）加球面垫圈的支承面

4. 减少应力集中

螺纹的牙根与收尾、螺栓头部与螺栓杆交接处都有应力集中，它是产生断裂的危险部位。可以采用较大的圆角半径或在螺纹收尾处留退刀槽等结构，减小应力集中，以提高螺栓的疲劳强度。

5. 采用合理的制造工艺

制造螺栓采用碾压螺纹时，其螺纹是通过材料的塑性变形而形成的，金属纤维不像车削时那样被切断，其次冷镦头部因冷作硬化而使螺纹表面层留有残余压应力，故螺纹的强度比车削的高。螺栓经过渗氮、液体碳氮共渗、喷丸处理都能提高螺栓的疲劳强度。

§10.6 螺栓组连接的结构设计

大多数情况下螺栓是成组使用的，因此，合理地布置同一组内螺栓的位置，以使各螺栓受力尽可能均匀，这是螺栓组设计所要解决的主要问题。为了获得合理的结构，螺栓组结构设计时，应考虑以下几个问题：

（1）连接接合面的几何形状应与机器的形状相适应，通常设计成轴对称的简单几何形状，如图 10.16 所示。这样不仅便于制造，而且便于对称分布螺栓，保证接合面的受力均匀。

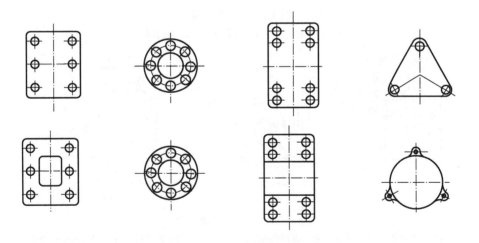

图 10.16 螺栓组连接接合面的形状

（2）螺栓的分布应使螺栓的受力合理。当螺栓组连接承受弯矩或扭矩时，应使螺栓的位置适当靠近接合面的边缘，以减小螺栓的受力，如图 10.16 所示；对于铰制孔螺栓连接，应避免在平行于工作载荷方向成排布置 8 个以上的螺栓。

（3）同一螺栓组中螺栓的直径和长度均应相同。分布在同一圆周上的螺栓数目应取成 4、6、8 等偶数，以便于分度和划线。对于压力容器等紧密性要求高的连接，螺栓的间距 t 不得大于表 10.8 推荐的数值。对于一般的连接，螺栓的间距 $t=10d$。

表 10.8 螺栓的间距 t

	容器工作压力 p/MPa					
	≤1.6	1.6~4	4~10	10~16	16~20	20~30
	t/mm					
	7d	4.5d	4.5d	4d	3.5d	3d

（4）对于同时承受轴向载荷和较大横向载荷的螺栓组连接，为了减小螺栓预紧力和整个连接的结构尺寸，可采用键、圆柱销或套筒等零件作为减载装置，如图 10.17 所示。

（5）螺栓的分布应有合理的间距和边距，以保证连接的紧密性和装配时所需要的扳手空间，如图 10.18 所示。扳手空间尺寸可查阅有关手册。

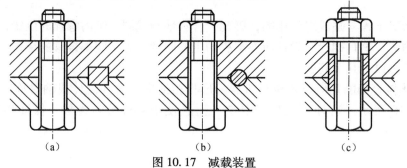

图 10.17 减载装置

（a）减载键；（b）减载圆柱销；（c）减载套筒

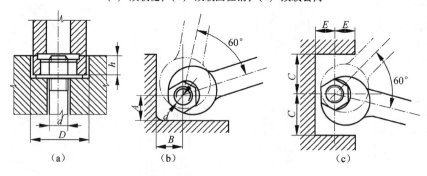

图 10.18 扳手空间尺寸

（a）用套筒扳手拧紧螺母应留的间距和边距；（b），（c）用呆扳手拧螺母应留的间距和边距

§10.7 螺旋传动

螺旋传动是利用螺杆和螺母组成的螺旋副来实现传动要求的。它的作用是将旋转运动转变成直线运动，同时传递运动和动力。

10.7.1 螺旋传动的类型

1. 按用途分

螺旋传动按其用途不同，可分为调整螺旋、传导螺旋和传力螺旋三种。

1) 调整螺旋

它用来调整并固定零件的相对位置。如机床、仪器及测试装置中的微调机构的螺旋。调整螺旋不经常转动，一般在空载下调整。如图 10.19（a）所示为量具的调整螺旋。

2) 传导螺旋

它以传递运动为主，有时也承受较大的轴向载荷。如机床进给机构（如图 10.19（b）所示）的螺旋等。传导螺旋主要在较长的时间内连续工作，工作速度较高，因此，要求具有较高的传动精度。

3) 传力螺旋

它以传递动力为主，要求以较小的转矩传递较大的轴向的推力，如各种起重装置（如图 10.19（c）所示）的螺旋。这种传力螺旋主要是承受很大的轴向力，一般为间歇性工作，每次的工作间歇较短，工作速度也不高，而且通常需有自锁能力。

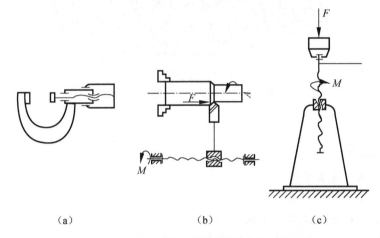

图 10.19 调整螺旋、传导螺旋和传力螺旋
(a) 调整螺旋；(b) 传导螺旋；(c) 传力螺旋

2. 按螺杆和螺母的相对运动关系分

螺旋传动按螺杆和螺母的相对运动关系，可分为以下两种：

（1）螺杆转动、螺母移动（如图 10.20（a）所示），多用于机床的进给机构中。

（2）螺杆转动并移动、螺母固定（如图 10.20（b）所示），多用于螺旋起重器或螺旋压力机中。

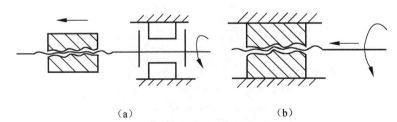

图 10.20 螺旋传动的相对运动形式
(a) 螺杆转动、螺母移动；(b) 螺杆转动并移动、螺母固定

10.7.2 滚动螺旋传动

滑动螺旋机构的螺旋副由于摩擦阻力大,传动效率低(一般为 30%~40%),磨损快,传动精度低等,不能满足现代机械的传动要求。因此,许多现代机械中多采用滚动螺旋机构,如图 10.21 所示。滚动螺旋机构是指具有螺旋槽的螺杆 3 与螺母 4 之间,连续填满滚珠 2 作为中间体的螺旋机构。当螺杆与螺母相对转动时,滚动体在螺纹滚道 1 内滚动,使螺杆与螺母间以滚动摩擦代替滑动摩擦,提高了传动效率和传动精度。

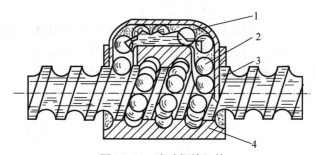

图 10.21 滚动螺旋机构
1—螺纹滚道;2—滚珠;3—螺杆;4—螺母

1. 简述螺纹的形成和类型。
2. 简述螺纹连接的类型和应用。
3. 简述提高螺栓连接强度的措施。
4. 简述螺栓组连接的结构设计中的注意事项。
5. 简述螺旋传动的类型。
6. 简述螺纹连接的防松方法。
7. 螺纹的导程和螺距有何区别和联系?
8. 如图 10.22 所示的普通螺栓连接,采用 2 个 M10 的螺栓,螺栓的许用应力 $[\sigma]$ = 160 MPa,两件接合面的摩擦系数 $f=0.2$,可靠性系数 $C=1.2$。试计算该连接允许传递的最大静载荷 F_R。

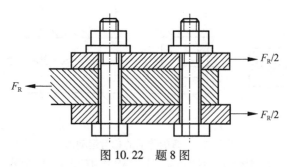

图 10.22 题 8 图

第11章 带 传 动

导入案例

如图 11.1 所示的颚式破碎机中采用了带传动，电动机 1 通过带传动装置（2、3、4）带动偏心轮 5 转动，使得动颚板 6 作往复摆动，与定颚板 7 共同实现压碎物料的工作任务。

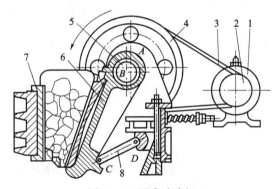

图 11.1 颚式破碎机

1—电动机；2、4—带轮；3—V 带；5—偏心轮；6—动颚板；7—定颚板与机架；8—时板

§11.1 带传动的组成、类型及特点

11.1.1 带传动的类型

带传动按传动原理分，可分为摩擦型带传动和啮合型带传动。

1. 摩擦型带传动

摩擦带传动靠传动带与带轮间的摩擦力传递运动和动力，按传动带的截面形状分平带传动（图 11.2（a））、V 带传动（图 11.2（b））、圆形带传动（图 11.2（c））、多楔带传动（图 11.2（d））等。以普通 V 带传动应用最多。

2. 啮合型带传动

啮合带传动是靠带内侧凸齿与带轮外缘上的齿槽相啮合实现传递运动和动力，它可分为同步带传动（如图 11.3 所示）和齿孔带传动（如图 11.4 所示）。

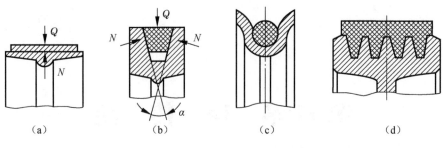

图 11.2 摩擦型带传动的类型
(a) 平带传动；(b) V 带传动；
(c) 圆形带传动；(d) 多楔带传动

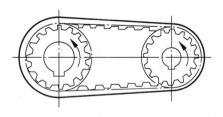

图 11.3 同步带传动

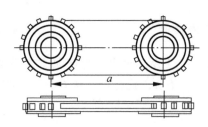

图 11.4 齿孔带传动

11.1.2 带传动的特点和应用

带传动主要特点如下：
(1) 传动带具有弹性和挠性，可吸收震动并缓和冲击，从而使传动平稳、噪声小。
(2) 当过载时，传动带与带轮间可发生相对滑动而不损伤其他零件，起过载保护作用。
(3) 适合于主、从动轴间中心距较大的传动。
(4) 由于有弹性滑动存在，故不能保证准确的传动比，传动效率较低。
(5) 张紧力会产生较大的压轴力，使轴和轴承受力较大、传动带寿命降低，不宜在易燃易爆场合下工作。

一般情况下，带传动的平均传动比 $i \leq 5$，带速 $v = 5 \sim 25 \text{ m/s}$，传动功率 $P \leq 100 \text{ kW}$，传动效率为 94%～97%。高速带传动的带速可达 60～100 m/s，传动比 $i \leq 7$。同步齿形带的带速为 40～50 m/s，传动比 $i \leq 10$，传递功率可达 200 kW，效率高达 98%～99%。

§11.2 V 带和带轮的结构

11.2.1 V 带的结构和标准

V 带有普通 V 带、窄 V 带、宽 V 带、汽车 V 带、大楔角 V 带等。本章主要讨论应用较广的普通 V 带。

普通 V 带都制成无接头的环形带，其横截面结构如图 11.5 所示。V 带由伸张层 1、强力层 2、压缩层 3、包布层 4 等组成。强力层的结构形式有帘式结构（图 11.5（a））和线绳结构（图 11.5（b））两种。

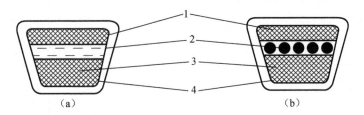

图 11.5　普通 V 带的结构
（a）帘式结构；（b）线绳结构
1—伸张层；2—强力层；3—压缩层；4—包布层

帘式结构抗拉强度高，但柔韧性及抗弯曲强度不如线绳结构好。线绳结构 V 带适用于转速高、带轮直径较小的场合。

V 带和 V 带轮有两种尺寸制，即基准宽度制和有效宽度制，本书采用基准宽度制。

普通 V 带的尺寸已标准化，按截面尺寸由小至大的顺序分为 Y、Z、A、B、C、D、E 7 种型号（见表 11.1）。在同样条件下，截面尺寸大则传递的功率就大。

表 11.1　V 带（基准宽度制）的截面尺寸　　　　　　　　　　　　mm

普通 V 带	节宽 b_P	基本尺寸		楔角 φ
		顶宽 b	带高 h	
Y	5.3	6	4	40°
Z	8.5	10	6 8	
A	11.0	13	8 10	
B	14.0	17	11 14	
C	19.0	22	14 18	
D	27.0	32	19	
E	32.0	38	25	

V 带绕在带轮上产生弯曲，外层受拉伸变长，内层受压缩变短，两层之间存在一长度不变的中性层。中性层面称为节面，节面的宽度称为节宽 b_P。普通 V 带的截面高度 h 与其节宽 b_P 的比值已标准化（为 0.7）。V 带装在带轮上，和节宽 b_P 相对应的带轮直径称为基准直径，用 d_d 表示，基准直径系列见表 11.2。V 带在规定的张紧力下，位于带轮基准直径上的周线长度称为基准长度 L_d，它用于带传动的几何计算。V 带的基准长度 L_d 已标准化，如表 11.3 所示。

表 11.2　V 带轮的基准直径　　mm

基准直径 d_d	带型							
	Y	Z / SPZ	A / SPA	B / SPB	C / SPC	D	E
	外径 d_a							
20	23.2						
22.4	25.6						
25	28.2						
28	31.2						
31.5	34.7						
35.5	38.7						
40	43.2						
45	48.2						
50	53.2	+54					
56	59.2	+60					
63	66.2	67					
71	74.2	75					
75		79	+80.5				
80	83.2	84	+85.5				
85			+90.5				
90	93.2	94	95.5				
95			100.5				
100	103.2	104	105.5				
106			111.5				
112	115.2	116	117.5				
118			123.5				
125	128.2	129	130.5	+132			
132		136	137.5	+139			
140		140	145.5	147			
150		154	155.5	157			
160		164	165.5	167			
170				177			
180		184	185.5	187			
200		204	205.5	207	+209.6		
212				219	+221.6		
224				231	233.6		
236		228	229.5	243	245.6		
250		254	255.5	257	259.6		
265					274.6		
280		284	285.5	287	289.6		
315		319	320.5	322	324.6		
355		359	360.5	362	364.6	371.2	
375						391.2	
400		404	405.5	407	409.6	416.6	
425						441.2	

续表

基准直径 d_d	带型						
	Y	Z / SPZ	A / SPA	B / SPB	C / SPC	D	E
	外径 d_a						
450			455.5	457	459.6	466.2	
475						491.2	
500		504	505.5	507	509.6	516.2	519.2
530							549.2
560			565.5	567	569.6	576.2	579.2
630		634	635.5	637	639.6	646.2	649.2
710			715.5	717	719.6	756.2	729.2
800			805.5	807	809.6	816.2	819.2
900				907	909.6	916.2	919.2
1 000				1 007	1 009.6	1 016.2	1 019.2
1 120				1 127	1 129.6	1 136.2	1 139.2
1 250					1 259.6	1 266.2	1 269.2
1 600						1 616.2	1 619.2
2 000						2 016.2	2 019.2
2 500							2 519.2

注：1. 有"+"号的外径只用于普通 V 带。
2. 直径的极限偏差：基准直径按 c11，外径按 h12。
3. 没有外径值的基准直径不推荐采用。

表 11.3 V 带（基准宽度制）的基准长度系列及长度修正系数

基准长度 L_d/mm	K_L										
	普通 V 带							窄 V 带			
	Y	Z	A	B	C	D	E	SPZ	SPA	SPB	SPC
200	0.81										
224	0.82										
250	0.84										
280	0.87										
315	0.89										
355	0.92										
400	0.96	0.87									
450	1.00	0.89									
500	1.02	0.91									
560		0.94									
630		0.96	0.81					0.82			
710		0.99	0.82					0.84			
800		1.00	0.85					0.86	0.81		
900		1.03	0.87	0.82				0.88	0.83		
1 000		1.06	0.89	0.84				0.90	0.85		
1 120		1.08	0.91	0.86				0.93	0.87		
1 250		1.11	0.93	0.88				0.94	0.89	0.82	

续表

基准长度 L_d/mm	K_L										
	普通V带							窄V带			
	Y	Z	A	B	C	D	E	SPZ	SPA	SPB	SPC
1 400		1.14	0.96	0.90				0.96	0.91	0.84	
1 600		1.16	0.99	0.92	0.83			1.00	0.93	0.86	
1 800		1.18	1.01	0.95	0.86			1.01	0.95	0.88	
2 000			1.03	0.98	0.88			1.02	0.96	0.90	0.81
2 240			1.06	1.00	0.91			1.05	0.98	0.92	0.83
2 500			1.09	1.03	0.93			1.07	1.00	0.94	0.86
2 800			1.11	1.05	0.95	0.83		1.09	1.02	0.96	0.88
3 150			1.13	1.07	0.97	0.86		1.11	1.04	0.98	0.90
3 550			1.17	1.09	0.99	0.89		1.13	1.06	1.00	0.92
4 000			1.19	1.13	1.02	0.91			1.08	1.02	0.94
4 500				1.15	1.04	0.93	0.90		1.09	1.04	0.96
5 000				1.18	1.07	0.96	0.92			1.06	0.98
5 600					1.09	0.98	0.95			1.08	1.00
6 300					1.12	1.00	0.97			1.10	1.02
7 100					1.15	1.03	1.00			1.12	1.04
8 000					1.18	1.06	1.02			1.14	1.06
9 000					1.21	1.08	1.05				1.08
10 000					1.23	1.11	1.07				1.10
11 200						1.14	1.10				1.12
12 500						1.17	1.12				1.14
14 000						1.20	1.15				
16 000						1.22	1.18				

注：无长度修正系数的规格均无标准V形带供货。

窄V带的截面高度与其节宽之比为0.9。窄V带的强力层采用高强度绳芯。按照国家标准，窄V带截面尺寸分为SPZ、SPA、SPB、SPC 4个型号。窄V带具有普通V带的特点，并且能承受较大的张紧力。当带高相同时，窄V带传递功率比普通V带大，其允许的速度和弯曲次数比普通V带的高，其带宽比普通V带的约小1/3，其中心距也比普通V带的小，而承载能力可提高1.5~2.5倍，因此，适用于传递大功率且传动装置要求结构紧凑的场合。

普通V带和窄V带的标记由带型、基准长度和标准号组成，例如A型普通V带，基准长度为1 800 mm，其标记为

$$A1800 \quad GB\ 11544—2006$$

V带的标记、制造年月和生产厂名等通常都压印在带的顶面上，以便选用时识别。

11.2.2 V带轮的结构和材料

带传动一般安装在传动系统的高速级，带轮的转速较高，故要求带轮有足够的强度。带轮常用灰铸铁铸造，有时也采用铸钢、铝合金或其他非金属材料。当带轮的速度$v<25$ m/s时，采用HT150；当带轮的速度$v=25~30$ m/s时，采用HT200；当速度更高时，可采用铸

钢或钢板冲压后焊接带轮；当传递功率较小时，带轮材料可采用铝合金或工程塑料。带轮一般由轮缘1、轮辐2和轮毂3等部分组成，如图11.6所示。轮缘是带轮具有轮槽的部分。轮槽的形状和尺寸与相应型号的带截面尺寸相适应。规定梯形轮槽的槽角为32°、34°、36°和38°等四种，都小于V带两侧面的夹角40°。这是由于带轮弯曲时截面变形将其夹角变小，以使胶带能紧贴轮槽两侧。

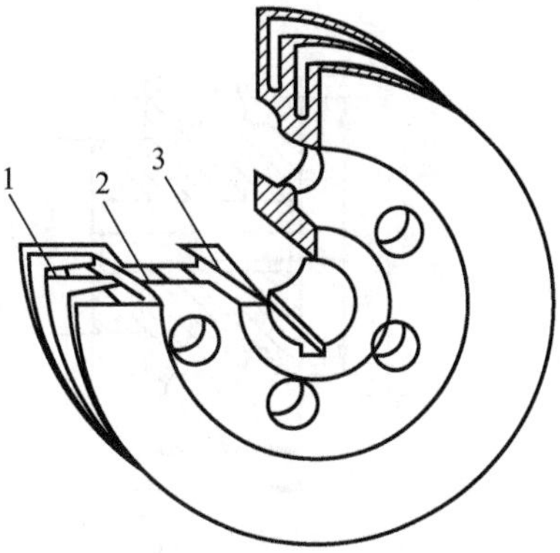

图11.6 V带轮的结构

在V带轮上，与所配用的V带的节宽 b_p 相对应的带轮直径称为带轮的基准直径 d_d。V带轮的设计主要是根据带轮的基准直径选择结构形式，根据带的型号确定轮槽尺寸。普通V带轮轮缘的截面图及各部分尺寸见表11.4。

表11.4 普通V带轮轮槽尺寸 mm

V带轮图			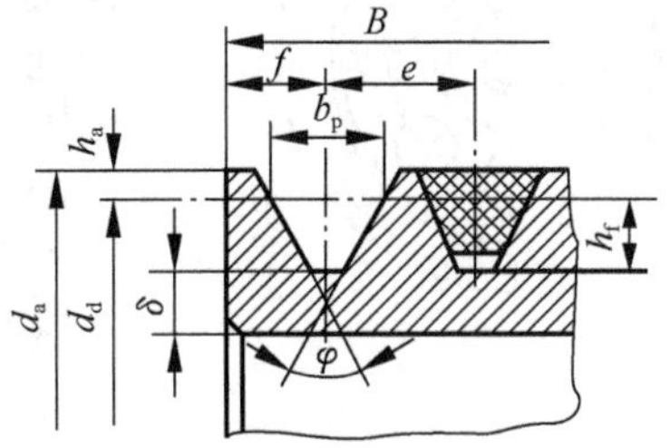					
槽型			Y	Z	A	B	C	D	E
b_p			5.3	8.5	11	14	19	27	32
h_{amin}			1.6	2.0	2.75	3.5	4.8	8.1	9.6
e			8±0.3	12±0.3	15±0.3	19±0.4	25.5±0.5	37±0.6	44.5±0.7
f_{min}			6	7	9	11.5	16	23	28
h_{fmin}			4.7	7.0	8.7	10.8	14.3	19.9	23.4
δ_{min}			5	5.5	6	7.5	10	12	15
φ/(°)	32	d_d	≤60	—	—	—	—	—	—
	34			≤80	≤180	≤190	≤315	—	—
	36		>60	—	—	—	—	≤475	≤600
	38		—	>80	>180	>190	>315	>475	>600

典型带轮结构有实心式（图11.7（a））、腹板式（图11.7（b））、孔板式（图11.7（c））和椭圆轮辐式（图11.7（d））等四种。

当带轮基准直径 $d_d \leqslant (2.5\sim3)d$（$d$ 为轴的直径）时，可采用实心式带轮；当带轮基准直径 $(2.5\sim3)d < d_d \leqslant 300$ mm，且 $D_1 - d_1 < 100$ mm 可采用腹板式带轮；当带轮基准直径 $d_d \leqslant 300$ mm，且 $D_1 - d_1 \geqslant 100$ mm 可采用孔板式带轮；当带轮基准直径 $d_d > 300$ mm 时，可采用椭圆轮辐式带轮。

带轮的结构尺寸可按有关经验公式确定，也可查相关机械设计手册确定。

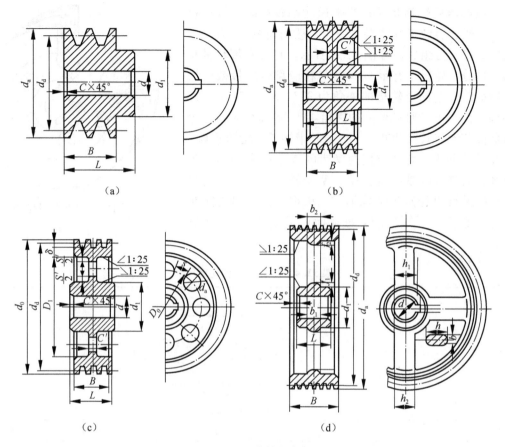

图 11.7 V带轮的类型
(a) 实心式；(b) 腹板式；(c) 孔板式；(d) 椭圆轮辐式

§11.3 V带传动设计

11.3.1 带传动的工作情况分析

1. 带传动的受力分析

为保证带传动正常工作，传动带必须以一定的张紧力紧套在带轮上。当传动带静止时，带两边承受相等的拉力，称为初拉力，均为 F_0，如图 11.8（a）所示。当传动带传动时，由于带和带轮接触面间摩擦力的作用，带两边的拉力不再相等，如图 11.8（b）所示。传动带绕入主动轮的一边被拉紧，拉力由 F_0 增大到 F_1，称为紧边；绕出主动轮的一边被放松，拉力由 F_0 减少到 F_2，称为松边。在假设环形带的总长度不变的情况下，紧边拉力的增加量 F_1-F_0 应等于松边拉力的减少量 F_2-F_0，即

$$F_0 = \frac{1}{2}(F_1+F_2) \tag{11-1}$$

紧边拉力 F_1 与松边拉力 F_2 的差值称为带传动的有效拉力 F。实际上 F 是带与带轮之间

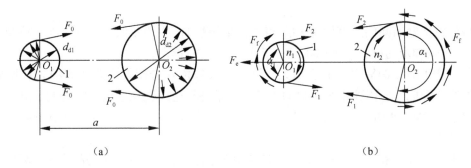

图 11.8 带传动的工作原理
(a) 传动带静止时,带两边拉力相等的情况;(b) 传动带运动时,带两边拉力不相等的情况

摩擦力的总和,在最大静摩擦力范围内,带传动的有效拉力 F 与总摩擦力相等,F 同时也是带传动所传递的圆周力,即

$$F = F_1 - F_2 \tag{11-2}$$

带传动所传递的功率为

$$P = \frac{Fv}{1\ 000} \tag{11-3}$$

式中,P 为所传递的功率,单位为 kW;F 为有效圆周力,单位为 N;v 为带的速度,单位为 m/s。

在初拉力 F_0 一定时,带与带轮接触面间的摩擦力总和有一极限值。当带所传递的圆周力超过带与带轮接触面间的摩擦力总和的极限值时,带与带轮将发生明显的相对滑动,这种现象称为打滑。带打滑时从动轮转速急剧下降,加剧了带的摩擦和磨损,传动效率降低,以致使带传动丧失其工作能力,因此应避免出现带打滑的现象。

当传动带和带轮表面间即将打滑时,摩擦力达到最大值,即有效圆周力达到最大值。此时,忽略离心力的影响,紧边拉力 F_1 和松边拉力 F_2 之间的关系可用欧拉公式表示,即

$$\frac{F_1}{F_2} = e^{f\alpha} \tag{11-4}$$

式中,F_1 为紧边拉力;F_2 为松边拉力;f 为带与带轮接触面间的摩擦因数(V 带用当量摩擦因数 $f_V = \dfrac{f}{\sin\dfrac{\varphi}{2}}$ 代替 f);e 为自然对数的底;α 为包角,即带与小带轮接触弧所对的中心角,单位为 rad。

由式 (11-1)、式 (11-2) 和式 (11-4) 可得

$$F = 2F_0 \frac{e^{f\alpha} - 1}{e^{f_V\alpha} + 1} \tag{11-5}$$

式 (11-5) 表明,带所传递的圆周力 F 与初拉力 F_0、带与带轮接触面间的摩擦因数 f 和包角 α 成正比。

初拉力 F_0 增大时,带与带轮间正压力也会增大,则传动时产生的摩擦力也会越大,故圆周力 F 也越大。但初拉力 F_0 过大,会加剧带的磨损,致使带过快松弛,缩短其工作

寿命。

带与带轮接触面间的摩擦因数 f 增大时，则传动时产生的摩擦力也会越大，故圆周力 F 也越大。f 与带和带的材料、表面状况、工作环境、条件等有关。

包角 α 增大时，圆周力也 F 会增大，因为增大包角 α 会使整个摩擦力的总和增加，从而提高带的传动能力。因此水平装置的带传动通常将松边放置在上边，以增大包角。由于大带轮的包角 α_2 大于小带轮包角 α_1，打滑首先在小带轮上发生，所以只需考虑小带轮的小带轮包角 α_1。

联立式（11-2）和式（11-4），可得带传动在不打滑条件下所能传递的最大的圆周力为

$$F_{\max} = F_1\left(1 - \frac{1}{e^{f\alpha_1}}\right) \tag{11-6}$$

2. 带传动的应力分析

带传动工作时，带中的应力由以下三部分组成：

1）由拉力产生的拉应力

紧边拉应力为
$$\sigma_1 = \frac{F_1}{A}$$

松边拉应力为
$$\sigma_2 = \frac{F_2}{A}$$

式中 F_1 为紧边拉力；F_2 为松边拉力；A 为带的横截面面积。

2）由离心力产生的离心拉应力

工作时，绕在带轮上的传动带随带轮作圆周运动，由于自身质量将产生离心拉力 F_c，F_c 的计算公式为

$$F_c = qv^2$$

式中，q 为传动带单位长度的质量，单位为 kg/m，各种型号 V 带的 q 值见表 11.5；v 为传动带的速度，单位为 m/s。F_c 作用于带的全长上，产生的离心力拉应力为

$$\sigma_c = \frac{F_c}{A} = \frac{qv^2}{A}$$

表 11.5 基准宽度制 V 带每米长的质量 q 及带轮最小基准直径

带型	Y	Z	A	B	C	D	E	SPZ	SPA	SPB	SPC
$q/(\text{kg}\cdot\text{m}^{-1})$	0.02	0.06	0.10	0.17	0.30	0.62	0.90	0.07	0.12	0.20	0.37
$d_{d\min}/\text{mm}$	20	50	75	125	200	355	500	63	90	140	224

3）弯曲应力

传动带绕过带轮时发生弯曲，从而产生弯曲应力。由材料力学得带的弯曲应力为

$$\sigma_b \approx E\frac{h}{d_d}$$

式中，E 为带的弹性模量，单位为 MPa；h 为带的高度，单位为 mm；d_d 为带轮直径，单位为 mm，对于 V 带轮，则为其带轮的基准直径。

弯曲应力 σ_b 只发生在带上包角所对的圆弧部分。h 越大、d_d 越小，则带的弯曲应力就

越大，故一般 $\sigma_{b1} > \sigma_{b2}$（$\sigma_{b1}$ 为带在小带轮上部分的弯曲应力，σ_{b2} 为带在大带轮上部分的弯曲应力）。因此，为避免弯曲应力过大，小带轮的直径不能过小。

带在工作时的应力分布情况如图 11.9 所示。由此可知，带是在变应力情况下工作的，故易产生疲劳破坏。当带在紧边进入小带轮时应力达到最大值，其值为

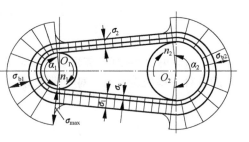

图 11.9 带在工作时的应力分布情况

$$\sigma_{max} = \sigma_1 + \sigma_{b1} + \sigma_c$$

为保证带具有足够的疲劳寿命，应满足

$$\sigma_{max} = \sigma_1 + \sigma_{b1} + \sigma_c \leq [\sigma] \tag{11-7}$$

式中，$[\sigma]$ 为带的许用应力。$[\sigma]$ 是在 $\alpha_1 = \alpha_2 = 180°$、规定的带长和应力循环次数、载荷平稳等条件下通过试验确定的。

3. 带传动的传动比

传动带是弹性体，受到拉力后会产生弹性伸长，其弹性伸长量随拉力的变化而改变。传动带紧边绕过主动轮进入松边时，带内拉力由 F_1 减小为 F_2，其弹性伸长量也由 δ_1 减小为 δ_2。这说明带在绕过带轮的过程中，相对于轮面向后收缩了 $\Delta\delta$（$\Delta\delta = \delta_1 - \delta_2$），带与带轮轮面间出现局部相对滑动，导致带的速度逐渐小于主动轮的圆周速度，如图 11.10 所示。同样，当带由松边绕过从动轮进入紧边时，拉力增加，带逐渐被拉长，沿轮面产生向前的弹性滑动，使带的速度大于从动轮的圆周速度。这种由于带的弹性变形而产生的带与带轮间的滑动称为弹性滑动。

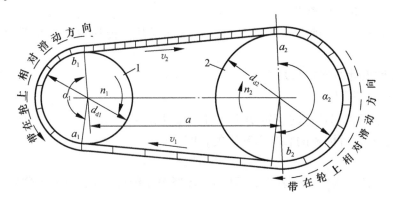

图 11.10 带的弹性滑动

弹性滑动和打滑是两个截然不同的概念。打滑是指过载引起的全面滑动，是可以避免的。而弹性滑动是由拉力差引起的，只要传递圆周力，就必然会发生弹性滑动，所以，弹性滑动是不可避免的。

带的弹性滑动使从动轮的圆周速度 v_2 低于主动轮的圆周速度 v_1，其速度的降低率用滑动率 ε 表示，即

$$\varepsilon = \frac{v_1 - v_2}{v_1} = \frac{\pi d_{d1} n_1 - \pi d_{d2} n_2}{\pi d_{d1} n_1} \quad (11-8)$$

式中，n_1、n_2 分别为主动轮、从动轮的转速，单位为 r/min；d_{d1}、d_{d2} 分别为主动轮、从动轮的直径，单位为 mm，对 V 带传动则为带轮的基准直径。由上式得带传动的传动比为

$$i = \frac{n_1}{n_2} = \frac{d_{d2}}{d_{d1}(1-\varepsilon)} \quad (11-9)$$

从动轮的转速为

$$n_2 = \frac{n_1 d_{d1}(1-\varepsilon)}{d_{d2}} \quad (11-10)$$

由于滑动率随所传动载荷的大小而有所变化，故带传动的传动比不能保持准确值，带传动的滑动率 $\varepsilon = 1\% \sim 2\%$，所以在一般传动计算中可不予考虑。

11.3.2 带传动的失效形式和设计准则

由带传动的工作情况分析可知，带传动的主要失效形式有带与带轮之间的磨损、打滑和带的疲劳破坏（如脱层、撕裂或拉断）等。因此，带传动的设计准则是：在传递规定功率时不打滑，同时具有足够的疲劳强度和一定的使用寿命，即满足于式（11-6）和式（11-7）。

11.3.3 普通 V 带传动设计

设计 V 带传动时，一般已知条件是：传动的工作情况、传递的功率 P、两轮转速 n_1、n_2（或传动比 i）及外廓尺寸要求等。

具体的设计内容是：确定 V 带的型号、长度和根数，传动中心距及带轮直径，画出带轮零件图等。

1. V 带传动设计的步骤和方法

1) 确定计算功率 P_c

计算功率 P_c 是根据传递的额定功率（如电动机的额定功率）P，并考虑载荷性质以及每天运转时间的长短等因素的影响而确定的，即

$$P_c = K_A P \quad (11-11)$$

式中，K_A 为工作情况系数，查表 11.6 可得，且当增速传动时 K_A 应乘系数如表 11.7 所示。

表 11.6 工作情况系数 K_A

工况		K_A					
		空、轻载启动			重载启动		
		每天工作小时数/h					
		<10	10~16	>16	<10	10~16	>16
载荷变动微小	液体搅拌机、通风机和鼓风机（≤7.5 kW）、离心式水泵和压缩机、轻型输送机	1.0	1.1	1.2	1.1	1.2	1.3

续表

工　况		K_A					
		空、轻载启动			重载启动		
		每天工作小时数/h					
		<10	10~16	>16	<10	10~16	>16
载荷变动小	带式输送机（不均匀载荷）、通风机（>7.5 kW）、旋转式水泵和压缩机（非离心式）、发电机、金属切削机床、印刷机、旋转筛、锯木机和木工机械	1.1	1.2	1.3	1.2	1.3	1.4
载荷变动较大	制砖机、斗式提升机、往复式水泵和压缩机、起重机、磨粉机、冲剪机床、橡胶机械、振动筛、纺织机械、重载输送机	1.2	1.3	1.4	1.4	1.5	1.6
载荷变动很大	破碎机（旋转式、颚式等）、磨碎机（球磨、棒磨、管磨）	1.3	1.4	1.5	1.5	1.6	1.8

注：1. 空、轻载启动：电动机（交流启动、△启动、直流并励），4缸以上的内燃机，装有离心式离合器、液压联轴器的动力机。重载启动：电动机（联机交流启动、直流复励或串励），4缸以下的内燃机。
2. 反复启动、正反转频率、工作条件恶劣等场合，K_A 应乘 1.2。
3. 增速传动时 K_A 应乘如表 11.7 系数。

表 11.7　增速传动时 K_A 应乘系数

增速比	1.25~1.74	1.75~2.49	2.5~3.49	≥3.5
系数	1.05	1.11	1.18	1.28

2）选择 V 带的型号

根据计算功率 P_c 和主动轮转速 n_1，由图 11.11 和图 11.12 选择 V 带型号。当所选的坐标点在图中两种型号分界线附近时，可先选择两种型号分别进行计算，然后择优选用。

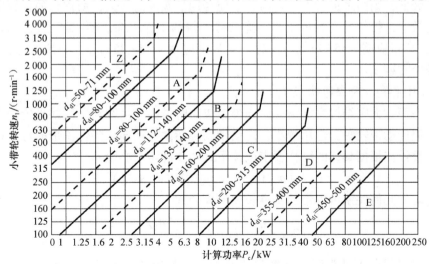

图 11.11　普通 V 带轮选型图

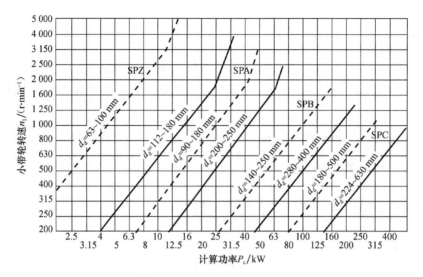

图 11.12 窄 V 带轮选型图

3) 确定带轮基准直径 d_{d1}、d_{d2}

带轮直径小可使传动结构紧凑,但带轮直径过小会使带的弯曲应力增大,使带的寿命传动能力降低,且带速也低。小带轮直径过大,又会使传动装置外廓尺寸增大,结构不紧凑,所以设计时应取小带轮的基准直径 $d_{d1} \geqslant d_{dmin}$,$d_{dmin}$ 的值查表 11.5。忽略弹性滑动的影响,则 $d_{d2} = \dfrac{d_{d1} \cdot n_1}{n_2}$,$d_{d1}$、$d_{d2}$ 宜取标准值(查表 11.2)。

4) 验算带速 v

$$v = \frac{\pi d_{d1} n_1}{60 \times 1\,000} \tag{11-12}$$

如果带速太高会使离心力增大,使带与带轮间的摩擦力减小,传动中容易打滑。而如果传动带带速太低,则当传递功率一定时,会使传递的圆周力增大,所需带的根数增多。另外单位时间内带绕过带轮的次数也增多,降低传动带的工作寿命。所以通常应使带速 $v>5$ m/s,对于普通 V 带应使 $v=5\sim25$ m/s,对于窄 V 带应使 $v=5\sim35$ m/s。如带速超过上述范围,应重选小带轮直径 d_{d1}。

5) 确定中心距 a 和基准带长 L_d

如果中心距过大则结构尺寸增大,当带速较高时带会产生颤动。而如果传动中心距小则结构紧凑,但传动带较短,包角减小,传动带的绕转次数增多,降低了带的寿命并致使传动能力降低。设计应根据具体的结构要求或按下式初步确定中心距 a_0

$$0.7(d_{d1}+d_{d2}) \leqslant a_0 \leqslant 2(d_{d1}+d_{d2}) \tag{11-13}$$

由带传动的几何关系可得带的基准长度计算公式

$$L_0 \approx 2a_0 + \frac{\pi}{2}(d_{d1}+d_{d2}) + \frac{(d_{d2}-d_{d1})^2}{4a_0} \tag{11-14}$$

L_0 为带的基准长度计算值,查表 11.3 即可选定带的基准长度 L_d,而实际中心距 a 可由下式近似确定

$$a \approx a_0 + \frac{L_d - L_0}{2} \quad (11-15)$$

考虑到安装调整和补偿初拉力的需要，应将中心距设计成可调并留有一定的调整余量，其变动范围为

$$a_{\min} = a - 0.015 L_d \quad (11-16)$$

$$a_{\max} = a + 0.03 L_d \quad (11-17)$$

6）验算小带轮包角 α_1

$$\alpha_1 = 180° - \frac{d_{d2} - d_{d1}}{a} \times \frac{180°}{\pi} \quad (11-18)$$

通常应使 $\alpha_1 \geq 120°$（特殊情况下允许 $\alpha_{1\min} = 90°$）。若验算后不满足此要求，可加大中心距或减小传动比，或采用张紧轮装置。

7）确定 V 带根数 z

V 带根数 z 可按下式来计算

$$z \geq \frac{P_c}{[P_0]} = \frac{P_c}{(P_0 + \Delta P_0) K_\alpha K_L} \quad (11-19)$$

式中，p_c 为计算功率，p_0 为单根普通 V 带额定功率，其值可查表 11.8；ΔP_0 为单根普通 V 带额定功率的增量，其值可查表 11.9；K_α 为小带轮包角系数，其值可查表 11.10；K_L 为长度系数，其值可查表 11.3。

表 11.8 单根普通 V 带额定功率 P_0（$\alpha_1 = 180°$）

带型	小带轮基准直径 D_1/mm	小带轮转速 n_1/(r·min^{-1})						
		400	730	800	980	1 200	1 460	280
Z	50	0.06	0.06	0.10	0.12	0.14	0.16	0.26
	63	0.06	0.06	0.1	0.18	0.22	0.25	0.41
	71	0.06	0.06	0.20	0.23	0.24	0.31	0.50
	80	0.06	0.06	0.22	0.26	0.30	0.36	0.56
A	75	0.27	0.42	0.45	0.52	0.60	0.68	1.00
	90	0.39	0.63	0.68	0.79	0.93	1.07	1.64
	100	0.47	0.77	0.83	0.97	1.14	1.32	2.05
	112	0.56	0.93	1.00	1.18	1.39	1.62	2.51
	125	0.67	1.11	1.19	1.40	1.66	1.93	2.98
B	125	0.84	1.34	1.44	1.67	1.93	2.20	2.96
	140	1.05	1.69	1.82	2.13	2.47	2.83	3.85
	160	1.32	2.16	2.32	2.72	3.17	3.64	4.89
	180	1.59	2.61	2.81	3.30	3.85	4.41	5.76
	200	1.85	3.05	3.30	3.86	4.50	5.15	6.43
C	200	2.41	3.80	4.07	4.66	5.29	5.86	5.01
	224	2.99	4.78	5.12	5.89	6.71	7.47	6.08
	250	3.62	5.82	6.23	7.18	8.21	9.06	6.56
	280	4.32	6.99	7.52	8.65	9.81	10.74	6.13
	315	5.14	8.34	8.92	10.23	11.53	12.48	4.16
	400	7.06	11.52	12.10	13.67	15.04	15.51	—

表 11.9　单根普通 V 带额定功率的增量 ΔP_0

带型	小带轮转速 n_1/ (r·min^{-1})	传动比 i									
		1.00~1.01	1.02~1.04	1.05~1.08	1.09~1.12	1.13~1.18	1.25~1.24	1.35~1.34	1.53~1.51	1.52~1.99	≥2.0
Z	400	0.00	0.00	0.00	0.00	0.00	0.00	0.00	0.00	0.01	0.01
	730	0.00	0.00	0.00	0.00	0.00	0.00	0.01	0.01	0.01	0.02
	800	0.00	0.00	0.00	0.00	0.01	0.01	0.01	0.01	0.02	0.02
	980	0.00	0.00	0.00	0.01	0.01	0.00	0.02	0.02	0.02	0.02
	1 200	0.00	0.00	0.01	0.01	0.01	0.01	0.02	0.02	0.02	0.03
	1 460	0.00	0.00	0.01	0.01	0.01	0.02	0.02	0.02	0.02	0.03
	2 800	0.00	0.01	0.02	0.02	0.03	0.03	0.03	0.04	0.04	0.04
A	400	0.00	0.01	0.01	0.01	0.02	0.03	0.03	0.04	0.04	0.05
	730	0.00	0.01	0.02	0.03	0.04	0.05	0.06	0.07	0.08	0.9
	800	0.00	0.01	0.02	0.03	0.04	0.05	0.06	0.08	0.09	0.10
	980	0.00	0.01	0.03	0.04	0.05	0.06	0.07	0.08	0.10	0.11
	1 200	0.00	0.02	0.03	0.05	0.07	0.08	0.10	0.11	0.13	0.15
	1 460	0.00	0.02	0.04	0.06	0.08	0.09	0.11	0.13	0.15	0.17
	2 800	0.00	0.04	0.08	0.11	0.15	0.19	0.23	0.26	0.30	0.34
B	400	0.00	0.01	0.03	0.04	0.0	0.0	0.0	0.0	0.0	0.0
	730	0.00	0.02	0.05	0.07	0.0	0.0	0.0	0.0	0.0	0.0
	800	0.00	0.03	0.06	0.08	0.0	0.0	0.0	0.0	0.0	0.0
	980	0.00	0.03	0.07	0.10	0.0	0.0	0.0	0.0	0.0	0.0
	1 200	0.00	0.04	0.08	0.13	0.0	0.0	0.0	0.0	0.0	0.0
	1 460	0.00	0.05	0.10	0.15	0.0	0.0	0.0	0.0	0.0	0.0
	2 800	0.00	0.10	0.20	0.29	0.0	0.0	0.0	0.0	0.0	0.0
C	400	0.00	0.0	0.0	0.0	0.0	0.0	0.0	0.0	0.0	0.0
	730	0.00	0.0	0.0	0.0	0.0	0.0	0.0	0.0	0.0	0.0
	800	0.00	0.0	0.0	0.0	0.0	0.0	0.0	0.0	0.0	0.0
	980	0.00	0.0	0.0	0.0	0.0	0.0	0.0	0.0	0.0	0.0
	1 200	0.00	0.0	0.0	0.0	0.0	0.0	0.0	0.0	0.0	0.0
	1 460	0.00	0.0	0.0	0.0	0.0	0.0	0.0	0.0	0.0	0.0
	2 800										

表 11.10　包角修正系数 K_α

包角 α_1/(°)	180	170	160	150	140	130	120	110	100	90
K_α	1.00	0.98	0.95	0.92	0.89	0.86	0.82	0.78	0.74	0.69

带的根数应为整数。为了使 V 带的受力均匀,带的根数不宜太多,一般取 z 取 3~5 根为宜,最多不超过 8~10 根。如计算结果超出范围,应改换 V 带的型号或加大带轮直径后重新设计。

8）计算单根 V 带的初拉力 F_0

单根 V 带的初拉力 F_0 为

$$F_0 = \frac{500P_c}{zv}\left(\frac{2.5}{K_\alpha}-1\right)+qv^2 \tag{11-20}$$

式中 P_c 为计算功率（kW），K_α 为小带轮包角系数，其值可查表 11.10；z 为 V 带根数，q 为 V 带每米长的质量（kg/m），其值可查表 11.5；v 为 V 带的速度（m/s）。

由于新带易松弛，所以对于不能调整中心距的普通 V 带传动，安装新带时的初拉力应为计算值的 1.5 倍。

9）计算作用在轴上所受的压力 F_Q

V 带的张紧对轴、轴承产生的压力 F_Q 会影响轴、轴承的强度和寿命。作用在轴上所受的压力 F_Q 一般近似按两边的初拉力 F_0 的合力进行计算（如图 11.13 所示）

$$F_Q = 2zF_0\sin\frac{\alpha_1}{2} \tag{11-21}$$

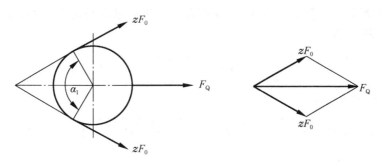

图 11.13 作用在轴上所受的压力 F_Q

10）带轮的结构设计

参见本章 7.2 节。

2. V 带传动设计应用实例

例 11.1 设计某铣床电动机与变速器之间的普通 V 带传动。已知电动机的功率 $P=4$ kW，转速 $n_1=1\,440$ r/min，从动带轮转速 $n_2=400$ r/min 左右，根据传动布置，要求中心距约为 450 mm 左右。带传动每天工作 16 h，载荷变动较小。

解：

1）确定计算功率 P_c

查表 11.6 可得，$K_A = 1.2$

由式（11-11）可得，

$$P_c = K_A P = 1.2 \times 4 = 4.8 \text{（kW）}$$

2）选择 V 带的型号

根据计算功率 P_c 和主动轮转速 n_1，由图 11.11 选择 A 型 V 带。

3）确定带轮基准直径 d_{d1}、d_{d2}

查表 11.5 和表 11.2，$d_{d1} = 100 \geq d_{d\min}$。

$$d_{d2} = \frac{d_{d1} \cdot n_1}{n_2} = \frac{100 \times 1\,440}{400} = 360 \text{（mm）}$$

按表 11.2 取基准直径系列为 355 mm。

4）验算带速 v

由式（11-12）可得，

$$v = \frac{\pi d_{d1} n_1}{60 \times 1\ 000} = \frac{\pi \times 100 \times 1\ 440}{60 \times 1\ 000} = 7.54\ (\text{m/s}) < 25\ \text{m/s}$$

5）初定中心距 a 和基准带长 L_d

根据 $0.7(d_{d1}+d_{d2}) \leqslant a_0 \leqslant 2(d_{d1}+d_{d2})$ 可得，初选中心距 $a_0 = 450$ mm。

由带传动的几何关系可得带的基准长度计算公式

$$L_0 = 2a_0 + \frac{\pi}{2}(d_{d1}+d_{d2}) + \frac{(d_{d2}-d_{d1})^2}{4a_0}$$

$$= 2 \times 450 + \frac{\pi}{2}(100+355) + \frac{(355-100)^2}{4 \times 450} = 1\ 650.8(\text{mm})$$

L_0 为带的基准长度计算值，查表 11.3 即可选定带的基准长度 $L_d = 1\ 600$ mm，而实际中心距 a 可由下式近似确定

$$a \approx a_0 + \frac{L_d - L_0}{2} = 450 + \frac{1\ 600 - 1\ 650.8}{2} = 425\ (\text{mm})$$

6）验算小带轮包角 α_1

$$\alpha_1 = 180° - \frac{d_{d2}-d_{d1}}{a} \times \frac{180°}{\pi} = 180° - \frac{450-100}{497.5} \times \frac{180°}{\pi} = 145.6° > 120°$$

7）确定 V 带根数 z

查表 11.8、表 11.9、表 11.10、表 11.3，$P_0 = 1.32$ kW，$\Delta P_0 = 0.17$ kW，$K_\alpha = 0.91$，$K_L = 0.99$

由式（11-19）可得

$$z \geqslant \frac{P_c}{[P_0]} = \frac{P_c}{(P_0+\Delta P_0)K_\alpha K_L} = \frac{4.8}{(1.32+0.17) \times 0.91 \times 0.99} = 3.58$$

取 $z = 4$ 根。

8）计算单根 V 带的初拉力 F_0

查表 11.5，$q = 0.10$ kg/m。

由式（11-20）可得，单根 V 带的初拉力 F_0 为

$$F_0 = \frac{500P_c}{zv}\left(\frac{2.5}{K_\alpha} - 1\right) + qv^2$$

$$= \frac{500 \times 4.8}{4 \times 7.54}\left(\frac{2.5}{0.91} - 1\right) + 0.10 \times 7.54^2 = 143.5(\text{N})$$

9）计算作用在轴上所受的压力 F_Q

由式（11-21）可得，V 带的张紧对轴、轴承产生的压力 F_Q 为

$$F_Q = 2zF_0\sin\frac{\alpha_1}{2} = 2 \times 4 \times 56.8\sin\frac{145.6°}{2} = 1\ 110.4\ (\text{N})$$

10）带轮的结构设计（略）

§11.4 带传动的张紧、安装及维护

11.4.1 带传动的张紧

V带在张紧状态下工作一段时间后，传动带就会产生塑性变形而发生松弛现象，使初拉力减小，传动能力下降。因此，为了保证带传动的正常工作，应定期检查带的初拉力，当发现初拉力小于允许范围时，须重新张紧。常见的张紧方式有调整中心距方式和张紧轮张紧方式两种。

1. 调整中心距方式

调整中心距方式就是通过调整两皮带轮的中心距来提高初拉力的方式。它有定期张紧和自动张紧两种形式。

1) 定期张紧

定期张紧就是定期调整中心距以恢复张紧力。常用的有滑道式（图11.14（a））和摆架式（图11.14（b））两种，滑道式张紧装置通过调节螺钉调整电动机位置，加大中心距，以达到张紧的目的，它适用于水平布置的带传动。摆架式张紧装置通过调节摆动架（电动机轴中心）位置，加大中心距，以达到张紧的目的，适用于垂直分布的带传动。

2) 自动张紧

自动张紧是将装有带轮的电动机安装在浮动的摆架上，利用电动机的自身重量，自动调整中心距而大致张紧传动带，如图11.14（c）所示。

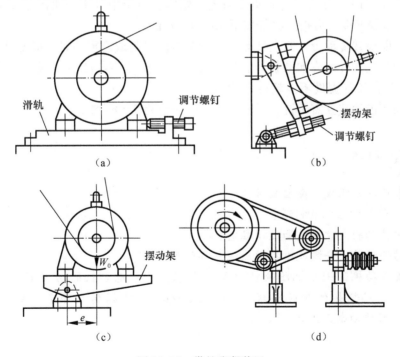

图 11.14 带的张紧装置
(a) 滑道式；(b) 摆架式；(c) 自动张紧；(d) 张紧轮张紧

2. 用张紧轮张紧方式

当中心距不可调节时，可采用张紧轮张紧的方式，如图 11.14（d）所示。张紧轮一般装在松边内侧，并尽量靠近大带轮，张紧轮的轮槽尺寸与带轮的相同，直径应小于带轮的直径。若张紧轮设置在外侧时，则应使其靠近小带轮，这样可以增加小带轮的包角。

11.4.2 带传动的安装及维护

带传动的安装及维护应注意以下几点：

正确的安装和维护是保证带传动正常工作、延长胶带使用寿命的有效措施，一般应注意以下几点。

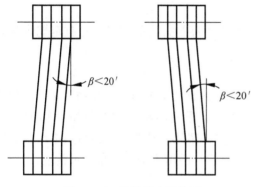

图 11.15 带轮的安装位置

（1）两带轮的轴线必须平行安装，两轮轮槽应在同一平面内对齐，误差不能超过 20′，否则将加剧带的磨损，甚至使带从带轮上脱落下来，如图 11.15 所示。

（2）通常应用通过调整各轮的中心距的方法来调整传动带的张紧力，带套上带轮后慢慢地拉至规定的初拉力。

（3）新带使用前，最好预先拉紧一段时间后再使用。同组使用的 V 带应型号相同、长度相同，不同厂家生产的带、新旧带不能同组使用。

（4）安装 V 带时，应按规定的初拉力进行张紧。对于中等中心距的带传动也可凭经验张紧，带的张紧程度以大拇指能将带按下 15 mm 为宜。

（5）应定期检查传动带，若发现有的传动带过度松弛或已损坏时，应全部更换。

（6）带传动装置外面应加防护罩，以保证安全；防止带与酸性、碱性或油接触而腐蚀传动带，带传动的工作温度不应超过 60 ℃。

（7）如果带传动装置需闲置一段时间不用时，应将传动带放松。

 思考与练习

1. 简述带传动的组成、类型及特点。
2. 简述 V 带轮的结构和材料。
3. 简述带传动的失效形式和设计准则。
4. 在传动的张紧、安装及维护时应注意哪些事项？
5. 设计由电动机到造型机凸轮轴的 V 带传动，已知电动机的功率 $P = 1.7$ kW，转速 $n_1 = 1\,430$ r/min，凸轮轴的转速要求为 $n_2 = 285$ r/min，根据传动布置，要求中心距约为 500 mm 左右，带传动每天工作 16 h。

第12章 齿轮传动

导入案例

减速器的齿轮传动如图12.1所示。当动力传递给主动轴,主动轴与主动齿轮连接,带动主动齿轮旋转,从而带动从动齿轮和从动轴,以传递转速和动力。

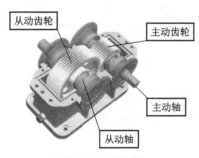

图12.1 减速器

§12.1 齿轮传动的组成、类型和特点

12.1.1 齿轮传动的组成

齿轮传动由主动齿轮和从动齿轮等组成,如图12.2所示。当它们互相啮合而工作时,主动齿轮的轮齿通过力 F 的作用逐个推动从动齿轮的轮齿,使从动齿轮转动,而将主动齿轮的动力和运动传递给从动齿轮。它是现代各种设备中应用最广泛的一种机械传动方式,主要用于传递任意两轴或多轴间的运动和动力。

12.1.2 齿轮传动的类型

齿轮传动的类型,根据不同的方法分类如下:
1. 按轴的布置分
(1) 平行轴齿轮传动(如图12.3(a)、(b)、(c)、(d)、(e)所示);

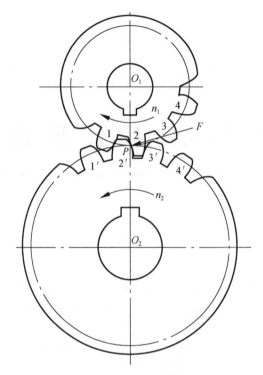

图 12.2 齿轮传动的组成

(2) 相交轴齿轮传动（如图 12.3（f）所示）；

(3) 交错轴齿轮传动（如图 12.3（g）、（h）所示）。

2. 按齿向分

(1) 直齿轮传动（如图 12.3（a）所示）；

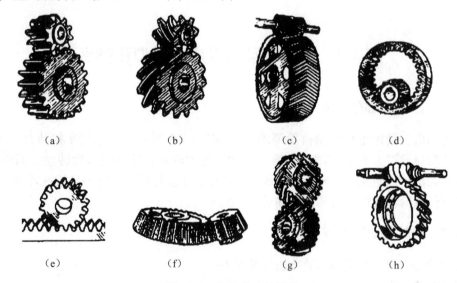

图 12.3 齿轮传动的类型

(2) 斜齿轮传动（如图 12.3（b）所示）；
(3) 人字齿轮传动（如图 12.3（c）所示）。

3. 按啮合情况分
(1) 外啮合齿轮传动（如图 12.3（a）所示）；
(2) 内啮合齿轮传动（如图 12.3（d）所示）；
(3) 齿轮齿条传动（如图 12.3（e）所示）。

4. 按工作条件分
(1) 闭式齿轮传动；
(2) 开式齿轮传动。

5. 按齿廓曲线分
(1) 渐开线齿轮传动；
(2) 摆线齿轮传动；
(3) 圆弧齿轮传动。

6. 按圆周速度分
(1) 高速齿轮传动（$v>15$ m/s）；
(2) 中速齿轮传动（$v=3\sim15$ m/s）；
(3) 低速齿轮传动（$v<3$ m/s）。

7. 按承载能力分
(1) 重载齿轮传动（$\sigma_H>1\,100$ MPa）；
(2) 中载齿轮传动（$\sigma_H=500\sim1\,100$ MPa）；
(3) 轻载齿轮传动（$\sigma_H=350\sim500$ MPa）。

12.1.3 齿轮传动的特点

(1) 能保证瞬时传动比恒定不变，实现刚性传力。
(2) 传递的功率和圆周速度范围广。传递的功率可从 1 W 到 100 000 kW，直径可从几十 mm 到 150 m，圆周速度可达 300 m/s。
(3) 传动效率高，一般可达 0.94~0.99。
(4) 结构紧凑，可以实现大传动比，工作可靠，使用寿命长。
(5) 不足之处是齿轮的制造和安装精度要求较高；不适于远距离传动；运转中有噪声、冲击和振动；无过载保护作用；需专用机床制造。

§12.2 渐开线标准直齿圆柱齿轮各部分的名称及几何尺寸计算

12.2.1 渐开线轮廓的形成

1. 渐开线的形成和特性

如图 12.4 所示，当一条直线 BK 沿着一固定圆周做纯滚动时，直线上任意一点 K 的轨迹 AK 称为该圆的渐开线。这个圆称为渐开线基圆，它的半径用 r_b 表示；直线 BK 称为发生线。θ_K 角称为渐开线 AK 段的展角。

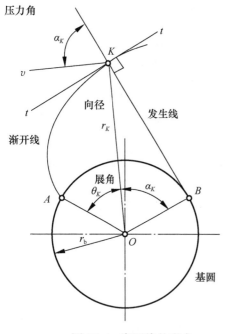

图 12.4 渐开线的形成

由渐开线形成过程可知,渐开线具有下列特性:

(1) 发生线 BK 沿基圆滚过的长度等于基圆上被滚过的弧长,即 $\overline{BK}=\widehat{AB}$。

(2) 发生线 BK 是渐开线上任意一点 K 的法线,因发生线 BK 恒切于基圆,故其切点 B 为 K 点瞬时速度中心,线段 BK 为其曲率半径,B 点为其曲率中心。渐开线上离基圆越近的点,其曲率半径越小,渐开线越弯曲。渐开线在基圆上 A 点的曲率半径为零。

(3) 渐开线齿廓上某点的法线(正压力方向线),与该点的速度方向线所夹的锐角 α_K 称为渐开线在该点的压力角。由图 12.4 可知

$$\cos\alpha_K = \frac{OB}{OK} = \frac{r_b}{r_K} \quad (12\text{-}1)$$

该式表示渐开线齿廓上各点压力角不等,向径越大(即 K 点离轮心越远),其压力角越大。

(4) 在同一基圆上任意两条反向渐开线间公法线长度处处相等,基圆以内无渐开线。

(5) 渐开线的形状决定于基圆的大小。大小相等的基圆其渐开线的形状相同;大小不等的基圆其渐开线形状不同。如图 12.5 所示,取大小不等的两个基圆使其渐开线上压力角相等的点在 K 点相切。由图可见,基圆越大,它的渐开线在 K 点的曲率半径越大,渐开线愈趋平直。当基圆半径趋于无穷大时,其渐开线将成为垂直于 B_3K 的直线,它就是渐开线齿条的齿廓。

2. 渐开线齿廓啮合的特点

渐开线齿廓应用最广泛,它具有下列特点:

1) 瞬时传动比恒定不变

图 12.6 所示为一对相互啮合的齿轮,其齿廓分别为 E_1 与 E_2,并在 K 点接触。当主动齿轮以角速度 ω_1 绕轴线 O_1 转动时,从动齿轮被迫以角速度 ω_2 绕轴线 O_2 转动。齿廓 E_1 与 E_2 上 K 点线速度分别为

$$v_{K_1} = \omega_1 O_1 K$$
$$v_{K_2} = \omega_2 O_2 K$$

过 K 点作两齿轮齿廓的公法线 $n\text{-}n$,它与两齿轮轮心连线 O_1O_2 交于 C 点。该点 C 称为节点,它为两节圆的切点。令 $\overline{O_1C}=r'_1$,$\overline{O_2C}=r'_2$,分别以 r'_1 和 r'_2 为半径、以两轮中心为圆心所画的圆,称为节圆。r_{b1}、r_{b2} 分别为两齿轮的基圆半径,为了保证两齿廓在啮合过程中不相互嵌入或不相互分离,

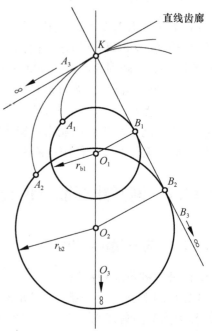

图 12.5 渐开线的形成与基圆大小的关系

在公法线方向的分速度必须相等，即

$$v_{K_1}\cos\alpha_{K_1} = v_{K_2}\cos\alpha_{K_2}$$

$$\omega_1 O_1 K\cos\alpha_{K_1} = \omega_2 O_2 K\cos\alpha_{K_2}$$

$$i = \frac{\omega_1}{\omega_2} = \frac{O_2 K\cos\alpha_{K_2}}{O_1 K\cos\alpha_{K_1}} \quad (12\text{-}2)$$

过 O_1、O_2 分别作公法线 $n\text{-}n$ 的垂线，垂足分别为 N_1、N_2，则有

$$O_1 K\cos\alpha_{K_1} = O_1 N_1$$

$$O_2 K\cos\alpha_{K_2} = O_2 N_2$$

又因为 $\triangle O_1 N_1 C$ 与 $\triangle O_2 N_2 C$ 相似，故传动比可写成

$$i = \frac{\omega_1}{\omega_2} = \frac{O_2 N_2}{O_1 N_1} = \frac{O_2 C}{O_1 C} = \frac{r_2'}{r_1'} = \frac{r_{b_2}}{r_{b_1}} = 常数 \quad (12\text{-}3)$$

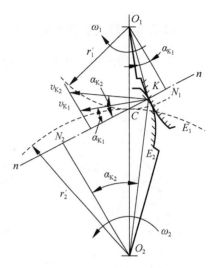

图 12.6　渐开线齿廓的啮合

上式表明，互相啮合传动的一对齿廓，任意瞬时的传动比等于瞬时两齿轮连心线被齿廓接触点公法线分割的两段线段长度之反比。欲使一对齿轮瞬时传动比恒定不变，$\frac{O_2 C}{O_1 C}$ 必为常数；C 点必为连心线上的一定点。由此可得出结论：不论在任何位置接触，过接触点所作的齿廓公法线必须过连心线上一定点，才能保证两齿轮传动比恒定。这就是齿廓啮合基本定律。

2）中心距具有可分性

当一对渐开线齿轮制成之后，其基圆半径是不能改变的，因而由式（12-3）可知，即使两轮的中心距稍有改变，其角速比仍保持原值不变。这种性质称为渐开线齿轮传动的可分性。实际上制造安装产生的误差或轴承磨损，常常导致中心距的微小改变，但由于渐开线齿轮传动具有可分性，故仍能保持良好的传动性能。此外，根据渐开线齿轮传动的可分性还可以设计变位齿轮。因此，可分性是渐开线齿轮传动的一大优点。

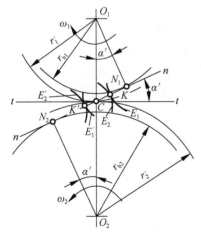

图 12.7　渐开线齿廓的啮合的啮合线和啮合角

3）啮合线是一条直线

齿轮传动时，其齿廓接触点的轨迹称为啮合线。对渐开线齿轮，无论在哪一点接触，接触点处齿廓的公法线总是两基圆的内公切线 $N_1 N_2$。因此，直线 $N_1 N_2$ 就是渐开线齿廓的啮合线，如图 12.7 所示。

4）啮合角是定值

过节点 C 作两节圆的公切线 $t\text{-}t$，它与啮合线 $N_1 N_2$ 间的夹角称为啮合角。由图 12.7 可见，渐开线齿轮传动中啮合角为常数。由图中几何关系可知，啮合角在数值上等于渐开线在节圆上的压力角。啮合角不变表示齿廓间压力方向不变，若齿轮传递的力矩恒定，则轮齿之间、轴与轴承之间压力的大小和方向均不变，这也是渐开线齿轮传动的又一大优点。

12.2.2 渐开线齿轮各部分的名称

图 12.8 所示为直齿圆柱齿轮（简称直齿轮）的一部分，其各部分的名称和表示符号如下：

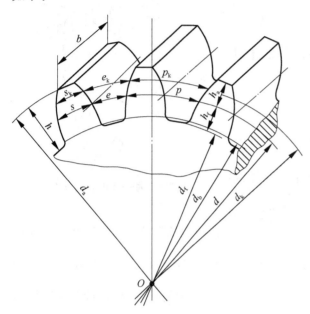

图 12.8　渐开线齿轮各部分的名称及代号

（1）轮齿：齿轮圆柱上凸出的部分称为轮齿。

（2）齿廓：轮齿两侧是形状相同而方向相反的渐开线称为齿廓。

（3）齿槽：齿轮上相邻两轮齿之间的空间称为齿槽。

（4）齿槽宽：在任意圆周上同一齿槽的两侧齿廓之间的弧长称为齿槽宽，用 e_K 表示。

（5）齿厚：在任意圆周上同一个轮齿的两侧端面齿廓之间的弧长称为齿厚，用 s_K 表示。

（6）齿顶圆：各轮齿顶部所连成的圆称为齿顶圆，其直径用 d_a 表示，其半径用 r_a 表示。

（7）齿根圆：各齿槽底部所连成的圆称为齿根圆，其直径用 d_f 表示，其半径用 r_f 表示。

（8）分度圆：为了设计、制造的方便，在齿顶圆与齿根圆之间规定了一个圆，作为计算齿轮各部分尺寸的基准，该圆称为分度圆。其直径用 d 表示，其半径用 r 表示。在标准齿轮中分度圆上的齿厚与齿槽宽相等。

（9）齿距：在任意圆周上，两个相邻而同侧的端面齿廓之间的弧长称为齿距，用 p 表示。即 $p=s_K+e_K$。

（10）齿顶高：齿顶圆与分度圆之间的径向距离称为齿顶高，用 h_a 表示。

（11）齿根高：齿根圆与分度圆之间的径向距离称为齿跟高，用 h_f 表示。

（12）齿全高：齿顶圆与齿根圆之间的径向距离称为齿高，用 $h=h_a+h_f$ 表示。

（13）齿宽：齿轮的有齿部位沿分度圆柱面的母线方向量得的宽度称为齿宽，用 b 表示。

12.2.3 渐开线齿轮的基本参数

1. 齿数 z

齿轮轮齿的总数称为齿数。用 z 表示。

2. 模数 m

因为分度圆的周长 $\pi d=zp$，则分度圆的直径为

$$d=\frac{p}{\pi}z \tag{12-4}$$

由式（12-4）可知，当已知一直齿轮的齿距 p 和齿数 z，就可求出分度圆直径 d。但式

中 π 为无理数，这样求得的 d 也是无理数，将使计算繁琐而又不精确，而且也给齿轮制造和检验带来不方便。工程上为了设计、制造和检验方便，规定齿距 p 除以圆周率 π 所得商称为模数，用 m 表示，模数的单位是 mm。即

$$m = \frac{p}{\pi} \tag{12-5}$$

所以

$$d = mz \tag{12-6}$$

我国已规定了标准模数系列，见表 12.1。

表 12.1 标准模数系列（GB/T 1357—1987）

第一系列	1 1.25 1.5 2 2.5 3 4 5 6 8 10 12 16 20 25 32 40 50
第二系列	1.75 2.25 2.75 (3.25) 3.5 (3.75) 4.5 5.5 (6.5) 7 9 (11) 14 18 22 28 (30) 36 45

注：(1) 选取时先采用第一系列，括号内的模数尽可能不用。
　　(2) 本表适用于渐开线直齿圆柱齿轮。对斜齿轮，该表所示为法向模数。

模数是齿轮的重要基本参数，它是齿轮几何尺寸计算的基础。齿轮的模数越大，轮齿就越大，轮齿的抗弯曲能力也越强。

3. 压力角 α

通常所说的齿轮压力角，是指齿轮分度圆上的压力角，用 α 表示。分度圆的压力角的计算公式为

$$\alpha = \arccos \frac{r_b}{r} \tag{12-7}$$

由式（12-7）可知，当齿轮的分度圆半径 r 一定时，如压力角 α 不同，则基圆半径 r_b 也不同，由此而得到齿廓形状也就不同，即齿廓形状与压力角 α 有密切相关，故分度圆压力角也称为齿形角。

我国规定标准齿轮压力角为 20°。因此，分度圆就是齿轮取标准模数和标准压力角的圆。

4. 齿顶高系数 h_a^* 和顶隙系数 c^*

一对齿轮啮合时，为了避免一齿轮齿顶圆与另一齿轮齿根圆相撞，并储存一定量的润滑油，齿顶高要略小于齿根高，应留有一定的径向间隙 $c = h_f - h_a$。

齿顶高 h_a 可用公式 $h_a = h_a^* m$ 表示。

齿根高 h_f 可用公式 $h_f = (h_a^* + c^*) m$ 表示。

我国规定了齿顶高系数 h_a^* 和顶隙系数 c^* 的标准：

(1) 正常齿制：$h_a^* = 1$，$c^* = 0.25$。
(2) 短齿制：$h_a^* = 0.8$，$c^* = 0.3$。

12.2.4 外啮合渐开线标准直齿圆柱齿轮各部分几何尺寸计算

标准直齿轮是指模数 m、压力角 α、齿顶高系数 h_a^*、顶隙系数 c^* 都是标准值，且分度圆上的齿厚等于齿槽宽（即 $s = e = \frac{p}{2} = \frac{\pi m}{2}$）的齿轮。

现将外啮合渐开线标准直齿圆柱齿轮的基本参数和几何尺寸的计算公式列于表 12.2 中。

表 12.2 外啮合渐开线标准直齿圆柱齿轮几何尺寸计算公式

名　称	符　号	公　式
模数	m	取标准值
压力角	α	$\alpha = 20°$
分度圆直径	d	$d = mz$
基圆直径	d_b	$d_b = d\cos\alpha$
齿顶高	h_a	$h_a = h_a^* m$
齿根高	h_f	$h_f = (h_a^* + c^*)m$
齿全高	h	$h = h_a + h_f = (2h_a^* + c^*)m$
齿顶圆直径	d_a	$d_a = d + 2h_a = (z + 2h_a^*)m$
齿根圆直径	d_f	$d_f = d - 2h_f = (z - 2h_a^* - 2c^*)m$
齿距	p	$p = \pi m$
基圆齿距	p_b	$p_b = \pi m \cos\alpha$
齿厚	s	$s = \dfrac{\pi m}{2}$
齿槽宽	e	$e = \dfrac{\pi m}{2}$
顶隙	c	$c = c^* m$
公法线长度	W	$W = [2.9521(k-0.5) + 0.014]m$，$k = \dfrac{1}{9}z + 0.5$
分度圆弦齿厚	$\bar{s}$	$\bar{s} = mz\sin\left(\dfrac{\pi}{2z}\right)$
分度圆弦齿高	$\bar{h_a}$	$\bar{h_a} = h_a + \dfrac{mz}{2}\left[1 - \cos\left(\dfrac{\pi}{2z}\right)\right]$

渐开线标准直齿圆柱内啮合齿轮、齿条及节径制齿轮的几何尺寸计算，可查阅有关机械设计手册。

§12.3　渐开线标准直齿圆柱齿轮的啮合传动

12.3.1　正确啮合条件

齿轮传动时，它的每一对齿仅啮合一段时间便要分离，而由后一对齿接替，如图 12.7 所示。设 m_1、m_2、α_1、α_2、p_{b_1}、p_{b_2} 分别为两轮的模数、压力角和基圆齿距，当前一对齿在啮合线上点 K' 接触时，其后一对齿应在啮合线上另一点 K 接触，这样，前一对齿分离时，后一对齿才能不中断地接替传动。由此可以得出结论：两齿轮要正确啮合，它们的法向齿距必须相等，即

$$p_{b_1} = p_{b_2} \tag{12-8}$$

将 $p_{b_1} = \pi m_1 \cos\alpha_1$，$p_{b_2} = \pi m_2 \cos\alpha_2$ 代入上式得：

$$m_1 \cos\alpha_1 = m_2 \cos\alpha_2 \tag{12-9}$$

由于模数和压力角已经标准化，所以要满足式（12-9），必须使

$$\left.\begin{array}{r}m_1=m_2\\ \alpha_1=\alpha_2\end{array}\right\} \tag{12-10}$$

式（12-10）表明：渐开线直齿圆柱齿轮的正确啮合条件是两齿轮的模数和压力角必须分别相等。

12.3.2 标准中心距

一对齿轮传动时，一齿轮节圆上的齿槽宽与另一齿轮节圆上的齿厚之差称为齿侧间隙。在齿轮加工时，刀具轮齿与工件轮齿之间是没有齿侧间隙的；在齿轮传动中，为了消除反向传动空程和减小撞击，也要求齿侧间隙等于零。因此，在机械设计中，正确安装的齿轮都按照无齿侧间隙的理想情况计算其名义尺寸。

由前所述可知，标准齿轮分度圆的齿厚与齿槽宽相等，又知正确啮合的一对渐开线齿轮的模数相等，故 $s_1=e_1=s_2=e_2=\dfrac{\pi m}{2}$。若令分度圆与节圆重合（即两轮分度圆相切，如图 12.9（a）所示），则 $e_1'-s_2'=e_1-s_2=0$，即齿侧间隙为零。一对标准齿轮分度圆与节圆重合的安装称为标准安装。一对标准安装的齿轮，其分度圆相切的中心距称为标准中心距，以 a 表示，即

$$a=r_1'+r_2'=r_1+r_2=\frac{m}{2}(z_1+z_2) \tag{12-11}$$

因两轮分度圆相切，故顶隙为

$$c=c^*m=h_f-h_a \tag{12-12}$$

应当指出，分度圆和压力角是单个齿轮本身所具有的，而节圆和啮合角是两个齿轮相互啮合时才出现的。标准齿轮传动只有在分度圆与节圆重合时，压力角与啮合角才相等；否则，压力角与啮合角就不相等。

图 12.9（b）为一对正确安装标准渐开线内啮合齿轮，它们的分度圆与节圆重合，标准中心距为

$$a=r_2-r_1=\frac{m}{2}(z_2-z_1) \tag{12-13}$$

12.3.3 重合度和连续传动条件

一对齿轮啮合传动过程如图 12.10 所示，当第一对齿廓开始啮合时，应是主动齿轮 1 的齿根部分与从动齿轮 2 的齿顶在啮合线 $\overline{N_1N_2}$ 上的 B_2 点进入啮合，当两轮继续转动时，啮合点的位置沿啮合线 $\overline{N_1N_2}$ 向下移动，齿轮 2 齿廓上的接触点由齿顶向齿根移动，而齿轮 1 齿廓上的接触点则由齿根向齿顶移动。终止啮合点是主动轮的齿顶圆与啮合线 $\overline{N_1N_2}$ 的交点 B_1。线段 $\overline{B_1B_2}$ 为啮合点的实际轨迹，若两轮齿顶圆加大，点 B_1 和 B_2 趋近于点 N_1 和 N_2，但因基圆以内无渐开线，故线段 $\overline{N_1N_2}$ 为理论上最长啮合线段，称为理论啮合线段。N_1 和 N_2 点称为啮合极限点。

由上述啮合过程可看出，一对啮合的轮齿只能推动从动轮转过一定角度，要使一对齿轮

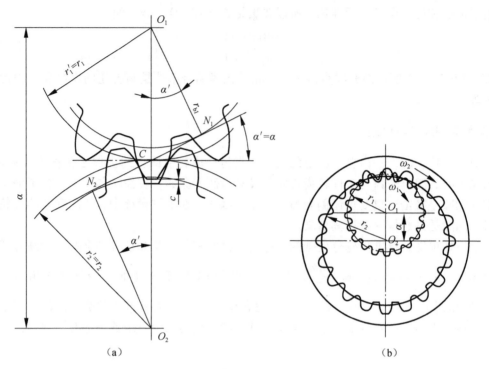

图12.9 渐开线齿轮传动中心距
(a) 一对标准渐开线外啮合齿轮；(b) 一对标准渐开线内啮合齿轮

能连续传动，应使前一对轮齿在啮合点 B_1 退出啮合之前，后一对轮齿已经在 B_2 点进入啮合。如图 12.10 (a) 所示，$\overline{B_1B_2}=p_b$，传动刚好是连续的；如图 12.10 (b) 所示，$\overline{B_1B_2}>p_b$，实际啮合线 $\overline{B_1B_2}$ 的长度大于齿轮法向齿距，则在实际啮合线 $\overline{B_1B_2}$ 内，有时有一对齿啮合，有时多于一对齿啮合，传动连续。如图 12.10 (c) 所示，$\overline{B_1B_2}<p_b$，传动是不连续的。故两齿轮连续传动的条件是：实际啮合线段的长度大于或等于法向齿距（基圆齿距），即

$$\overline{B_1B_2} \geqslant p_b$$

通常把实际啮合线段 $\overline{B_1B_2}$ 与基圆齿距 p_b 的比值称为齿轮传动的重合度，用 ε 表示。于是渐开线齿轮的连续传动的条件是

$$\varepsilon = \frac{\overline{B_1B_2}}{p_b} \geqslant 1 \tag{12-14}$$

从理论上讲，重合度 $\varepsilon=1$ 就能保证齿轮的连续传动，但考虑到齿轮制造和装配的误差以及传动中轮齿的变形等因素，必须使重合度 $\varepsilon>1$。一般取 $\varepsilon \geqslant 1.1 \sim 1.4$。

重合度 ε 是衡量齿轮传动的重要指标之一。重合度 ε 越大，表示同时啮合的齿的对数越多，齿轮传动就越平稳，承载能力也越强。重合度 ε 的详细计算公式可参阅有关机械设计手册。对于标准齿轮传动，其重合度 ε 都大于1，故不必验算。

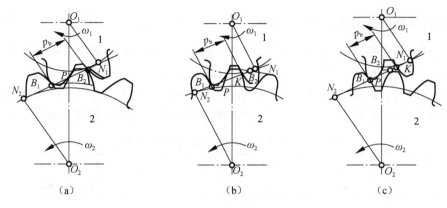

图 12.10 连续传动条件

(a) 当 $\overline{B_1B_2}=p_b$ 时，传动刚好连续；(b) 当 $\overline{B_1B_2}>p_b$ 时，传动连续；(c) 当 $\overline{B_1B_2}<p_b$ 时，传动不连续

§12.4 渐开线齿轮的加工方法和避免根切现象的措施

12.4.1 渐开线齿轮的加工方法

齿轮加工的方法很多，如切削法、铸造法、热轧法、冲压法以及电加工法等。目前最常用的是切削法，切削法加工齿轮的设备有多种，但就其原理来说，可分为仿形法和展成法两种。

1. 仿形法

仿形法也称成形法，是用轴向剖面形状与被切齿轮齿槽形状完全相同的铣刀在普通铣床上切制齿轮的方法。常用的刀具有盘状齿轮铣刀（$m \leqslant 10$ mm 时用，如图 12.11（a）所示）和指状齿轮铣刀（$m>10$ mm 时用，如图 12.11（b）所示）两种。加工时，齿轮铣刀绕本身轴线旋转，同时轮坯沿齿轮的轴向直线移动，铣出一个齿槽后，通过分度机构进行分度后，再铣第二个齿槽，这样连续进行，直到加工出所有轮齿。

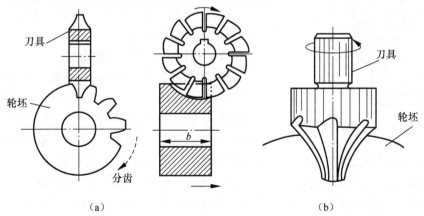

图 12.11 仿形法加工齿轮

（a）盘状齿轮铣刀；（b）指状齿轮铣刀

由于渐开线的形状随基圆的大小而改变,而基圆半径 $r_b = r\cos\alpha = \frac{mz}{2}\cos\alpha$,故当 m 及 α 一定时,渐开线的形状将随齿轮齿数的变化而变化。因此,要想切出完全准确的渐开线齿廓,当 m、α 相同而齿数 z 不同时,每一种齿数的齿轮就需要一把刀具,显然,这在实际上是不可行的。因此,在工程上切削 m、α 相同的齿轮时,一般只备有 8 种号码的齿轮铣刀,可根据被铣切齿轮的齿数选择铣刀。各号齿轮铣刀切削齿轮的齿数范围见表 12.3。

表 12.3 各号齿轮铣刀切削齿轮的齿数范围

铣刀号码	1	2	3	4	5	6	7	8
切削齿数	12~13	14~16	17~20	21~25	26~34	35~54	55~134	≥135

由于齿轮铣刀号码有限,分度也有误差,所以加工精度低,而切削的不连续使生产效率也不高。但这种方法简单,不需专用机床,故适用于单件生产及精度要求不高的齿轮加工。

2. 展成法

展成法也称范成法或包络法,是利用一对齿轮或齿条齿轮无侧隙啮合时,其齿廓互为包络线的原理来切制齿轮的方法。如果将其中的一个参与啮合的齿轮或齿条换成刀具,就可以在轮坯上切出与其共轭的渐开线齿廓。

展成法加工齿轮精度高,故适用于大批量生产。缺点是需要专用机床,故生产成本高。用展成法切齿的常用刀具有齿轮滚刀、齿条插刀和齿轮插刀等。

1) 用齿轮滚刀加工齿轮

用齿轮插刀和齿条插刀两种刀具加工时,其切削都是间断的,因而生产效率低。目前,在生产中广泛采用齿轮滚刀来加工齿轮,它能连续切削,生产效率较高。

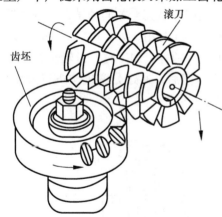

图 12.12 齿轮滚刀加工齿轮

图 12.12 所示为用滚刀加工齿轮时的情况。用滚刀加工齿轮时,滚刀的轴线与轮坯的端面所形成的夹角应等于滚刀的螺旋升角 λ,以使滚刀螺旋线的切线恰与轮坯的齿向相同。滚刀转动时,就相当于齿条在连续移动。这样,便按展成原理切出坯的渐开线齿廓。滚刀除旋转外,还沿轮坯的轴向逐渐移动,以便切出整个齿宽。

2) 用齿轮插刀加工齿轮

齿轮插刀的形状就像一个有切削刃的外齿轮,但齿顶比齿轮高出 c^*m,以便切出齿轮的顶隙部分。图 12.13 所示为用齿轮插刀加工齿轮的情形。插齿时,使插刀和轮坯模仿一对齿轮传动那样以恒定的传动比转动,插刀和轮坯之间的这一相对转动称为展成运动;与此同时,插刀沿轮坯的轴向做往复切削运动;为了切出轮齿的高度,插刀还需向轮坯中心进给,直至达到规定的轮齿高度为止。此外,为了防止插刀退刀时损坏已切好的齿面,轮坯还须有一让刀运动。

3) 用齿条插刀加工齿轮

图 12.14 所示为用齿条插刀加工齿轮的情形。加工时,刀具与轮坯的展成运动相当于齿轮与齿条的啮合运动。其切齿原理与用齿轮插刀加工轮齿的原理相同。

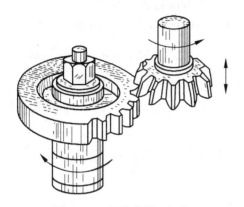

图 12.13 用齿轮插刀切齿

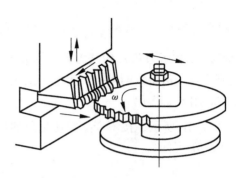

图 12.14 用齿条插刀加工齿轮

12.4.2 避免根切现象的措施

1. 根切现象与不产生根切的最小齿数

用展成法加工齿轮时，刀具顶线超过啮合线与被切齿轮基圆的切点 N 且刀具顶部切入了轮齿的根部并将齿根的渐开线齿廓切去一部分的现象称为根切现象，如图 12.15 所示。根切现象不仅使齿根的抗弯强度削弱，而且使重合度减小，使传动的平稳性变差，所以应当避免根切现象。

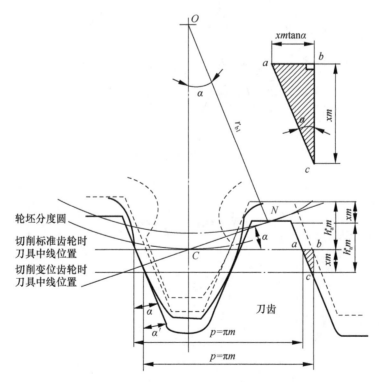

图 12.15 根切和变位齿轮

在模数一定时，刀具的齿顶高为一定值，又因切削标准齿轮时刀具的中线必须与轮坯分度圆相切，故其齿顶线的位置一定。而啮合线与基圆的切点 N 的位置随基圆大小不同而不同，基圆半径越小，N 点越接近 C，根切的可能性就越大。又因 $r_b = r\cos\alpha = \dfrac{mz}{2}\cos\alpha$，被切齿轮的模数 m 和压力角 α 均与刀具的模数 m 和压力角 α 相同，所以被切齿轮是否产生根切就取决于被切齿轮齿数的多少。为了不发生根切，齿数必须大于或等于某一极限值，称之为最小齿数。用 $z_{\min}$ 表示。

如图 12.16 所示，按不产生根切现象的条件，应使 $\overline{CB} \leqslant \overline{CN_1}$。

由 $\triangle CBB'$ 可知

$$\overline{CB} = \dfrac{h_a^* m}{\sin\alpha}$$

由 $\triangle CN_1 O_1$ 可知

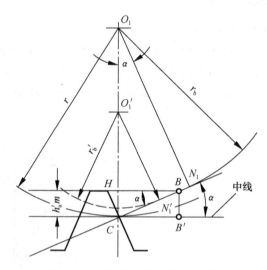

图 12.16　不产生根切现象的条件

$$\overline{CN_1} = r\sin\alpha = \dfrac{mz}{2}\sin\alpha$$

故

$$\dfrac{h_a^* m}{\sin\alpha} \leqslant \dfrac{mz}{2}\sin\alpha$$

由此可得

$$z \geqslant \dfrac{2h_a^*}{\sin^2\alpha}$$

因此，用齿条插刀切削加工标准直齿圆柱齿轮时，被切齿轮不产生根切的最小齿数为

$$z_{\min} = \frac{2h_a^*}{\sin^2\alpha} \qquad (12-15)$$

对于正常齿制，不产生根切的最少齿数 $z_{\min} = 17$；对于短齿制，不产生根切的最少齿数 $z_{\min} = 14$。

2. 避免根切措施

当模数和传动比一定时，如选用小齿轮的齿数 z_1 越小，则大齿轮齿数 z_2 以及齿数之和 (z_1+z_2) 也将随之减小，从而齿轮机构的中心距、尺寸和重量也减小。因此，设计时应把小齿轮的齿数 z_1 取得尽可能小。但是当齿数小于最少齿数 $z_{\min}$ 时，又要发生根切。为了解决模数一定时齿轮机构尺寸紧凑和齿廓根切的矛盾，必须采取变位修正法。

如图 12.15 所示，虚线表示用齿条插刀切制齿数小于最少齿数 $z_{\min}$ 的标准齿轮而发生根切的情形。这时刀具的中线与轮坯的分度圆相切，刀具的齿顶线超出了啮合极限点 N。但如将刀具移远一段距离 xm 至实线所示位置，从而使刀具顶线不超过啮合极限点 N 时，则切出的齿轮就不再发生根切。这时，与轮坯分度圆相切并做纯滚动的已经不是刀具的中线，而是与之平行的另一直线，称为节线。这种用改变刀具与轮坯相对位置切削齿轮的方法称为变位修正法。采用这种方法切削的齿轮，称为变位齿轮。

当以切削标准齿轮时的位置为基准时，刀具的移动距离 xm 称为变位量，x 称为变位系数。并规定刀具远离轮坯中心时，变位系数 x 为正值 ($x>0$)，称正变位；反之，刀具趋近轮坯中心时，变位系数 x 为负值 ($x<0$)，称负变位。标准齿轮的变位系数 $x=0$。

刀具变位后总有一条节线与齿轮的分度圆相切并保持纯滚动。因齿条刀具上任一条分度线的齿距、模数和刀具压力角均相等，故变位切制齿轮的齿距、模数、压力角和标准齿轮一样，都等于刀具的齿距、模数、压力角。也就是说，齿轮变位前后，其齿距、模数和压力角均不变。变位齿轮的分度圆和基圆也保持不变，角速比和定角速比性质也保持不变。由此可知，变位齿轮的齿廓曲线和标准齿轮的齿廓曲线是同一基圆上展出的渐开线，不过取用的部位不同而已，如图 12.17 所示。

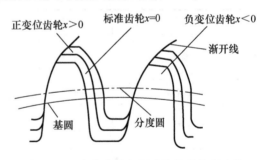

图 12.17 变位齿轮与标准齿轮的齿廓比较

如上所述，为了避免根切，刀具应移动一段距离 xm，使其齿顶线正好通过啮合极限点 N 或在 N 点之下，如图 12.15 中实线所示。其最小变位系数为

$$x_{\min} \geq \frac{h_a^*(z_{\min}-z)}{z_{\min}}$$

当 $\alpha=20°$，$h_a^*=1$ 时，

$$x_{\min} \geq \frac{17-z}{17}$$

当 $z<z_{\min}$ 时，$x_{\min}>0$，说明此时只有采用正变位才能避免根切；当 $z>z_{\min}$ 时，$x_{\min}<0$，说明只要 $x \geq x_{\min}$，齿轮不会产生根切。图 12.18 所示为变位系数图。

表 12.4 为外啮合变位直齿圆柱齿轮机构的几何尺寸计算公式。

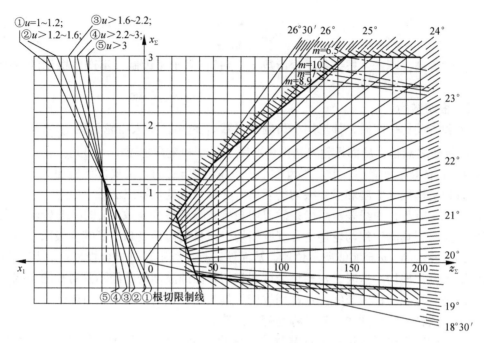

图 12.18 变位系数图

表 12.4 外啮合变位直齿圆柱齿轮机构的几何尺寸计算公式

名　称	符　号	计算公式
变位系数	x	$x \geqslant \dfrac{17-z}{17}$，并根据使用条件确定
分度圆直径	d	$d_1 = mz_1$，$d_2 = mz_2$
啮合角	α'	$inv\alpha' = \dfrac{2(x_1+x_2)}{z_1+z_2}\tan\alpha + inv\alpha$
标准中心距	a	$a = \dfrac{1}{2}(z_1+z_2)m$
实际中心距	a'	$a' = a\dfrac{\cos\alpha}{\cos\alpha'}$
基圆直径	d_b	$d_{b_1} = d_1\cos\alpha$，$d_{b_2} = d_2\cos\alpha$
中心距变动系数	y	$y = \dfrac{a'-a}{m} = \dfrac{z_1+z_2}{2}\left(\dfrac{\cos\alpha}{\cos\alpha'}-1\right)$
齿高变动系数	σ	$\sigma = x_1 + x_2 - y$
齿顶高	h_a	$h_{a_1} = (h_a^* + x_1 - \sigma)m$，$h_{a_2} = (h_a^* + x_2 - \sigma)m$
齿根高	h_f	$h_{f_1} = (h_a^* + c^* - x_1)m$，$h_{f_2} = (h_a^* + c^* - x_2)m$
节圆直径	d'	$d'_1 = d_1\dfrac{\cos\alpha}{\cos\alpha'}$，$d'_2 = d_2\dfrac{\cos\alpha}{\cos\alpha'}$

续表

名　称	符　号	计算公式
齿根圆直径	d_f	$d_{f_1}=d_1-2h_{f_1}$，$d_{f_2}=d_2-2h_{f_2}$
齿顶圆直径	d_a	$d_{a_1}=d_1+2h_{a_1}$，$d_{a_2}=d_2+2h_{a_2}$
分度圆齿厚	s	$s_1=\dfrac{1}{2}\pi m+2x_1 m\tan\alpha$，$s_2=\dfrac{1}{2}\pi m+2x_2 m\tan\alpha$

§12.5　齿轮的材料、热处理和传动精度等级的选择

12.5.1　齿轮的材料、热处理

常用的齿轮材料是各种牌号的优质碳素钢、合金结构钢、铸钢和铸铁等，一般多采用锻件或轧制钢材。当齿轮较大（例如直径大于 400~600 mm）而轮坯不易锻造时，可采用铸钢；开式低速传动可采用灰铸铁；球墨铸铁有时可代替铸钢。另外，高速、轻载的齿轮传动还可采用尼龙、酚醛塑料和夹布胶木等非金属材料。

齿轮常用的热处理方法有以下几种：

1. 表面淬火

表面淬火一般用于中碳钢和中碳合金钢，例如 45、40Cr 钢等。表面淬火后轮齿变形不大，可不磨齿，齿面硬度可达 50~55HRC。由于齿面接触强度高，耐磨性好，而齿芯部未淬硬，齿轮仍有较高的韧性，故能承受一定的冲击载荷。表面淬火的方法有高频淬火和火焰淬火等。

2. 渗碳淬火

渗碳淬火用于含碳量 0.15%~0.25% 的低碳钢和低碳合金钢中，例如 20、20Cr 钢等。渗碳淬火后齿面硬度可达 56~62HRC，齿面接触强度高，耐磨性好，而齿芯部仍保持有较高的韧性，常用于受冲击载荷的重要齿轮传动。

3. 调质

调质一般用于中碳钢和中碳合金钢，例如 45、40Cr 钢等。调质处理后齿面硬度一般为 210~280HBW。因硬度不高，故可在热处理以后精切齿形，且在使用中易于跑合。

4. 正火

正火能消除内应力、细化晶粒、改善力学性能和切削性能。机械强度要求不高的齿轮可用中碳钢正火处理。大直径的齿轮可用铸钢正火处理。

5. 渗氮

渗氮是一种化学热处理。渗氮不再进行其他热处理，齿面硬度可达 60~62HRC。因氮化处理温度低，齿的变形小，因此适用于难以磨齿的场合，例如内齿轮。常用的渗氮钢为 38CrMnAlA。

上述五种热处理中，调质和正火两种处理后的齿面硬度较低（HBW≤350），为软齿面；其他三种处理后的齿面硬度较高，为硬齿面。软齿面的工艺过程简单，适用于一般传动。当

大小齿轮都是软齿面时,考虑到小齿轮齿根较薄,弯曲强度较低,且受载次数较多,故在选择材料和热处理时,一般使小齿轮面硬度比大齿轮高 20~50HBW。硬齿面齿轮的承载能力较强,但需专门设备磨齿,常用于要求结构紧凑或生产批量大的齿轮。当大小齿轮都是硬齿面时,小齿轮的硬度应略高,也可和大齿轮相等。

表 12.5 列出了常用的齿轮材料及其热处理方法后的力学性能,可供参考。

表 12.5 常用的齿轮材料及其热处理后的力学性能

材 料	牌 号	热处理	硬 度	强度极限 σ_B/MPa	屈服极限 σ_S/MPa	应用范围
灰铸铁	HT200	人工时效（低温退火）	170~230HBW	200		低速轻载、冲击很小
	HT300		187~235HBW	300		
球墨铸铁	QT600—2	正火	220~280HBW	600		低、中速轻载、有小的冲击
	QT500—5		147~241HBW	500		
优质碳素钢	45	正火	169~217HBW	580	290	低速轻载
		调质	217~255HBW	650	360	低速中载
		表面淬火	48~55HRC	750	450	高速中载或低速重载、冲击很小
	50	正火	180~220HBW	620	320	低速轻载
合金钢	40Cr	调质	240~260HBW	700	550	中速中载
		表面淬火	48~55HRC	900	650	高速中载、无剧烈冲击
	42SiMn	调质	217~269HBW	750	470	高速中载、无剧烈冲击
		表面淬火	45~55HRC	750	470	
	20Cr	渗碳淬火	56~62HRC	650	400	高速中载、承受冲击
	20CrMnTi	渗碳淬火	56~62HRC	1 100	850	
铸钢	ZG310~570	正火	160~230HBW	570	320	中速、中载、大直径
		表面淬火	40~50HRC	570	320	
	ZG340~640	正火	170~230HBW	650	350	
		调质	240~270HBW	700	380	

12.5.2 齿轮材料的许用应力

齿面接触疲劳许用应力为

$$[\sigma_H] = \frac{Z_N \cdot \sigma_{Hlim}}{S_H} \tag{12-16}$$

齿根弯曲疲劳许用应力为

$$[\sigma_F] = \frac{Y_N \cdot \sigma_{Flim}}{S_F} \tag{12-17}$$

式中带 lim 下标的应力是试验齿轮在持久寿命期内失效概率为 1% 的疲劳极限。齿面接触疲劳极限为 σ_{Hlim}，可查图 12.19。齿根弯曲疲劳极限为 σ_{Flim}，可查图 12.20。受循环弯曲应力的齿轮，可由图 12.20 查出，并应将图 12.20 中的值乘 0.7。S_H 为齿面接触疲劳强度安全系数、S_F 为齿根弯曲疲劳强度安全系数，可查表 12.6。Z_N 为接触疲劳寿命系数，可查图 12.21；Y_N 为弯曲疲劳寿命系数，可查图 12.22。图 12.21 和图 12.22 中的 N 为应力循环次数，$N=60njL_h$，其中 n 为齿轮转速，单位为 r/min，j 为齿轮转一周时同侧齿面的啮合次数，L_h 为齿轮工作寿命，单位为 h。

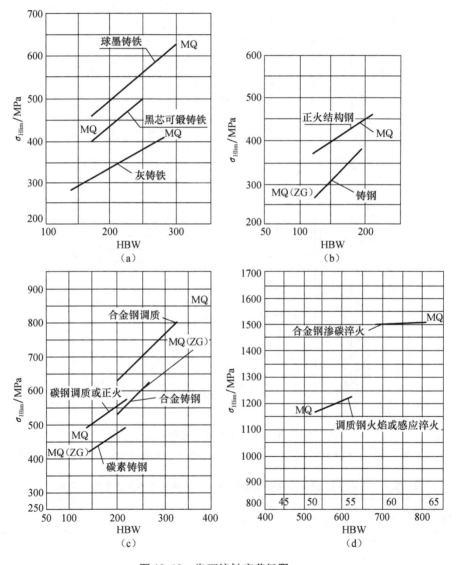

图 12.19 齿面接触疲劳极限 σ_{Hlim}

(a) 铸铁；(b) 正火结构钢和铸钢；(c) 调质钢和铸铁；(d) 渗碳淬火及表面淬火钢

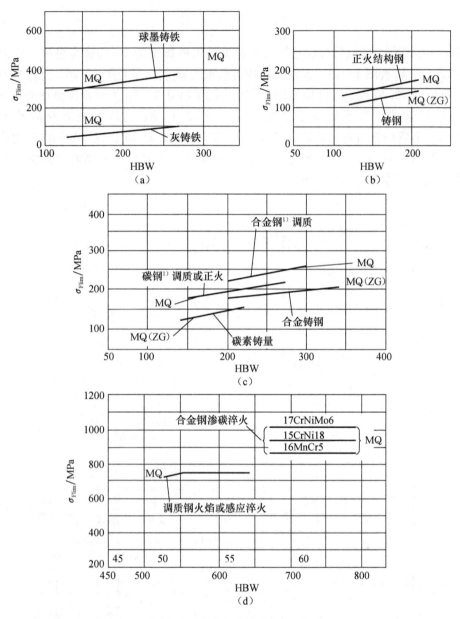

图 12.20 齿根弯曲疲劳极限 $\sigma_{F\lim}$

(a) 铸铁;(b) 正火结构钢和铸钢;(c) 调质钢和铸铁(含碳量>0.32%);(d) 表面硬化钢

表 12.6 齿面接触疲劳强度安全系数 S_H 和齿根弯曲疲劳强度安全系数 S_F

安全系数	软齿面(硬度≤350HBW)	硬齿面(硬度>350HBW)	重要的传动、渗碳淬火齿轮或铸造齿轮
S_H	1.0~1.1	1.1~1.2	1.3
S_F	1.3~1.4	1.4~1.6	1.6~2.2

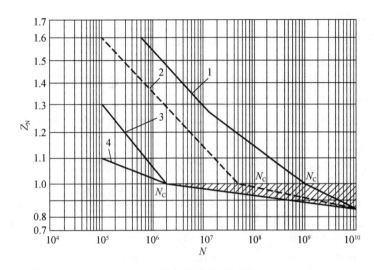

图 12.21 接触疲劳寿命系数 Z_N

1—允许一定点蚀的碳钢正火、调质、表面淬火及渗碳、球墨铸铁；2—除 1 的材料外，还包括火焰或感应淬火钢，但不允许出现点蚀；3—渗氮的氮化钢、调质钢、渗碳钢、灰铸铁、球墨铸铁；4—碳氮共渗的调质钢、渗碳钢

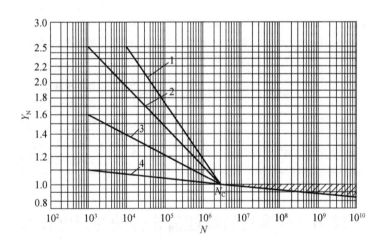

图 12.22 弯曲疲劳寿命系数 Y_N

1—球墨铸铁（珠光体、贝氏体）；2—渗碳淬火的渗碳钢；3—渗氮的氮化钢、结构钢、灰铸铁；4—碳氮共渗的调质钢

12.5.3 齿轮传动精度等级

制造和安装齿轮传动时，不可避免地会产生误差（如齿形误差、齿距误差、齿向误差、两轴线不平行等）。误差对传动带来以下三方面的影响：

（1）相啮合齿轮在一定范围内实际转角与理论转角不一致，即影响传递运动的准确性。

（2）瞬时传动比不能保持恒定不变，齿轮在一下范围内会出现多次重复的转速波动，特别在高速传动中将引起振动、冲击和噪声，即影响传动的平稳性。

（3）齿向误差能使齿轮上的载荷分布不均匀，当传递较大转矩时，易引起早期损坏，即影响载荷分布的均匀性。

国家标准 GB 10095.1—2008 对渐开线圆柱齿轮和圆锥齿轮规定了 13 个精度等级,其中 0 级的精度最高,12 级的精度最低,常用的是 6~9 级精度。

按照误差的特性及它们对传动性能的主要影响,将齿轮的各项公差分成三个组,分别反映传递运动的准确性、传动的平稳性和载荷分布的均匀性。

此外,考虑到齿轮制造误差以及工作时轮齿变形和受热膨胀,同时为了便于润滑,需要有一定的齿侧间隙。

表 12.7 列出了圆柱齿轮传动精度等级及其应用的推荐范围,供设计时参考。

表 12.7 圆柱齿轮传动精度等级及其应用

精度等级	圆周速度 $v/(\mathrm{m\cdot s^{-1}})$				应用举例
	直齿圆柱齿轮		斜齿圆柱齿轮		
	≤350HBW	>350HBW	≤350HBW	>350HBW	
6(高精度)	≤18	≤15	≤36	≤30	在高速、重载下工作的齿轮传动,如机床、汽车和飞机中的重要齿轮;分度机构的齿轮;高速减速器的齿轮
7(精密)	≤12	≤10	≤25	≤20	在高速、中载或中速下工作的齿轮传动,如机床、汽车变速箱的齿轮;标准减速器的齿轮
8(中等精度)	≤6	≤5	≤12	≤9	一般机械中的传动齿轮,如机床、汽车和拖拉机中的一般齿轮;起重机械中的一般齿轮;农业机械中的重要齿轮
9(低精度)	≤4	≤3	≤8	≤6	在低速、重载下工作的齿轮,粗糙工作机械中的齿轮

§12.6 标准直齿圆柱齿轮传动的强度计算

12.6.1 齿轮传动的失效形式及设计准则

1. 齿轮传动的失效形式

齿轮传动是依靠轮齿的啮合来传递运动和动力的,轮齿失效是齿轮最主要失效形式。轮齿失效形式有轮齿折断、齿面点蚀、齿面胶合、齿面磨损等。

1)轮齿折断

齿轮工作时,若轮齿危险截面的弯曲应力超过其极限值,轮齿将发生折断。

轮齿的折断有两种情况。一种是由于轮齿因瞬时意外的严重过载而引起的突然折断而产生的过载折断,用淬火钢或铸铁制成的齿轮,容易发生这种折断。另一种是在载荷的多次重复作用下,交变应力超过弯曲疲劳极限时,齿根部分将产生疲劳裂纹,裂纹的逐渐扩展,最终将引起轮齿的疲劳折断。对于斜齿圆柱齿轮和人字齿轮,其齿根部裂纹往往沿倾斜方向扩展,发生轮齿的局部折断(图 12.23(a))。轮齿折断一般发生在齿根部分(图 12.23(b)),因为轮齿受力时齿根弯曲应力最大,而且有应力集中。

防止轮齿折断的措施有:在使用中避免意外的严重过载和冲击;对齿根表面进行喷丸或辗压等强化处理,以提高齿根的强度;增大齿根圆半径和降低齿根表面的粗糙度,以降低齿根的应力集中;采用正变位齿轮或适当增大压力角,以增大齿根厚度,降低齿根危险截面上的弯曲应力。

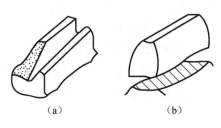

图 12.23 轮齿折断

2)齿面点蚀

齿轮啮合传动时,齿面接触应力是按脉动循环变化的。当这种交变接触应力重复次数超过一定限度后,轮齿表面就会产生不规则的疲劳裂纹,随着疲劳裂纹的蔓延扩展使金属脱落,在齿面形成麻点凹坑,即为点蚀,如图 12.24 所示。

在闭式齿轮传动中的软齿面(齿面硬度≤350HBW)齿轮,疲劳点蚀是最常见的失效形式之一。在开式传动中的齿轮,由于齿面磨损快,没等点蚀形成,表层就被磨掉,故一般看不到齿面疲劳点蚀的现象。

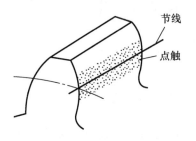

图 12.24 齿面疲劳点蚀

防止齿面点蚀的措施有:提高润滑油的黏度或采用适宜的添加剂,使啮合齿面间形成较厚的牢固的油膜,以增大其承载面积;降低轮齿的表面粗糙度,提高齿形的精度和进行精心跑合,以改善齿面的接触情况;提高齿面硬度以增大轮齿的疲劳极限等。

3)齿面磨损

齿面磨损是在齿轮啮合传动过程中,轮齿接触表面上的材料摩擦损耗的现象。通常有磨粒磨损和跑合磨损两种。由于灰尘、硬屑粒等进入齿面间而引起的磨粒磨损,是难以避免的。齿面过度磨损后(图 12.25),齿廓显著变形,常导致严重噪声和振动,最终使传动失效。采用闭式传动、减小齿面粗糙度值和保持良好的润滑可以防止或减少这种磨损。

新的齿轮副由于加工后表面具有一定的粗糙度,受载时实际上只有部分顶接触。接触处压强很高,因而在开始运转期间,磨损速度和磨损量都较大,磨损到一定程度后,摩擦面逐渐光洁,压强减小、磨损速度缓慢,这种磨损称为跑合磨损。人们有意地使新齿轮副在轻载下进行跑合,可为随后的正常工作创造有利条件。但应注意,跑合结束后,必须清洗和更换润滑油。

图 12.25 齿面磨损

防止磨损的措施有:尽量采用闭式齿轮传动,提高齿面硬度,降低表面粗糙度和采用清洁的润滑油等。

4)齿面塑性变形

在高速重载的齿轮传动中,较软的齿面上可能产生局部的塑性变形,使齿廓失去正确的齿形。这种损坏常在过载严重和启动频繁的传动中遇到,如图 12.26 所示。

防止齿面塑性变形的措施有:选用较高黏度的润滑油,提高齿面的硬度,避免频繁启动和过载等。

5）齿面胶合

齿面胶合是在重载传动中相啮合齿面的金属在压力作用下直接接触而发生黏着，并随着齿面的相对运动，使金属从齿面上撕落而引起的一种破坏形式，如图12.27所示。它有热胶合和冷胶合两种。

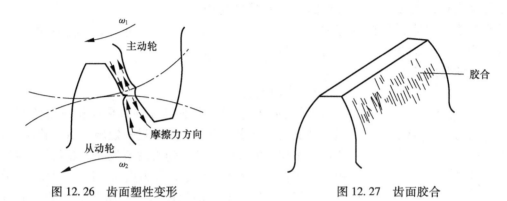

图12.26　齿面塑性变形　　　　　　图12.27　齿面胶合

在高速重载传动中，常因啮合区温度升高而引起润滑失效，致使两齿面金属直接接触并相互粘连，当两齿面相对运动时，较软的齿面沿滑动方向被撕下而形成沟纹，这种现象称为齿面热胶合。

在低速重载传动中，由于啮合处的局部压力很高，而速度又低，因而使两接触表面间不易形成油膜而产生黏着，从而出现冷胶合，它常常发生在局部齿面上。

齿面胶合产生以后，齿廓被破坏，振动和噪声增大，会很快使齿轮报废。

防止齿面胶合的措施有：对低速齿轮传动应采用黏度较大的润滑油；对于高速齿轮传动则应采用含抗胶合剂的润滑油；减小粗糙度和提高齿面硬度也能增强抗胶合能力。

2. 齿轮传动的设计准则

以上讨论了几种常见的齿轮失效形式。显然，齿轮轮齿的每一种失效形式的出现并不是孤立的，例如，齿面一旦出现了疲劳点蚀或胶合，就会加剧齿面的磨损，齿面的严重磨损又将导致轮齿的折断。因此，齿轮传动的承载能力及其可靠性，主要取决于齿轮齿体及齿面抵抗各种失效的能力，并成为齿轮传动设计的主要内容。普通齿轮传动的设计准则为：

（1）闭式齿轮传动软齿面（硬度≤350HBW），轮齿的主要失效形式为齿面的疲劳点蚀。为此应首先按齿面接触疲劳强度计算轮齿分度圆直径和其他几何参数，然后再校核弯曲疲劳强度。

（2）闭式齿轮传动硬齿面（硬度>350HBW），轮齿的主要失效形式为轮齿的弯曲疲劳折断。为此应首先按弯曲疲劳强度计算模数和其他几何参数，然后再校核齿面接触疲劳强度。

（3）开式齿轮传动指传动裸露或只有简单的遮盖的情况，工作时环境中粉尘、杂物易浸入啮合齿间，润滑条件较差，失效形式以磨损及磨损后的折齿为主。目前对齿面磨损尚无成熟的计算方法，因此，通常只进行弯曲疲劳强度计算，并将计算所得模数加大10%～20%，以补偿磨损量。

12.6.2 轮齿的受力分析

如图 12.28（a）所示为标准直齿圆柱齿轮传动在节点 P 处受力情况的立体图，图 12.28（b）所示为标准直齿圆柱齿轮传动在节点 P 处的受力情况的平面图，若忽略摩擦力，轮齿间相互作用的法向力 F_n 将沿着啮合线方向。

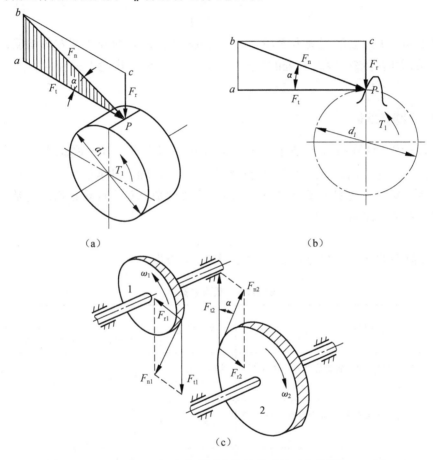

图 12.28　标准直齿圆柱齿轮传动的受力情况

(a) 在节点 p 处受力情况的立体图；(b) 在节点 p 处受力情况的平面图；(c) 两齿轮在接触点处的受力情况

如图 12.28（c）所示为两轮在接触点处的受力情况。主动轮 1 的法向力 F_{n1} 可分解成圆周力 F_{t1} 及径向力 F_{r1}，从动轮 2 的法向力 F_{n2} 可分解圆周力 F_{t2} 及径向力 F_{r2}。

若主动轮 1 所传递的功率为 P（kW）、转速为 n_1（r/min），则作用在主动轮上的转矩为

$$T_1 = \frac{9.55P}{n_1} \times 10^6 \tag{12-18}$$

$$\left.\begin{aligned} F_{t1} &= \frac{2T_1}{d_1} \\ F_{r1} &= F_{t1}\tan\alpha \\ F_{n1} &= \frac{F_{t1}}{\cos\alpha} \end{aligned}\right\} \tag{12-19}$$

式中，T_1 为作用在小齿轮的转矩，单位为 N·mm；d_1 为小齿轮的分度圆直径，单位为 mm；α 为小齿轮节圆上的压力角。

根据作用力与反作用力的原则可求出作用在从动轮上的力：

$$\left. \begin{array}{l} F_{t2}=-F_{t1} \\ F_{r2}=-F_{r1} \\ F_{n2}=-F_{n1} \end{array} \right\} \tag{12-20}$$

作用在主动轮上所受的圆周力 F_{t1} 的方向与该接触点 P 处的线速度方向相反，而从动轮上圆周力 F_{t2} 的方向与该接触点 P 处的线速度方向相同；两个齿轮上的径向力方向分别指向各自的轮心。

12.6.3 计算载荷

按式（12-19）计算出的 F_n 是作用在轮齿上的名义载荷，在实际工作时，由于原动机和工作机的工作特性不同，会产生附加的动载荷，齿轮、轴、轴承的加工、安装误差及弹性变形会引起载荷集中，使实际载荷增加，故应将名义载荷修正为计算载荷，它是包括名义载荷和附加载荷在内的总载荷。即

$$F_{nc}=KF_n \tag{12-21}$$

式中，K 是载荷系数（或称综合系数），可由表 12.8 查取。

表 12.8 载荷系数 K

工作机械	载荷特性	原动机		
		电动机	多缸内燃机	单缸内燃机
均匀加料的运输机和加料机、轻型卷扬机、发电机、机床辅助传动	均匀、轻载冲击	1~1.2	1.2~1.6	1.6~1.8
不均匀加料的运输机和加料机、重型卷扬机、球磨机、机床主传动	中等冲击	1.2~1.6	1.6~1.8	1.8~2.0
冲床、钻床、轧床、破碎机和挖掘机	大的冲击	1.6~1.8	1.9~2.1	2.2~2.4

注：斜齿：圆周速度、精度高，齿宽系数小，齿轮在两轴承间布置时取小值。直齿：圆周速度高，精度低，齿宽系数大，齿轮在两轴承间不对称布置时取最大值。

12.6.4 齿面接触疲劳强度计算

齿面接触强度的计算是为了防止齿面疲劳点蚀的一种方法。图 12.29 所示为一对渐开线圆柱齿轮啮合的情况，其齿面接触状况可近似认为现两圆柱体的接触相当，由弹性力学计算接触应力的赫兹公式，可推导出一对标准直齿圆柱齿轮的齿面接触疲劳强度公式。

齿面接触疲劳强度的校核公式为

$$\sigma_H = Z_H Z_E \sqrt{\frac{2KT_1}{bd_1^2} \cdot \frac{u \pm 1}{u}} \leq [\sigma_H] \tag{12-22}$$

按照齿面接触疲劳强度的设计公式为

$$d_1 \geqslant \sqrt[3]{\frac{2KT_1(u\pm 1)}{\psi_d u} \cdot \left(\frac{Z_H Z_E}{[\sigma_H]}\right)^2}$$

（12-23）

以上两式中 Z_H 为节点区域系数，渐开线标准直齿圆柱齿轮的 $Z_H \approx 2.49$；Z_E 为材料的弹性系数，单位为 $\sqrt{\text{MPa}}$，其值见表 12.9；"+"号用于外啮合，"-"号用于内啮合。T_1 为小齿轮（主动齿轮）传递的转矩，单位为 N·mm。d_1 分别为小齿轮（主动齿轮）分度圆的直径。K 是载荷系数，可查表 12.8。u 是齿数比，$u = \dfrac{z_2}{z_1}$。$[\sigma_H]$ 为齿轮材料的许用接触应力，单位为 MPa。齿宽系数 $\psi_d = \dfrac{b}{d_1}$，可查表 12.10。

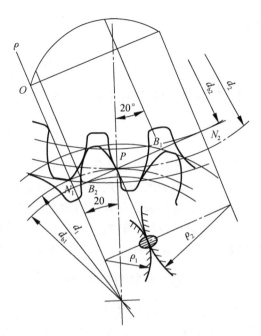

图 12.29 齿面接触强度的计算

表 12.9 材料的弹性系数 Z_E

小齿轮材料＼大齿轮材料	钢	铸铁	球墨铸铁	灰铸铁
钢	189.8	185.9	181.4	162.0~165.3
铸铁		188.0	180.5	161.4
球墨铸铁			173.9	156.6
灰铸铁				143.7~146.0

表 12.10 齿宽系数 ψ_d

支承对小齿轮的布置	载荷情况	ψ_d 的最大值		ψ_d 的最小值	
		一对或一个齿轮 HB≤350	一对齿轮 HB>350	一对或一个齿轮 HB≤350	一对齿轮 HB>350
对称布置	变动较小	1.8 (2.4)	1.1 (1.4) 1	0.8~1.4	0.4~0.9
	变动较大	1.4 (1.9)	0.9 (1.2)		
非对称布置	变动较小	1.4 (1.9)	0.9 (1.2)	结构刚性很大时，如二级减速器低速级取 0.6~1.2；结构刚性较小时取 0.4~0.8（软齿面），0.2~0.4（硬齿面）	
	变动较大	1.5 (1.5)	0.7 (1.1)		
悬臂布置	变动较小	0.8	0.55		
	变动较大	0.6	0.4		

注：括号内的数值用于人字齿轮，其齿宽是两个半人字齿轮齿宽之和。

如果两渐开线标准直齿圆柱齿轮的材料均选用钢，则 $Z_H \approx 2.49$，$Z_E = 189.8\sqrt{\text{MPa}}$，将它们代入式（12-22）和式（12-23）得两渐开线标准直齿圆柱齿轮的齿面接触强度校核公

式为

$$\sigma_H = 668\sqrt{\frac{KT_1}{bd_1^2} \cdot \frac{u \pm 1}{u}} \leq [\sigma_H] \quad (12-24)$$

渐开线标准直齿圆柱钢齿轮的设计公式为

$$d_1 \geq 76.43\sqrt[3]{\frac{KT_1(u \pm 1)}{\psi_d u [\sigma_H]^2}} \quad (12-25)$$

在应用上述公式时应注意以下几点：

（1）两齿轮的齿面许用接触应力不同时，应取较小的代入公式。

（2）两齿轮的齿面接触应力的大小相同。

（3）齿轮的材料、转矩、齿宽和齿数比确定后，两齿轮的齿面接触疲劳强度与齿轮的直径或中心距的大小有关，而与模数的大小无关。

12.6.5　齿根弯曲疲劳强度计算

为了防止齿轮根部的疲劳折断，在进行齿轮设计时要计算齿根弯曲疲劳强度。为简化计算，假定全部载荷由一对齿承受，且载荷作用于齿顶时齿根部分产生的弯曲应力最大。计算时将齿轮看作悬臂梁，危险截面用30°角切线法来确定，即作与轮齿对称中心线成30°角并与齿根过渡曲线相切的两条直线，连接两切点的截面即为齿根的危险截面，如图12.30所示。

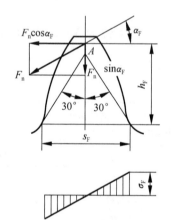

图 12.30　轮齿的齿根弯曲疲劳强度计算

沿啮合线作用在齿顶的法向力 F_n 可分解为互相垂直的两个分力 $F_n\cos\alpha$ 和 $F_n\sin\alpha$。前者对齿根产生弯曲应力 σ_F 和切向应力，后者产生压缩应力。因切向应力和压缩应力较小，对抗弯强度计算影响较小，故可忽略不计。实践证明，疲劳裂纹总是在轮齿受拉侧产生并扩张，因此，可推导出轮齿的齿根弯曲疲劳强度的校核公式为

$$\sigma_F = \frac{2KT_1}{bmd_1} \cdot Y_F \cdot Y_S = \frac{2KT_1}{bm^2z_1} \cdot Y_F \cdot Y_S \leq [\sigma_F] \quad (12-26)$$

式中，T_1 为小齿轮（主动齿轮）传递的转矩，单位为 N·mm；d_1 为小齿轮（主动齿轮）的分度圆直径，单位为 mm；b 为轮齿宽度，单位为 mm；$[\sigma_F]$ 为齿根弯曲疲劳许用应力，单位为 MPa；K 是载荷系数，可查表12.8；m 为模数；z_1 为小齿轮（主动齿轮）的齿数；Y_F 为标准外啮合齿轮的齿形系数，可查表12.11；Y_S 为标准外啮合齿轮的应力修正系数，可查表12.11。

表 12.11　标准外啮合齿轮的齿形系数 Y_F 及应力修正系数 Y_S

z	12	14	16	17	18	19	20	22	25	28	30	35	40	45	50	60	80	100	≥200
Y_F	3.47	3.22	3.03	2.97	2.91	2.85	2.81	2.75	2.65	2.58	2.54	2.47	2.41	2.37	2.35	2.30	2.25	2.18	2.14
Y_S	1.44	1.47	1.51	1.53	1.54	1.55	1.56	1.58	1.59	1.61	1.63	1.65	1.67	1.69	1.71	1.73	1.77	1.80	1.88

注：$\alpha = 20°$，$h_a^* = 1$，$c^* = 0.25$，齿根圆角曲率半径 $\rho_f = 0.38$。

为了便于设计计算，引入齿宽系数 $\psi_d = \dfrac{b}{d_1}$，可查表 12.10，并代入式（12-26），可得到按轮齿的齿根弯曲疲劳强度的设计公式为

$$m \geqslant 1.26 \sqrt[3]{\dfrac{KT_1}{\psi_d z_1^2} \cdot \dfrac{Y_F Y_S}{[\sigma_F]}} \tag{12-27}$$

在应用上述公式时应注意以下几点：

（1）在应用式（12-26）和式（12-27）时，无论是计算小齿轮还是计算大齿轮，都应将 T_1 和 z_1 代入，这是因为圆周力 F_{t1} 的计算是以小齿轮为依据的。

（2）在应用式（12-27）时，应把比值 $\dfrac{Y_{F1} Y_{S1}}{[\sigma_{F1}]}$ 和 $\dfrac{Y_{F2} Y_{S2}}{[\sigma_{F2}]}$ 中较大的代入公式中。

（3）由式（12-27）计算出的模数应按表 12.1 圆整为标准模数。

§12.7　渐开线标准直齿圆柱齿轮传动设计

齿轮传动的设计主要是：选择齿轮材料和热处理方式，确定主要参数、几何尺寸、结构形式、精度等级等，最后绘出零件图。

12.7.1　渐开线标准直齿圆柱齿轮传动的参数选择

1. 齿数比 u

齿数比 u 是大齿轮齿数与小齿轮齿数之比。一对齿轮的齿数比不宜太大，否则会导致大小齿轮的尺寸悬殊太大以至于两齿轮的寿命相差太大，同时会使传动装置的结构空间增大。对于一般单级减速齿轮传动，u 为 6~8；对于二级传动，u 为 8~40；对于三级或三级以上的传动，u 大于 40；对于开式或手动齿轮传动，u 为 8~12；对于增速齿轮传动，u 为 2.5~3。

一般取每对直齿圆柱齿轮的齿数比小于 3，最大可达 5；斜齿圆柱齿轮的齿数比可大一些，取 $u \leqslant 5$，最大可达 8；直齿圆锥齿轮的齿数比 $u \leqslant 3$，最大可达 5~7.5。

2. 齿轮的模数 m

对于闭式传动中的软齿面齿轮，一般是先按齿面的接触疲劳强度计算出模数 m，之后按表 12.1 圆整为标准模数。对于传递动力的齿轮，其模数一般应大于 1.5 mm。普通减速器、机床及汽车变速器中的齿轮的模数一般在 2~8 mm 之间。

3. 齿轮的齿数

为了避免根切现象发生，标准直齿圆柱齿轮的最少齿数为 17。

对于闭式传动中的硬齿面、开式齿轮和铸铁齿轮，应取较小齿数和较大的模数，以提高轮齿的弯曲强度，一般取 $z_1 \geqslant 17~25$，当承载能力取决于接触强度时，z_1 大些为好。

4. 齿宽系数 ψ_d

齿宽系数 ψ_d 是轮齿的宽度与其直径之比。ψ_d 小时，传动齿轮的外廓尺寸狭而长；ψ_d 大时，传动齿轮的外廓尺寸短而宽。另外 ψ_d 大时，齿宽就大，载荷沿齿宽分布的不均匀性也随之而增大，结果使载荷仍由齿宽的一部分来承担，因而达不到增加齿宽的预期目的。故齿宽系数 ψ_d 不宜选得过大或过小，其推荐值可查表 12.10。

12.7.2 设计步骤

齿轮传动的设计步骤如下：
（1）选择材料、热处理方法和精度。
（2）承载能力计算。

对于软齿面闭式传动，应按接触疲劳强度设计公式计算出小齿轮的分度圆直径、模数和齿数，然后校核其弯曲疲劳强度。

对于硬齿面闭式传动，应按弯曲疲劳强度设计公式计算出小齿轮的分度圆直径、模数和齿数，然后校核其接触疲劳强度。

对于开式齿轮传动，很难保证有良好的润滑，常有灰尘及其他杂物进入啮合齿面，容易磨损，致使轮齿变薄而折断。故应按弯曲疲劳强度设计，并对所计算的模数加大 10%～20%。开式齿轮传动不会产生点蚀，故不必校核其接触疲劳强度。

（3）计算齿轮的几何尺寸。
（4）确定齿轮的结构尺寸。
（5）绘制齿轮的工作图。

例 12.1 试设计如图 12.31 所示带式输送机用减速器中的一对标准直齿轮传动。已知小齿轮的转速 $n_1 = 960$ r/min，传递功率 $P = 6$ kW，大齿轮的转速 $n_2 = 384$ r/min，载荷平稳，一天工作 8 小时，预期寿命为 10 年（一年按 260 个工作日算），原动机为电动机。

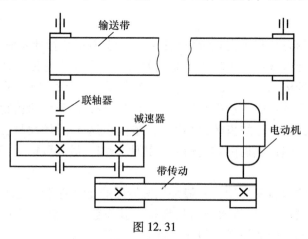

图 12.31

解：由于该减速器是用于带式输送机的，所以对其外廓尺寸要求没有特殊限制，故可选用供应充足、价格低廉、工艺简单的钢制软齿面齿轮。

1. 选择材料、热处理方法和精度

（1）选择材料、热处理方法。

小齿轮选用 45 号钢，调质，硬度 $HBW_1 = 217～255$

大齿轮选用 45 号钢，正火，硬度 $HBW_2 = 169～217$

（2）根据齿轮硬度的值（HBW_1 取 225，HBW_2 取 195），查图 12.19，得齿面接触疲劳极限 σ_{Hlim}

$$\sigma_{Hlim1} = 600 \text{ MPa}, \quad \sigma_{Hlim2} = 550 \text{ MPa}$$

(3) 查表 12.6，得齿面接触疲劳强度安全系数 $S_H = 1$。
(4) 确定接触疲劳寿命系数 Z_N。

$$N_1 = 60n_1jL_h = 60 \times 1440 \times 1 \times 260 \times 8 \times 10 = 1.797 \times 10^9$$

$$i = u = 4.6$$

$$N_2 = \frac{N_1}{u} = \frac{1.797 \times 10^9}{4.6} = 3.91 \times 10^8$$

查图 12.21，得 $Z_{N1} = 1$，$Z_{N2} = 1.02$。

(5) 由式（12-16），得两轮的许用接触应力。

$$[\sigma_{H1}] = \frac{Z_{N1} \cdot \sigma_{Hlim1}}{S_H} = \frac{1 \times 600}{1} = 600 \text{ (MPa)}$$

$$[\sigma_{H2}] = \frac{Z_{N2} \cdot \sigma_{Hlim2}}{S_H} = \frac{1.02 \times 550}{1} = 561 \text{ (MPa)}$$

(6) 确定精度等级。

减速器为一般齿轮传动，估计圆周速度不大于 6 m/s，根据表 12.7，初选 7 级精度。

2. 承载能力计算

对于软齿面闭式传动，应按接触疲劳强度设计公式计算出小齿轮的分度圆直径、模数和齿数，后校核其弯曲疲劳强度。

(1) 确定综合系数 K：查表 12.8 得 $K = 1.0 \sim 1.2$，取 $K = 1.2$。
(2) 确定小齿轮传递的转矩 T_1。

$$T_1 = \frac{9.55P}{n_1} \times 10^6 = \frac{9.55 \times 6}{960} \times 10^6 = 59\,686.25 \text{ (N·mm)}$$

(3) 查表 12.10，得齿宽系数 $\psi_d = 0.8$。
(4) 计算出小齿轮的分度圆直径。

由式（12-23）得

$$d_1 \geq 76.43 \sqrt[3]{\frac{KT_1(u \pm 1)}{\psi_d u [\sigma_{H1}]^2}} = 76.43 \sqrt[3]{\frac{1.2 \times 59\,686.25 \times (2.5+1)}{0.8 \times 2.5 \times 561^2}} = 56.23 \text{ (mm)}$$

(5) 计算圆周速度。

$$v_1 = \frac{\pi n_1 d_1}{1\,000 \times 60} = \frac{\pi \times 960 \times 56.23}{60\,000} = 2.83 \text{ (m/s)} < 6 \text{ m/s}$$

所以选 7 级精度合适。

3. 计算齿轮的几何尺寸

(1) 齿数。

取 $z_1 = 20$，$z_2 = uz_1 = 2.5 \times 20 = 50$

(2) 模数 m。

$$m = \frac{d_1}{z_1} = \frac{56.23}{20} = 2.812，取 m = 3 \text{ mm}$$

(3) 分度圆直径。

$$d_1 = mz_1 = 3 \times 20 = 60 \text{ (mm)}$$

$$d_2 = mz_2 = 3 \times 50 = 150 \text{ (mm)}$$

(4) 中心距。
$$a = \frac{d_1 + d_2}{2} = \frac{60 + 150}{2} = 105 \text{ (mm)}$$

(5) 齿宽。
$$b = \psi_d d_1 = 0.8 \times 60 = 48 \text{ (mm)}$$

取 $b_2 = 48$ mm，$b_1 = b_1 + (5 \sim 10) = 48 + 10 = 58$ (mm)

4. 确定齿轮的结构尺寸（略）

5. 校核其弯曲疲劳强度

(1) 根据齿轮硬度的值（HBW_1 取 225，HBW_2 取 195），查图 12.20，确定齿根弯曲疲劳极限 σ_{Flim}。

$$\sigma_{Flim1} = 225 \text{ MPa}, \quad \sigma_{Flim2} = 215 \text{ MPa}$$

(2) 确定弯曲疲劳寿命系数 Y_{N1} 和 Y_{N2}。
查图 12.22，$Y_{N1} = Y_{N2} = 1$

(3) 确定齿根弯曲疲劳强度安全系数 S_F。
查表 12.6，得 $S_F = 1.4$

(4) 确定齿根弯曲疲劳许用应力。
$$[\sigma_{F1}] = \frac{Y_{N1} \cdot \sigma_{Flim1}}{S_F} = \frac{1 \times 225}{1.4} = 160.71 \text{ (MPa)}$$

$$[\sigma_{F2}] = \frac{Y_{N2} \cdot \sigma_{Flim2}}{S_F} = \frac{1 \times 215}{1.4} = 153.57 \text{ (MPa)}$$

(5) 确定标准外齿轮的齿形系数 Y_F 和标准外齿轮的应力修正系数 Y_S。
可查表 12.11，得 $Y_{F1} = 2.81$，$Y_{S1} = 1.56$，$Y_{F2} = 2.35$，$Y_S = 1.71$

(6) 校核轮齿的齿根弯曲疲劳强度。

$$\frac{Y_{F1}Y_{S1}}{[\sigma_{F1}]} = \frac{2.81 \times 1.56}{160.71} = 0.027\,28 > \frac{Y_{F2}Y_{S2}}{[\sigma_{F2}]} = \frac{2.35 \times 1.71}{153.57} = 0.026\,17$$

故校核小齿轮齿根弯曲疲劳强度

$$\sigma_{F1} = \frac{2KT_1}{bm^2 z_1} \cdot Y_{F1} \cdot Y_{S1}$$

$$= \frac{2 \times 1.2 \times 59\,680}{48 \times 3^2 \times 20} \times 2.81 \times 1.56 = 72.67 (\text{MPa}) < [\sigma_{F1}] = 160.71 \text{ MPa}$$

齿根弯曲强度足够。

6. 绘制齿轮的工作图（略）

§12.8 斜齿圆柱齿轮传动

12.8.1 斜齿圆柱齿轮齿廓的形成

由于直齿圆柱齿轮轮齿方向与轴线平行，在所有垂直于轴线的平面内轮齿情况完全相同，因此，研究直齿圆柱齿轮的啮合原理可仅就端面进行讨论。但实际上直齿圆柱齿轮是有一定宽度的，轮齿的齿廓沿轴线方向形成一曲面，直齿轮轮齿渐开线曲面的形成如图 12.32（a）所示，平面 S 与基圆柱相切于母线 NN'，当平面 S 沿基圆柱做纯滚动时，其上与母线平行的直线 KK' 在空间所走过的轨迹即为渐开线曲面，平面 S 称为发生平面，形成的曲面即为直齿圆柱齿轮的齿廓曲面。直齿圆柱齿轮在啮合过程中每一瞬时都是直线接触，接触线均为平行于轴线的直线，如图 12.32（b）所示。

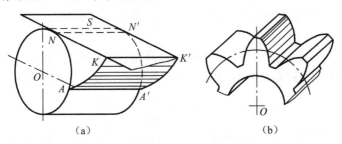

图 12.32 直齿轮轮齿渐开线曲面的形成与接触线
(a) 直齿轮轮齿渐开线曲面的形式；(b) 直齿轮轮齿渐开线曲面的接触线

斜齿圆柱齿轮齿廓曲面的形成如图 12.33（a）所示，当平面 S 沿基圆柱做纯滚动时，其上与母线 NN' 成一倾斜角 β_b 的斜直线 KK' 在空间所走过的轨迹为一个渐开线螺旋面，该螺旋面即为斜齿圆柱齿轮的齿廓曲面，β_b 称为基圆柱上的螺旋角。斜齿圆柱齿轮在啮合过程中除了啮合开始和终止瞬时外，其余每一瞬时接触线都是直线，但不平行于轴线，如图 12.33（b）所示。

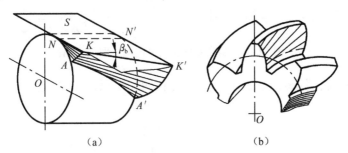

图 12.33 斜齿圆柱齿轮齿廓形成与接触线
(a) 斜齿圆柱齿轮齿廓的形式；(b) 斜齿圆柱齿轮齿廓的接触线

12.8.2 斜齿圆柱齿轮传动的啮合特点和正确啮合条件

1. 斜齿圆柱齿轮传动的啮合特点

直齿圆柱齿轮啮合时，齿面的接触线均平行于齿轮轴线，如图 12.32（b）所示，因此，轮齿是沿整个齿宽同时进入啮合、同时脱离啮合的，载荷沿齿宽突然加上及卸下。由此可知，直齿轮传动的平稳性较差，容易产生冲击、振动和噪声，不适用于高速和重载的传动。

一对平行轴斜齿圆柱齿轮啮合时，齿面的接触线均不平行于齿轮轴线，如图 12.33（b）所示，斜齿轮的齿廓是逐渐进入和脱离啮合的。斜齿轮齿廓接触线的长度由零逐渐增加，又逐渐缩短，直至脱离接触，载荷也不是突然加上或卸下的，因此，斜齿轮的重合度比直齿轮的大，工作较平稳，承载能力强，常用于高速重载传动中。

2. 斜齿圆柱齿轮的主要参数及几何尺寸

斜齿轮与直齿轮在端面上都具有渐开线齿形，但由于斜齿轮的轮齿为螺旋形，故在垂直于齿轮轴线的端面（下标用 t 表示）和垂直齿廓螺旋面的法面（下标用 n 表示）上有不同的参数，斜齿轮的端面是标准的渐开线，其啮合原理和几何尺寸计算方法与直齿圆柱齿轮的完全相同，因此，斜齿圆柱齿轮的几何尺寸需按端面参数计算。但从斜齿轮的加工和受力角度看，斜齿轮的法面参数应为标准值，因此，必须建立法向参数与切向参数的换算关系。

1）螺旋角

图 12.34 所示为斜齿圆柱齿轮分度圆柱面展开图，螺旋线展开成一直线，该直线与轴线的夹角为 β，称为斜齿圆柱齿轮在分度圆柱上的螺旋角，简称斜齿圆柱齿轮的螺旋角。

$$\tan\beta = \frac{\pi d}{p_s} \quad (12\text{-}28)$$

式中，p_s 为螺旋线的导程，即螺旋线绕一周时沿齿轮轴线方向前进的距离。

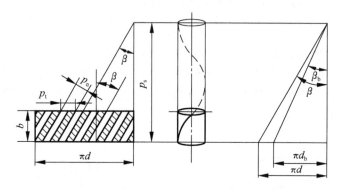

图 12.34　斜齿圆柱齿轮分度圆柱面展开图

因为斜齿圆柱齿轮各圆柱上螺旋线的导程相同，所以对于基圆圆柱同理可得其螺旋角 β_b 为

$$\tan\beta_b = \frac{\pi d_b}{p_s} \quad (12\text{-}29)$$

联立以上两式得

$$\tan\beta_b = \tan\beta \cdot \cos\alpha_t \quad (12\text{-}30)$$

斜齿圆柱齿轮按其齿廓渐开螺旋面的旋向，可分为左旋和右旋两种，分别如图 12.35（a）、（b）所示。

2. 压力角

因为斜齿圆柱齿轮和斜齿条啮合时，它们的法面压力角 α_n 和端面压力角 α_t 分别相等，所以斜齿圆柱齿轮法面压力角 α_n 和端面压力角 α_t 的关系可通过斜齿条得到。在如图 12.36 所示的斜齿条中，$\triangle abc$ 在端面上，$\triangle a'b'c$ 在法面上，$\angle aa'c = 90°$，

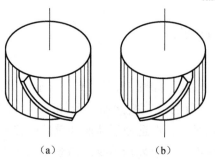

图 12.35　斜齿圆柱齿轮的旋向
(a) 左旋；(b) 右旋

在直角三角形 $\triangle abc$、$\triangle a'b'c$ 中可得

$$\tan\alpha_t = \frac{ac}{ab}, \quad \tan\alpha_n = \frac{a'c}{a'b'}$$

而 $a'c = ac \cdot \cos\beta$，又因 $ab = a'b'$，故

$$\tan\alpha_n = \frac{a'c}{a'b'} = \frac{ac \cdot \cos\beta}{ab} = \tan\alpha_t \cdot \cos\beta \tag{12-31}$$

3. 模数

如图 12.36 所示，p_t 为端面齿距，而 p_n 为法面齿距，$p_n = p_t \cdot \cos\beta$，因为 $p = \pi m$，所以 $\pi m_n = \pi \cdot m_t \cos\beta$，故斜齿圆柱齿轮法面模数 m_n 与端面模数 m_t 的关系为

$$m_n = m_t \cos\beta \tag{12-32}$$

4. 顶隙系数及齿顶高系数

斜齿圆柱齿轮的顶隙和齿顶高不论从端面还是从法面来看是相同的，即

$$c_a = c_{at}^* \cdot m_t = c_{an}^* \cdot m_n, \quad h_a = h_{at}^* \cdot m_t = h_{an}^* \cdot m_n$$

将式（12-32）代入以上两式即得

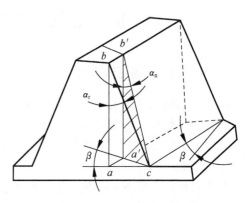

图 12.36 斜齿条的压力角

$$c_{at}^* = c_{an}^* \cdot \cos\beta \tag{12-33}$$

$$h_{at}^* = h_{an}^* \cdot \cos\beta \tag{12-34}$$

5. 斜齿圆柱齿轮的几何尺寸计算

斜齿轮的啮合在端面上相当于一对直齿轮的啮合，因此将斜齿轮的端面参数代入直齿轮的计算公式，就可得到斜齿轮的相应尺寸，见表 12.12。

表 12.12 外啮合标准斜齿圆柱齿轮传动的几何尺寸计算公式

名 称	符 号	计算公式及参数
端面模数	m_t	$m_t = \dfrac{m_n}{\cos\beta}$，$m_n$ 为标准值
螺旋角	β	一般取 $\beta = 8° \sim 20°$
端面压力角	α_t	$\alpha_t = \arctan\dfrac{\tan\alpha_n}{\cos\beta}$
分度圆直径	d_1、d_2	$d_1 = m_t \cdot z_1$，$d_2 = m_t \cdot z_2$
齿顶高	h_a	$h_a = h_{a1} = h_{a2} = m_n$
齿根高	h_f	$h_f = h_{f1} = h_{f2} = 1.25 m_n$
全齿高	h	$h = h_1 = h_2 = 2.25 m_n$
顶隙	c	$c = c_1 = c_2 = 0.25 m_n$
齿顶圆直径	d_{a1}、d_{a2}	$d_{a1} = d_1 + 2h_a$、$d_{a2} = d_2 + 2h_a$
齿根圆直径	d_{f1}、d_{f2}	$d_{f1} = d_1 - 2h_f$、$d_{f2} = d_2 - 2h_f$
中心距	a	$a = \dfrac{d_1 + d_2}{2} = \dfrac{m_t(z_1 + z_2)}{2} = \dfrac{m_n(z_1 + z_2)}{2\cos\beta}$

3. 斜齿圆柱齿轮传动正确啮合条件

（1）两斜齿轮的法面模数相等，即 $m_{n1}=m_{n2}=m_n$。

（2）两斜齿轮的法面压力角相等，即 $\alpha_{n1}=\alpha_{n2}=\alpha_n$。

（3）两斜齿轮的螺旋角大小相等，方向相反，取负号；内啮合时旋向相同，取正号。即 $\beta_1=\pm\beta_2$。

§12.9 齿轮的结构设计、润滑及传动效率

12.9.1 齿轮的结构设计

齿轮的结构设计主要包括选择合理适用的结构形式、确定齿轮的轮廓、轮缘、轮辐等各部分的尺寸及绘制齿轮的零件工作图等。

常用的齿轮结构形式有齿轮轴式、实心式、腹板式和轮辐式等。

1. 齿轮轴

对于直径较小的钢制齿轮，其齿根圆直径与轴径相差不大，如图 12.37 所示，当圆柱齿根圆至键槽底部的距离 $x\leqslant(2\sim2.5)m_n$ 时（如图 12.37（a）所示），或当圆锥齿轮小端的齿根圆至键槽底部的距离 $x\leqslant(1.6\sim2)m_n$ 时（如图 12.37（b）所示），应将齿轮与轴制成一体，称为齿轮轴。

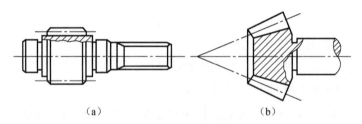

图 12.37 齿轮轴
(a) 圆柱齿轮轴；(b) 圆锥齿轮轴

2. 实心式齿轮

当齿轮的齿顶圆直径 $d_a\leqslant200$ mm 时，若齿根圆到键槽底根底部的径向距离 $x>2.5m_n$，可采用实心式结构，如图 12.38 所示。这种结构型式的齿轮常用锻钢制造。单件或小批量生产而直径 $d_a\leqslant100$ mm 时，可用轧制圆钢制造齿轮毛坯。

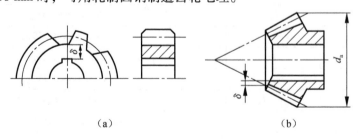

图 12.38 实心式齿轮
(a) 实心式圆柱齿轮；(b) 实心式圆锥齿轮

3. 腹板式齿轮

当齿轮的齿顶圆直径 $200\text{ mm} \leqslant d_a \leqslant 500\text{ mm}$ 时，可采用腹板式结构，如图 12.39 所示。这种结构的齿轮一般多用锻钢制造，其各部分尺寸由图中经验公式确定。

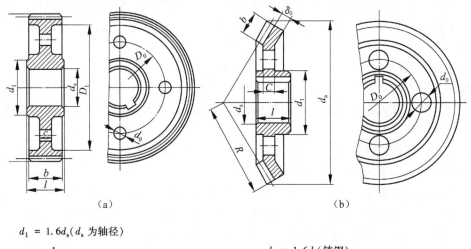

$d_1 = 1.6d_s$（d_s 为轴径）

$D_0 = \dfrac{1}{2}(D_1 + d_1)$

$D_1 = d_a - (10 \sim 12)m_n$

$d_0 = 0.25(D_1 - d_1)$

$c = 0.3b$

$l = (1.2 \sim 1.3)d_s \geqslant b$

$n = 0.5m$

$d_1 = 1.6d_s$（铸钢）

$d_t = 1.8d_s$（铸铁）

$l = (1 \sim 1.2)d_s$

$c = (0.1 \sim 0.17)l > 10\text{ mm}$

$\delta_0 = (3 \sim 4)m > 10\text{ mm}$

D_0 和 d_0 根据结构确定

图 12.39　腹板式圆柱、圆锥齿轮

（a）腹板式圆柱齿轮；（b）腹板式圆锥齿轮

4. 轮辐式齿轮

当齿轮的齿顶圆直径 $d_a > 500\text{ mm}$ 时，可采用轮辐式结构，如图 12.40 所示。这种结构的齿轮常采用铸钢或铸铁制造，其各部分尺寸按图中经验公式确定。

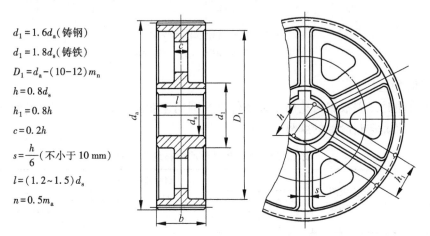

$d_1 = 1.6d_a$（铸钢）

$d_1 = 1.8d_s$（铸铁）

$D_1 = d_a - (10-12)m_n$

$h = 0.8d_s$

$h_1 = 0.8h$

$c = 0.2h$

$s = \dfrac{h}{6}$（不小于 10 mm）

$l = (1.2 \sim 1.5)d_s$

$n = 0.5m_a$

图 12.40　铸造轮辐式圆柱齿轮

12.9.2 齿轮的润滑

齿轮在啮合时会产生摩擦和磨损，造成动力的消耗，而使传动效率降低，因此，齿轮的润滑十分重要，它不仅可以减少齿轮传动啮合时所产生的摩擦、磨损和动力消耗，提高传动效率，还可以起到冷却、防锈、降低噪声、改善齿轮的工作状况、延缓轮齿失效、延长齿轮的使用寿命等作用。

1. 齿轮的润滑方式

齿轮的润滑方式主要取决于齿轮圆周速度的大小和特殊的工况要求。

对于开式及半开式齿轮传动，由于其传动速度较低，通常采用人工定期加润滑油或润滑脂的方式进行润滑。

闭式齿轮传动的润滑方式有浸油润滑（又称油浴润滑或油池润滑）和喷油润滑两种，一般根据齿轮的圆周速度确定采用哪种方式。

当齿轮的圆周速度小于 12 m/s 时，通常采用浸油润滑方式，它将大齿轮浸入油池中进行润滑，如图 12.41（a）所示。大齿轮浸入油中的深度至少 10 mm，转速低时可浸深一些，但浸入过深则会增大活动阻力并使油温升高。在多级齿轮传动中，对于未浸入油池内的齿轮，可采用带油轮将油带到未浸入油池内的齿轮齿面内，如图 12.41（b）所示。浸油齿轮可将油甩到齿轮箱壁上，有利于散热。

当齿轮的圆周速度大于 12 m/s 时，由于其圆周速度大，齿轮搅油剧烈，且黏附在齿廓面上的油易被甩掉，因此，不宜采用浸油润滑，而应采用喷油润滑，即用油泵将具有一定压力的润滑油经喷嘴喷到啮合的齿面上，如图 12.41（c）所示。这种喷油润滑效果好，但是需要专门的油管、滤油器、油量调节装置等，故成本较高。

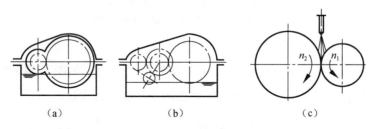

图 12.41　齿轮的润滑方式
(a)，(b) 浸油润滑；(c) 喷油润滑

2. 润滑油的选择

选择润滑油时，先根据齿轮的工作条件以及圆周速度由表 12.13 查得运动黏度值，再根据选定的黏度值确定润滑油的牌号。

表 12.13　齿轮传动润滑油黏度荐用值

齿轮材料	强度极限 σ_B/MPa	圆周速度 $v/(\mathrm{m \cdot s^{-1}})$					
		<0.5	0.5~0.1	1~2.5	2.5~5	5~12.5	12.5~25	>25
		运动黏度 $\nu/(\mathrm{mm^2 \cdot s^{-1}})$ (40 ℃)					
塑料、铸铁、青铜		320	220	150	100	68	46	—

续表

齿轮材料	强度极限 σ_B/MPa	圆周速度 v/(m·s^{-1})						
		<0.5	0.5~0.1	1~2.5	2.5~5	5~12.5	12.5~25	>25
		运动黏度 ν/(mm^2·s^{-1})（40 ℃）						
钢	450~1 000	460	320	220	150	100	68	46
	1 000~1 250	460	460	320	220	150	100	68
渗碳或表面淬火的钢	1 250~1 580	900	460	460	320	220	150	100

注：对于多级齿轮传动，应采用各级传动圆周速度平均值来选取润滑油黏度。

在使用过程中，必须经常检查齿轮传动润滑系统的状况，油面过低则润滑不良，油面过高则会增加搅油功率的损失。对于压力喷油润滑系统还需检查油压状况，油压过低会造成供油不足，油路不畅通可能会导致油压过高，应及时调整油压至正常值。

12.9.3 齿轮传动的效率

齿轮传动中的功率损失主要包括啮合中的摩擦损失、轴承中的摩擦损失和搅动润滑油的功率损失。进行有关齿轮的计算时通常使用的是齿轮传动的平均效率。即

$$\eta = \eta_1 \cdot \eta_2 \cdot \eta_3 \tag{12-35}$$

式中，η_1 为啮合效率，对于 8 级以上精度的齿轮，η_1 取 0.99；η_2 为轴承效率，滑动轴承 η_2 取 0.99，滚动轴承 η_2 取 0.98；η_3 为搅油效率，它与齿轮浸油面积、圆周速度和油的黏度有关，η_3 一般取 0.96~0.99。

当齿轮轴上装有滚动轴承的中速中载齿轮传动，并在满载状态下运转时，传动的平均总效率 η 列于表 12.14 中，供设计传动系统时参考。

表 12.14 装有滚动轴承的中速中载齿轮传动的平均总效率 η

传动装置	结构形式		
	6 级或 7 级精度的闭式传动	8 级精度的闭式传动	开式传动
圆柱齿轮	0.98	0.97	0.95
锥齿轮	0.97	0.96	0.93

思考与练习

1. 简述直齿圆柱齿轮传动的设计步骤。
2. 齿轮的失效形式有哪些？采取什么措施可减缓失效发生？
3. 齿轮强度设计准则是如何确定的？
4. 对齿轮材料的基本要求是什么？常用齿轮材料有哪些？如何保证齿轮材料的基本要求？
5. 齿面接触疲劳强度与哪些参数有关？若接触强度不够时，采取什么措施提高接触强度？

6. 齿根弯曲疲劳强度与哪些参数有关？若弯曲强度不够时，可采取什么措施提高弯曲强度？

7. 齿轮传动有哪些润滑方式？如何选择润滑方式？

8. 与齿轮传动相比，蜗杆传动有何优缺点？

9. 蜗杆传动的常见的类型有哪些？

10. 已知一外啮合渐开线标准直齿圆柱齿轮的 $z=20$，$m=5$，$\alpha=20°$，$h_a^*=1$，$c^*=0.25$。求 d、d_b、h_a、h_f、h、d_a、d_f、p 和 s。

11. 某车间的一外啮合直齿圆柱齿轮机构中的大齿轮已丢失，仅留下了小齿轮。已知 $z_1=38$，$d_a=100$ mm，$h_a^*=1$，$c^*=0.25$，中心距 $a=125$ mm。试求丢失大齿轮的模数及主要几何尺寸。

12. 已知某一机床主轴变速箱中一对齿轮，$z_1=21$，$1_2=33$，$m=2.5$ mm，$a'=70$ mm，试选取合适的变位系数 x_1 和 x_2。

13. 有一对单级斜齿圆柱齿轮减速器，已知：中心距 $a=300$ mm，$z_1=39$，$z_2=109$。试计算该齿轮传动的模数 m_n 和分度圆螺旋角 β。

第 13 章 齿 轮 系

 导入案例

如图 13.1 所示,一系列相互啮合的齿轮可用来传递运动和动力。既可以使一个主轴带动几个从动轴转动,以实现分路传动或获得多种转速;也可实现较远轴之间的运动和动力传递;还可以获得大的传动比,实现合成与分解。

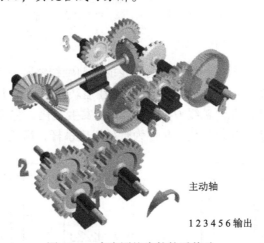

图 13.1　直齿圆柱齿轮轮系传动

§13.1　齿轮系的类型和应用

13.1.1　齿轮系的类型

在第 12 章齿轮传动和蜗杆传动中,已经讨论了一对齿轮传动的问题。但在实际的机械中,由于主动轴与从动轴之间的距离较远,或要求有较大的传动比,或要求实现变速或变向等原因,用一对齿轮传动不能满足需要,常采用一系列依次相互啮合的齿轮来将主动轴的运动和动力传递给从动轴。这种由一系列齿轮所组成的传动系统,称为齿轮系。

根据齿轮系运动时各齿轮的几何轴线是否固定,齿轮系可分为定轴齿轮系、周转齿轮系和混合齿轮系。

1. 定轴齿轮系

齿轮系运转时每一个齿轮的轴线保持固定不动，这种齿轮系称为定轴齿轮系。如图 13.2 所示。定轴齿轮系又可分为平面定轴齿轮系（如图 13.2（a）所示）和空间定轴齿轮系（如图 13.2（b）所示）。

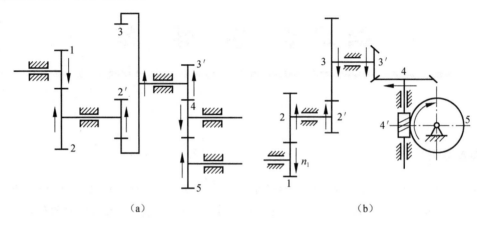

图 13.2 定轴齿轮系
(a) 平面定轴齿轮系；(b) 空间定轴齿轮系

2. 周转齿轮系

在齿轮系运转时，有一个或一个以上的齿轮的几何轴线绕某一固定的几何轴线转动，则该齿轮系称为周转齿轮系。图 13.3 所示的齿轮系在运转时，齿轮 1 和齿轮 3 的几何轴线的位置固定不变，而齿轮 2 的几何轴线 O_2 的位置却在发生变化，它绕着齿轮 1 和齿轮 3 的固定几何轴线转动。齿轮 2 称为行星轮，H 称为行星架或系杆，齿轮 1、3 称为太阳轮。

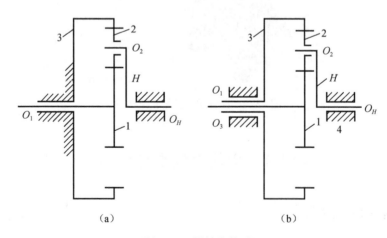

图 13.3 周轴齿轮系
(a) 行星齿轮系；(b) 差动齿轮系

根据周转齿轮系所具有的自由度不同，周转齿轮系可分为行星齿轮系和差动齿轮系两类。

1）行星齿轮系

只有一个自由度的周转齿轮系称为行星齿轮系。如图 13.3（a）所示。行星齿轮系也分为平面行星齿轮系和空间行星齿轮系两类，图 13.3（a）所示的行星齿轮系即为平面行星齿轮系。

2）差动齿轮系

有两个自由度的周转齿轮系称为差动齿轮系。其中心轮均不固定。如图 13.3（b）所示。

3. 混合齿轮系

在工程实际中，为了满足传动的功能要求，还常常采用既含有定轴齿轮系，又含有周转齿轮系的复杂齿轮系，如图 13.4 所示，通常把这种齿轮系称为混合齿轮系。

13.1.2 齿轮系的应用

齿轮系广泛应用于各种机械中，其功用主要有以下几方面。

1. 实现换向传动

在主动轴转向不变的情况下，利用惰轮可以改变从动轴的转向。图 13.5 所示车床上走刀丝杆的三星轮换向机构，扳动手柄可实现两种传动方案，图 13.5（a）所示为齿轮 4 使从动轴顺时针转动的情况，图 13.5（b）所示为齿轮 4 使从动轴逆时针转动的情况。

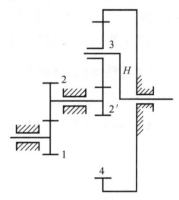

图 13.4 混合齿系

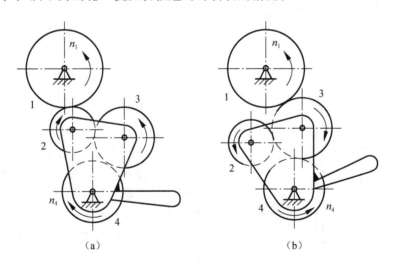

图 13.5 可变向的齿轮系

（a）齿轮 4 使从动轴顺时针转动的情况；（b）齿轮 4 使从动轴逆时针转动的情况

2. 实现变速传动

在主动轮转速不变的情况下，利用齿轮系可使从动轴获得多种工作转速。图 13.6 所示为汽车的变速箱，图中轴 Ⅰ 为动力输入轴，轴 Ⅱ 为输出轴，4、6 为滑移齿轮，A、B 为离合器，该变速箱可使输出轴得到四种转速。

变速箱处于第一挡时，齿轮5、6相啮合，而3、4和离合器A、B均脱离。

变速箱处于第二挡时，齿轮3、4相啮合，而5、6和离合器A、B均脱离。

变速箱处于第三挡时，离合器A、B相啮合，而齿轮3、4和5、6均脱离。

变速箱处于倒退挡时，齿轮6、8相啮合，而3、4和5、6以及离合器A、B均脱离，此时，由于惰轮8的作用，转出轴Ⅱ反转。

3. 实现分路传动

利用齿轮系可使一个主动轴带动若干个从动轴同时转动，将运动从不同的传动路线传动给执行机构，实现机构的分路传动。

图13.7所示为滚齿机上滚刀与轮坯之间作展成运动的传动简图，滚齿机上滚刀的转速$n_刀$与轮坯的转速$n_转$必须满足传动比关系$i_{刀坯}=\dfrac{n_刀}{n_坯}=\dfrac{z_坯}{z_刀}$。主动轴通过锥齿轮1经齿轮2将运动传给滚刀；同时主动轴又通过直齿轮3经齿轮4-5、6、7-8传至蜗轮9，带动被加工的轮坯转动，以满足滚刀与轮坯的传动比要求。

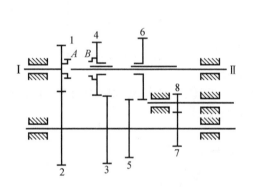

图13.6 汽车变速箱系

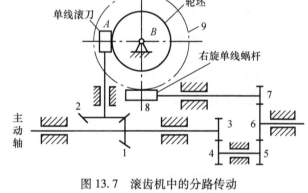

图13.7 滚齿机中的分路传动

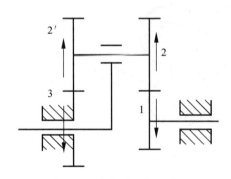

图13.8 大传动比行星轮系

4. 获得大的传动比

若想要用一对齿轮获得较大的传动比，则必然有一个齿轮要做得很大，这样会使机构的体积增大，同时小齿轮也容易损坏。如果采用多对齿轮组成的齿轮系则可以很容易就获得较大的传动比。只要适当选择齿轮系中各对啮合齿轮的齿数，即可得到所要求的传动比。在周转齿轮系中，用较少的齿轮即可获得很大的传动比，如图13.8所示。

5. 用于对运动进行合成与分解

在差动齿轮系中，当给定两个基本构件的运动后，第三个构件的运动是确定的。换而言之，第三个构件的运动是另外两个基本构件运动的合成。

同理，在差动齿轮系中，当给定一个基本构件的运动后，可根据附加条件按所需比例将该运动分解成另外两个基本构件的运动。

图 13.9 所示的汽车后桥差速器为分解运动的齿轮系，在汽车转弯时它将发动机传到齿轮 5 的运动以不同的速度分别传递给左右两个车轮，以维持车轮与地面间的纯滚动，避免车轮与地面间的滑动摩擦导致车轮过度磨损。齿轮 4、5 组成定轴轮系；齿轮 1、2、3、H 组成差动齿轮系，差速器就是混合轮系。

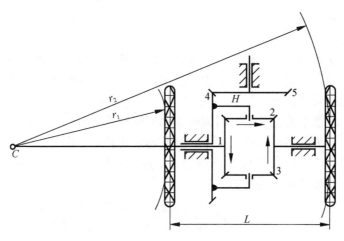

图 13.9 汽车后桥差速器

§13.2 齿轮系的传动比计算

13.2.1 定轴齿轮系的传动比计算

齿轮系的传动比是指齿轮系中输入轴的角速度 ω_A（或转速 n_A）与输出轴的角速度 ω_K（或转速 n_K）之比。即

$$i_{AK} = \frac{\omega_A}{\omega_K} = \frac{n_A}{n_K}$$

定轴齿轮系可分为平面定轴齿轮系和空间定轴齿轮系。

1. 平面定轴齿轮系的传动比计算

如图 13.2（a）所示的平面定轴齿轮系，设齿轮 1 为首齿轮，齿轮 5 为末齿轮，z_1、z_2、$z_{2'}$、z_3、$z_{3'}$、z_4、z_5 分别为各齿轮的齿数，ω_1、ω_2、$\omega_{2'}$、ω_3、$\omega_{3'}$、ω_4、ω_5 分别为各齿轮的角速度。该齿轮系的传动比 i_{15} 可由各对齿轮的传动比求出。

一对齿轮的传动比大小为其齿数的反比。若考虑转向关系，外啮合时两齿轮的转向相反，传动比取"-"号；内啮合时两齿轮的转向相同，传动比取"+"号，则各对齿轮的传动比为

$$i_{12} = \frac{\omega_1}{\omega_2} = -\frac{z_2}{z_1}, \quad i_{2'3} = \frac{\omega_{2'}}{\omega_3} = -\frac{z_3}{z_{2'}}$$

$$i_{3'4} = \frac{\omega_{3'}}{\omega_4} = -\frac{z_4}{z_{3'}}, \quad i_{45} = \frac{\omega_4}{\omega_5} = -\frac{z_5}{z_4}$$

其中，$\omega_2 = \omega_{2'}$，$\omega_3 = \omega_{3'}$。将以上各式两边连乘可得

$$i_{12} \cdot i_{2'3} \cdot i_{3'4} \cdot i_{45} = \frac{\omega_1 \omega_{2'} \omega_{3'} \omega_4}{\omega_2 \omega_3 \omega_4 \omega_5} = (-1)^3 \frac{z_2 z_3 z_4 z_5}{z_1 z_{2'} z_{3'} z_4}$$

所以 $i_{15} = \frac{\omega_1}{\omega_5} = i_{12} \cdot i_{2'3} \cdot i_{3'4} \cdot i_{45} = \frac{\omega_1 \omega_{2'} \omega_{3'} \omega_4}{\omega_2 \omega_3 \omega_4 \omega_5} = (-1)^3 \frac{z_2 z_3 z_4 z_5}{z_1 z_{2'} z_{3'} z_4}$

$$= (-1)^3 \frac{z_2 z_3 z_5}{z_1 z_{2'} z_{3'}}$$

上式表明，平面定轴齿轮系的传动比等于组成齿轮系的各对齿轮传动比的乘积，也等于从动轮齿数的连乘积与主动轮齿数的连乘积之比。首末两齿轮转向相同还是相反，取决于齿轮系中外啮合齿轮的对数。

此外，在该齿轮系中齿轮4同时与齿轮3′和末齿轮5啮合，其齿数可在上述计算式中消去，即齿轮4不影响齿轮系传动比的大小，只起到改变转向的作用，该齿轮称为惰轮。

将上述计算式推广，若以A表示首齿轮，K表示末齿轮，m表示圆柱齿轮外啮合的对数，则平面定轴齿轮系传动比的计算式为

$$i_{AK} = \frac{\omega_A}{\omega_K} = (-1)^m \frac{\text{各对齿轮从动轮齿数的连乘积}}{\text{各对齿轮主动轮齿数的连乘积}} \quad (13-1)$$

首、末两齿轮转向用$(-1)^m$来判别。i_{AK}为负号时，说明首、末齿轮转向相反；i_{AK}为正号时则转向相同。

2. 空间定轴齿轮系传动比的计算

一对空间齿轮传动比的大小也与两齿轮齿数成反比，故也可用式（13-1）来计算空间齿轮系传动比的大小。但由于各齿轮轴线不都互相平行，所以不能用$(-1)^m$来确定首末齿轮的转向，而要采用在图上画箭头的方向来确定，如图13.2（b）所示。

例13.1 在图13.10所示的车床溜板箱进给刻度盘轮系中，运动由齿轮1输入，由齿轮5输出，各齿轮的齿数为$z_1 = 18$，$z_2 = 87$，$z_3 = 28$，$z_4 = 20$，$z_5 = 84$。试计算传动比i_{15}。

解：该轮系为平面定轴轮系，所以有

$$i_{15} = \frac{n_1}{n_5} = (-1)^2 \frac{z_2 z_4 z_5}{z_1 z_3 z_4} = (-1)^2 \frac{87 \times 84}{18 \times 28} = 14.5$$

13.2.2 周转齿轮系的传动比计算

如图13.11（a）所示的周转齿轮系，由于其行星轮的运动不是绕固定轴线转动，所以其传动比的计算不能直接应用定轴轮系的公式。目前应用最普遍的方法是相对速度法（或称反转法），这种方法是假设给整个周转齿轮系加上一个与行星架H的转速ω_H大小相等、方向相反的公共转速"$-\omega_H$"，则行星架H可视为静止不动，而各构件间的相对运动关系不发生改变。因此，原来的行星轮系就可视为定轴轮系，这样的定轴轮系为原周转轮系的转化机构，如图13.11（b）所示。现将所有构件转化前后的转速列表如表13.1所示。

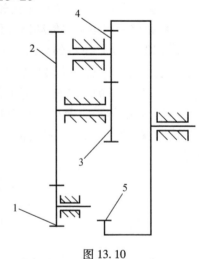

图13.10

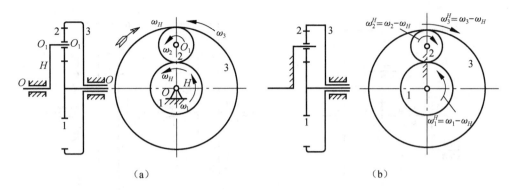

图 13.11 相对速度法
(a) 周转轮系；(b) 转化机构

表 13.1 转化前后轮系中各构件的转速

构件	原来的转速	转化后的转速	构件	原来的转速	转化后的转速
中心轮 1	ω_1	$\omega_1^H=\omega_1-\omega_H$	行星架 H	ω_H	$\omega_H^H=\omega_H-\omega_H=0$
行星轮 2	ω_2	$\omega_2^H=\omega_2-\omega_H$	机架 4	ω_4	$\omega_4^H=\omega_4-\omega_H$
中心轮 3	ω_3	$\omega_3^H=\omega_3-\omega_H$			

转化轮系中两轮的传动比可以根据定轴轮系传动比的计算方法得出。

$$i_{13}^H=\frac{\omega_1^H}{\omega_3^H}=\frac{\omega_1-\omega_H}{\omega_3-\omega_H}=(-1)^1\frac{z_2 z_3}{z_1 z_2}=-\frac{z_3}{z_1}$$

式中，i_{13}^H 表示转化后定轴轮系的传动比，即齿轮 1 与齿轮 3 相对于行星架 H 的传动比。将上式推广到一般情况，可得在周转齿轮系中，轴线与主轴线平行或重合的两轮 A、K 的传动比为

$$i_{AK}^H=\frac{\omega_A-\omega_H}{\omega_K-\omega_H}=\pm\frac{A \text{ 与 } K \text{ 之间所有从动轮齿数的连乘积}}{A \text{ 与 } K \text{ 之间所有主动轮齿数的连乘积}} \tag{13-2}$$

在使用上式时应特别注意：
(1) 转速 ω_A、ω_K、ω_H 是代数量，代入公式时必须将正、负号一起代入。
(2) 公式右边齿数连乘积之比的正负号按转化轮系中轮 A、轮 K 的转向关系确定。
(3) 待求构件的实际转向由计算结果的正负号确定。

例 13.2 如图 13.11 (a) 所示的周转轮系中，已知 $z_1=40$、$z_2=60$、$z_3=80$，试求 i_{13}^H。

解：

$$i_{13}^H=\frac{\omega_1^H}{\omega_3^H}=\frac{\omega_1-\omega_H}{\omega_3-\omega_H}=(-1)^1\frac{z_2 z_3}{z_1 z_2}=-\frac{z_3}{z_1}=-\frac{80}{40}=-2$$

13.2.3 混合齿轮系的传动比计算

如果齿轮系中既包含定轴齿轮系，又包含周转齿轮系，则称为混合齿轮系，如图 13.12 所示。图 13.12 (a) 为定轴轮系和行星轮系组合的混合齿轮系，图 13.12 (b) 为两行星轮系组合的混合齿轮系。

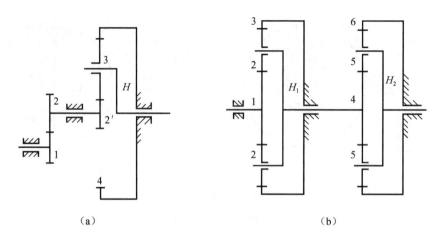

图 13.12 混合齿轮系
(a) 定轴轮系和行星轮系组合；(b) 两行星轮系组合

计算混合齿轮系的传动比时，不能将整个齿轮系单纯地按求定轴齿轮系或周转齿轮系传动比的方法来计算，而应将混合齿轮系中的定轴齿轮系和周转齿轮系区别开，分别列出它们的传动比计算公式，最后联立求解。

分析混合齿轮系的关键是先找出周转齿轮系。方法是先找出行星轮与行星架，再找出与行星轮相啮合的太阳轮。行星轮、太阳轮、行星架构成一个周转齿轮系。找出所有的周转齿轮系后，剩下的就是定轴齿轮系。

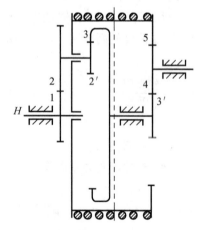

图 13.13 电动卷扬机的减速器

例 13.3 图 13.13 所示为电动卷扬机的减速器。已知各齿轮齿数为 $z_1=24$，$z_2=48$，$z_3=90$，$z_{3'}=20$，$z_{2'}=z_4=30$，$z_5=80$。试求传动比 i_{1H}。

解 该混合齿轮系由两个齿轮系组成。齿轮 1、2、2'、3、系杆 H 组成差动齿轮系；齿轮 3'、4、5 组成定轴齿轮系，其中 $\omega_H=\omega_5$，$\omega_3=\omega_{3'}$。

对于定轴齿轮系，
$$i_{3'5}=\frac{\omega_{3'}}{\omega_5}=-\frac{z_5}{z_{3'}}$$
$$=-\frac{80}{20}=-4 \qquad (a)$$

对于差动齿轮系，根据式 (7.2) 得

$$i_{13}^H=\frac{\omega_1^H}{\omega_3^H}=\frac{\omega_1-\omega_H}{\omega_3-\omega_H}=(-1)^1\frac{z_2 z_3}{z_1 z_{2'}}=-\frac{48\times 90}{24\times 30}=-6 \qquad (b)$$

联立方程式 (a)、(b) 和 $\omega_H=\omega_5$，$\omega_3=\omega_{3'}$ 得

$$i_{1H}=\frac{\omega_1}{\omega_H}=31$$

i_{1H} 为正值，说明齿轮 1 与构件 H 转向相同。

思考与练习

1. 定轴齿轮系与行星齿轮系的主要区别是什么？
2. 如何计算定轴齿轮系的传动比？
3. 如何计算行星齿轮系的传动比？怎么样确定它们的方向？
4. 如何计算混合轮系的传动比？怎么样确定它们的方向？
5. 如图 13.14 所示的齿轮系中，已知 $z_1=z_2=z_{3'}=z_4=20$，齿轮 1、3、3′和 5 同轴线，各齿轮均为标准齿轮。若已知轮 1 的转速 $n_1=1\,440\ r/min$，求轮 5 的转速。
6. 如图 13.15 所示齿轮系中，已知各齿轮齿数为 $z_1=100$，$z_2=101$，$z_{2'}=100$，$z_3=99$，试求传动比 i_{H1}。

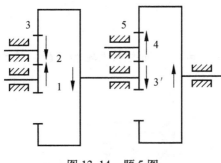

图 13.14　题 5 图

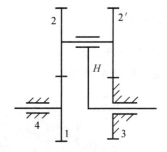

图 13.15　题 6 图

第 14 章 轴

 导入案例

如图 14.1 所示，该机构中齿轮及带轮作回转运动，轴支承齿轮和带轮，将齿轮的转矩及运动传递给带轮或将带轮的转矩和运动传递给齿轮。

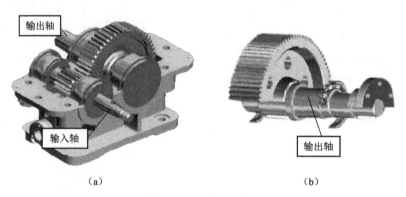

图 14.1 减速器轴

§14.1 轴的类型、材料

14.1.1 轴的类型

轴是组成机器的重要零件之一，其作用是支承回转零件（如齿轮、带轮、电动机转子等），并传递运动和转矩。

轴的类型很多，按轴所受载荷的性质不同，轴可分为转轴（如图 14.2 所示）、心轴（如图 14.3 和图 14.4 所示）和传动轴（如图 14.5 所示）等。

图 14.2 所示的转轴是减速器转轴，它同时承受转矩和弯矩的作用，是机器中最常见的轴。

心轴是工作时只承受弯矩而不传递转矩的轴，它可分为转动心轴（如图 14.3 所示）和固定心轴（如图 14.4 所示）。转动心轴在工作中随零件一同转动，而固定心轴则不随零件一同转动。

如图 14.5 所示的传动轴是汽车中连接变速箱与后桥差速器之间的传动轴。这类轴主要用来传递矩，不受弯矩或受很小弯矩的作用。

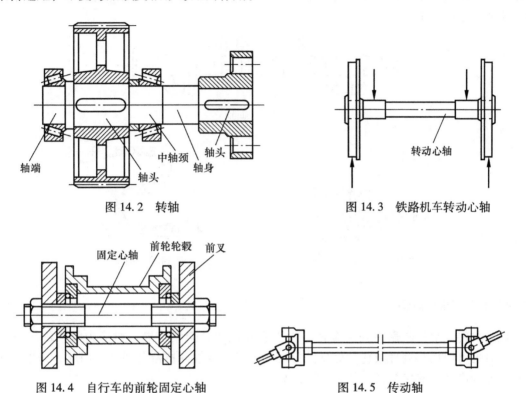

图 14.2　转轴

图 14.3　铁路机车转动心轴

图 14.4　自行车的前轮固定心轴

图 14.5　传动轴

按轴的轴线形状的不同，轴又可分为直轴（如图 14.6 所示）、曲轴（如图 14.7 所示）和挠性轴（如图 14.8 和图 14.9 所示）。直轴根据外形的不同，又可分为光轴（如图 14.6（a）所示）和阶梯轴（如图 14.6（b）所示）两种。光轴形状简单，加工容易，应力集中源少，但轴上的零件不易装配及定位；阶梯轴则正好与光轴相反。因此，光轴主要用于传动轴，阶梯轴则常用于转动轴。曲轴是活塞式动力机械及一些专门设备中的专用零件，它可以与其他零件组合成曲柄滑块机构，并将旋转运动转换为往复直线运动，或做相反的运动转换。直轴

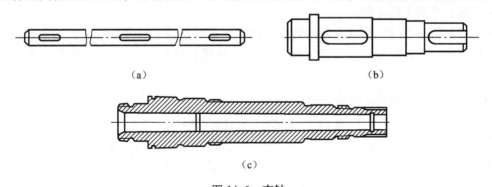

图 14.6　直轴

(a) 光轴；(b) 阶梯轴；(c) 空心直轴

一般都制成实心的，在有些机器结构的要求而需在轴中装设其他零件或者减轻轴的重量时，则将直轴制成空心的（如图 14.6（c）所示），空心轴内径与外径的比值通常为 0.5~0.6，以保证轴的刚度及扭转稳定性。挠性轴可以把转矩和旋转运动灵活地传到任何位置，常用于振捣器和医疗设备中。

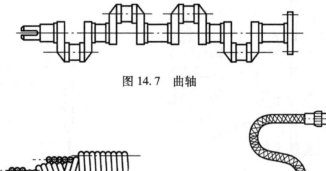

图 14.7 曲轴

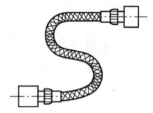

图 14.8 挠性钢丝轴　　　　图 14.9 钢丝软轴

14.1.2 轴的材料

轴的材料主要是碳素钢和合金钢。由于碳素钢比合金钢价廉，对应力集中的敏感性较低，同时也可以用热处理或化学处理的办法提高其耐磨性和抗疲劳强度，因此，采用碳素钢制造轴尤为广泛，其中最常用的是 45 号钢。

合金钢比碳素钢具有更高的机械性能和更好的淬火性能。因此，在传递大动力，并要求减小尺寸与重量，提高轴颈的耐磨性，以及处于高温或低温条件下工作的轴，常采用 40Cr、20Cr、35SiMn 等合金钢。

必须指出：在一般工作温度下（低于 200 ℃），各种碳素钢和合金钢的弹性模数均相差不多，因此，在选择钢的种类和决定钢的热处理方法时，所根据的是强度与耐磨性，而不是轴的弯曲或扭转刚度。但也应当注意，在既定条件下，有时也可选择强度较低的钢材，而用适当增大轴的剖面面积的办法来提高轴的刚度。各种热处理以及表面强化处理对提高轴的抗疲劳强度都有着显著的效果。

轴有时也可采用球墨铸铁或铸钢铸造，高强度球墨铸铁容易做成复杂的形状，且具有价廉、良好的吸振性和耐磨性，以及对应力集中的敏感性较低等优点，可用于制造外形复杂的轴。

轴的常用材料及其机械性能见表 14.1。

表 14.1　轴的常用材料及其机械性能

材料牌号	热处理	硬度 HBW	毛坯直径 d/mm	抗拉强度极限 σ_B/MPa	屈服极限 σ_s/MPa	弯曲疲劳极限 σ_{-1}/MPa	应用说明
Q235			≤20	440	235	200	用于受载荷较小或不重要的轴
Q275			≤40	580	275	230	

续表

材料牌号	热处理	硬度 HBW	毛坯直径 d/mm	抗拉强度极限 σ_B/MPa	屈服极限 σ_s/MPa	弯曲疲劳极限 σ_{-1}/MPa	应用说明
35	正火	143~187	≤100	530	315	210	用于一般的轴
45	正火	170~217	≤100	600	355	275	用于强度高、韧性中等的轴，应用最广
45	调质	217~255	≤200	650	360	300	用于强度高、韧性中等的轴，应用最广
35SiMn	调质	229~286	≤100	785	510	350	可代替40Cr，用于中、小型轴
42SiMn	调质	241~286	>100~300	736	441	318	可代替40Cr，用于中、小型轴
40CrMnMo	调质	217~269	≤100	736	580	358	用于重要的轴
40CrMnMo	调质	217~269	>100~300	686	539	331	用于重要的轴
20Cr	渗碳 淬火 调质	表面56~62HRC	≤60	650	400	280	用于要求强度高、韧性好、耐磨性好的轴
40Cr	调质	241~286	≤100	736	539	344	用于载荷较大而无很大冲击的重要轴
QT400-15		156~197		400	380	180	用于制造形状复杂的轴
QT600-3		197~269		600	420	215	用于制造形状复杂的轴

14.1.3 轴的一般设计步骤

一般轴的设计方法有类比法和设计计算法两种。

1. 类比法

这种方法是根据轴的工作条件，选择与其相似的轴进行类比及结构设计，画出轴的零件图。用类比法设计轴一般不进行强度计算。由于完全依靠现有资料及设计者的经验进行轴的设计，设计结果比较可靠、稳妥，同时又可加快设计进程，因此，类比法较为常用，但有时这种方法会带有一定的盲目性。

2. 计算法

用计算法设计轴的一般步骤为：

（1）根据轴的工作条件选择材料，确定许用应力。

（2）按扭转强度估算出轴的最小直径。

（3）设计轴的结构，制出轴的结构草图。具体内容包括以下几点：

① 根据工作要求确定轴上零件的位置和固定方式；

② 确定各轴段的直径；

③ 确定各轴段的长度；

④ 根据有关设计手册确定轴的结构细节，如圆角、倒角、退刀槽等的尺寸。

（4）按弯扭合成进行轴的强度校核。一般在轴上选取2~3个危险截面进行强度校核。若危险截面强度不够或强度太大，则必须重新修改轴的结构。

（5）修改轴的结构后再进行校核计算。这样反复交替地进行，直至设计出较为合理的轴的结构。

(6) 绘制轴的零件图。

§14.2 轴的结构设计

图 14.10 所示为圆柱齿轮减速器的低速轴，它是转轴，主要由轴颈、轴头、轴肩、轴环、轴端和不装任何零件的轴段等组成。轴与轴承配合的轴段称为轴颈。安装轮毂等零件的轴段称为轴头。轴头与轴颈间的轴段称为轴身。

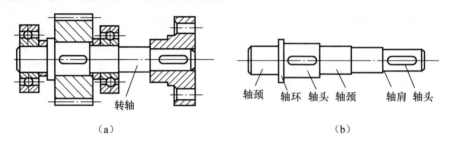

图 14.10　圆柱齿轮减速器的低速轴
(a) 轴系组件；(b) 轴的结构

轴的结构设计就是要确定轴的形状和尺寸。由于影响轴结构的因素有很多，如轴上作用力的大小和分布情况、轴上零件的布置及固定方式、轴承的类型及尺寸、轴的加工及装配的工艺性等。所以轴的结构必须根据具体情况设计出合理的结构。

14.2.1　拟定轴上零件的装配方案

轴上零件的装配方案不同，则轴的结构形状也不相同。在满足设计要求的情况下，轴的结构应力求简单。

拟定轴上零件的装配方案时，首先要确定轴上主要零件的相对位置，如图 14.11 (a)、图 14.11 (b) 所示。再拟定几种不同的装配方案，画出轴上零件的布置图，以便进行分析对比与选择。如图 14.11 (c) 所示为圆柱齿轮减速器低速轴（输出轴）的结构形式，即为装配方案之一。按此方案装配时，圆柱齿轮、套筒、左端轴承及轴承端盖和联轴器依次由轴的左端装配。而如图 14.11 (d) 所示为圆柱齿轮减速器的低速轴（输出轴）的另一种装配方案，按此方案装配时，短套筒、左端轴承及轴承端盖和联轴器依次由轴的左端装配，而圆柱齿轮、长套筒和右端轴承则从轴的右端装配。从这两个方案来比较，后者较前者增加了一个长套筒，使机器的零件增多，且重量增大，所以相比之下，如图 14.11 (c) 的方案较为合理。

14.2.3　确定各零件的定位方案

1. 确定各零件的轴向定位方案

轴上各零件的轴向定位是以轴肩、套筒、轴承端盖和轴端挡圈等（如图 14.11 (c) 所示）来保证的。

轴肩分为定位轴肩和非定位轴肩两类。利用轴肩定位是最方便可靠的方法。但采用轴肩

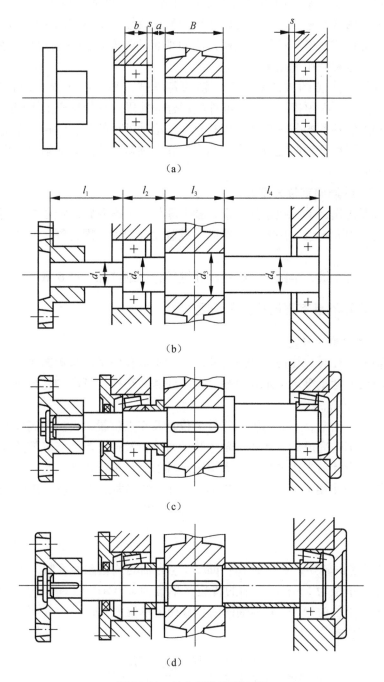

图 14.11 轴上零件装配方案

(a) 轴上主要零件的相对位置;(b) 轴的各段直径和长度;(c) 各零件依次由轴的
左端装配的形式;(d) 一部分零件由轴的左端装配,另一部分从轴的右端装配的形式

就必然要使轴的直径加大,并且轴肩处将因剖面的突变而引起应力集中;同时,轴肩过多也将不利于加工。因此,定位轴肩多在轴向力较大,并且不致过多地增加轴的阶梯数的情况下采用,定位轴肩的高度 h 一般取为 $(2\sim3)C$,至于非定位轴肩的高度一般取为 $1.5\sim2$ mm。

采用套筒定位，既能避免因用轴肩而使轴径增大，又可减少应力集中。但若套筒过长时，又会增大材料用量及重量，且因套筒与轴的配合较松，也不宜用于高速旋转之处。

轴承端盖用螺钉或榫槽与箱体连接而使滚动轴承的外圈得到轴向定位。在一般情况下，整个轴的轴向定位也常利用端盖来实现。

在轴上零件轴向定位的方法确定后，轴的各段直径和长度才得以最后确定下来（如图14.11（c）所示）。必须指出，与标准件相配合的轴段的直径均应采用相应的标准值。例如与滚动轴承相配的轴颈的公称直径，应符合标准滚动轴承的公称内径。在确定轴的各段长度时应当注意，为了保证轴向定位可靠，与齿轮和联轴器相配部分的轴段长度一般应比毂长略短约短2~3 mm。

2. 确定各零件的周向定位方案

为了满足机器传递运动和扭矩的要求，轴上零件除了需要轴向定位外，还必须有可靠的周向定位。常用的周向定位方法有键、花键、过盈配合和紧定螺钉等。但紧定螺钉只用在传力不大之处。

常用的键连接有平键、半圆键、楔键和花键等，详细情况见第6章。

14.2.4　确定轴的基本直径和各段长度

1. 确定轴的最小直径 $d_{\min}$

初步确定轴的直径时，往往不知道支座反力，不能具体确定弯矩的大小与分布情况，因而还不能按轴所受的弯矩等来确定其直径，但应注意，这样计算出的直径只能作为受转矩的那一段轴的最小直径 $d_{\min}$。

开始设计轴时，通常还不知道轴承零件的位置及支点位置，无法确定轴的受力情况，只有到轴的结构设计基本完成后，才能对轴进行受力分析及强度、刚度等校核计算。因此，一般在进行轴的结构设计前先按纯扭转受力情况对轴的直径进行估算。

设轴在转矩 T 的作用下，产生剪切应力 τ。对于圆截面的实心轴，其扭转强度条件为

$$\tau = \frac{T}{W_T} = \frac{9.55 \times 10^6 P}{0.2 d^3 n} \leqslant [\tau] \tag{14-1}$$

式中，T 为轴所传递的转矩，单位为 N·mm；W_T 为轴的抗扭截面系数，单位为 mm³；P 为轴所传递的功率，单位为 kW；n 为轴的转速，单位为 r/min；τ、$[\tau]$ 分别为轴的剪切应力、许用剪应力，单位为 MPa；d 为轴的估算直径，单位为 mm。

轴的直径计算公式为

$$d \geqslant \sqrt[3]{\frac{T}{0.2[\tau]}} = \sqrt[3]{\frac{9.55 \times 10^6 P}{0.2[\tau] n}} = C \sqrt[3]{\frac{P}{n}} \tag{14-2}$$

常用材料的 $[\tau]$ 值、C 值可查表14.2。$[\tau]$ 值、C 值的大小与轴的材料及受载情况有关。当作用在轴上的弯矩比转矩小，或轴只受转矩时，$[\tau]$ 值取较大值，C 值取较小值，否则相反。

由式（14-2）求出的直径值需圆整成标准直径，并作为轴的最小直径。如轴上有一个键槽，可将算得的最小直径增大3%~5%，如有两个键槽可增大7%~10%。

表 14.2 常用材料的 $[\tau]$ 和 C 值

轴的材料	Q235，20	35	45	40Cr，35SiMn
$[\tau]$/MPa	12~20	20~30	30~40	40~52
C	160~135	135~118	118~107	107~98

2. 确定轴的其他各段的直径及长度

由式（14-2）初步确定轴的最小直径 $d_{\min}$ 后，就可按所拟定的装配方案，从 $d_{\min}$ 处起逐一确定各段轴的直径及长度（如图 14.11（b）所示）。轴的各段长度主要是根据各零件与轴配合部分的轴向尺寸（或者考虑安装零件的位移以及留有适当的调整间隙等）而定出来的。如 $l_2 = b + s + a$（此处 b 为轴承宽度），$l_3 = B$（B 为齿轮宽度），而 l_1 则应根据联轴器的毂长，并考虑到轴承部件的设计要求及轴承端盖和联轴器的装拆要求等来定出。

14.2.5 轴的结构工艺性

为了改善轴的抗疲劳强度，减小轴在剖面突变处的应力集中，应适当增大其过渡圆角半径 r（如图 14.12 所示），不过同时还要使零件能得到可靠的定位，所以过渡圆角半径又必须小于与之相配的零件的圆角半径 R 或倒角尺寸 C（如图 14.12（a）所示）。当与轴相配的零件必须采用很小的圆角半径，而又要减小轴肩处的应力集中时，可采用内凹圆角（如图 14.12（b）所示）或加装膈离环（如图 14.12（c）所示）的结构形式。此外，轴上各处的圆角半径还应尽可能统一。

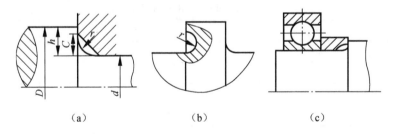

图 14.12 减小应力集中的措施
（a）轴上过渡圆角半径；（b）轴上内凹圆角；（c）在轴上加装隔离环

为了便于装配零件，并去掉毛刺，轴端应制出 45° 的倒角。当轴的某段需磨削加工或有螺纹时，需留出砂轮越程槽或退刀槽。它们的尺寸可参考有关标准或手册。

当轴上有两个以上的键槽时，槽宽应尽可能统一，并置于同一直线上，以便加工。

§14.3 轴的强度计算

14.3.1 按扭转强度条件计算

轴的扭转强度可按公式（14-1）进行。

14.3.2 按弯扭合成强度计算

完成轴的结构设计后,作用在轴上外载荷(转矩和弯矩)的大小、方向、作用点、载荷种类及支点反力等就已确定,可按弯扭合成的理论进行轴危险截面的强度校核。

进行强度计算时通常把轴当作置于铰链支座上的梁,作用于轴上零件的力作为集中力,其作用点取为零件轮毂宽度的中点。支点反力的作用点一般可近似地取在轴承宽度的中点上。具体的计算步骤如下:

(1) 画出轴的空间力系图。将轴上作用力分解为水平面分力和垂直面分力,并求出水平面和垂直面上的支点反力。

(2) 分别作出水平面上的弯矩(M_H)图和垂直面上的弯矩(M_V)图。

(3) 计算出合成弯矩 $M=\sqrt{M_H^2+M_V^2}$,绘出合成弯矩图。

(4) 作出转矩(T)图。

(5) 计算当量弯矩 $M_e=\sqrt{M^2+(\alpha T)^2}$,绘出当量弯矩图。

上式中 α 为考虑弯曲应力与扭转剪切应力循环特性的不同而引入的修正系数。通常弯曲应力为对称循环变化应力,而扭转剪切应力随工作情况的变化而变化。对于不变转矩取 $\alpha=\dfrac{[\sigma_{-1b}]}{[\sigma_{+1b}]}\approx 0.3$;对于脉动循环转矩取 $\alpha=\dfrac{[\sigma_{-1b}]}{[\sigma_{0b}]}\approx 0.6$;对于对称循环转矩 $\alpha=1$。其中 $[\sigma_{-1b}]$、$[\sigma_{0b}]$、$[\sigma_{+1b}]$ 分别为对称循环、脉动循环及静应力状态下的许用弯曲应力,其值见表 14.3。

表 14.3 轴的许用弯曲应力   MPa

材　料	σ_B	$[\sigma_{+1b}]$	$[\sigma_{0b}]$	$[\sigma_{-1b}]$
碳素钢	400	130	70	40
	500	170	75	45
	600	200	95	55
	700	230	110	65
合金钢	800	270	130	75
	900	300	140	80
	1 000	330	150	90
铸钢	400	100	50	30
	500	120	70	40

对正反转频繁的轴,可将转矩看成是对称循环变化的。当不能确切知道载荷的性质时,一般轴的转矩可按脉动循环处理。

(6) 校核危险截面的强度。根据当量弯矩图找出危险截面,进行轴的强度校核,其公式如下

$$\sigma_e=\frac{M_e}{W}=\frac{\sqrt{M^2+(\alpha T)^2}}{0.1d^3}\leqslant [\sigma_{-1b}] \tag{14-3}$$

式中,W 为轴的抗弯截面系数,单位为 mm^3;M 为合成弯矩,T 为轴所传递的转矩,M_e 为

当量弯矩，M、T、M_e 的单位均为 N·mm；d 的单位为 mm；σ_e 为当量弯曲应力，单位为 MPa。

14.3.3 轴的弯曲刚度校核计算

轴受载荷的作用后会发生弯曲、扭转变形，如变形过大会影响轴上零件的正常工作，例如装有齿轮的轴，如果变形过大使啮合状态恶化。因此，对于有刚度要求的轴必须要进行轴的刚度校核计算。轴的刚度有弯曲刚度和扭转刚度两种，下面分别讨论这两种刚度的计算方法。

1. 轴的弯曲刚度校核计算

应用材料力学的计算公式和方法算出轴的挠度 y 或偏转角 θ，并使其满足下式

$$y \leqslant [y] \tag{14-4}$$

$$\theta \leqslant [\theta] \tag{14-5}$$

式中，$[y]$、$[\theta]$ 分别为许用挠度和许用转角，其值列于表 14.4 中。

表 14.4 轴的许用变形量

变形种类	度量参数	应用场合	变形许用值	说 明
弯曲变形	挠度 y	一般用途的轴	$[y] = (0.0003 \sim 0.0005)L$	L—支承间跨距 δ—电动机定子与转子间的气隙 m_n—齿轮法向模数 m_s—蜗轮端面模数
		刚度要求较高的轴	$[y] = 0.0002L$	
		安装齿轮的轴	$[y] = (0.01 \sim 0.03)m_n$	
		安装蜗轮的轴	$[y] = (0.02 \sim 0.05)m_s$	
		感应电动机的轴	$[y] \leqslant 0.1\delta$	
	偏转角 θ	滑动轴承处	$[\theta] = 0.001$ rad	
		深沟球轴承处	$[\theta] = 0.005$ rad	
		调心球轴承处	$[\theta] = 0.05$ rad	
		圆柱滚子轴承处	$[\theta] = 0.0025$ rad	
		圆锥滚子轴承处	$[\theta] = 0.0016$ rad	
		安装齿轮处	$[\theta] = (0.001 \sim 0.002)$ rad	
扭转变形	扭转角 φ	一般轴	$[\varphi] = 0.5° \sim 1°/m$	
		精密传动轴	$[\varphi] = 0.25° \sim 0.5°/m$	
		精度要求不高的传动轴	$[\varphi] \geqslant 1°/m$	
		重型机床走刀轴	$[\varphi] = 5'/m$	
		起重机传动轴	$[\varphi] = 15' \sim 20'/m$	

2. 轴的扭转刚度校核计算

应用材料力学的计算公式和方法算出轴每米长的扭转角 φ，并使其满足下式

$$\varphi \leqslant [\varphi] \tag{14-6}$$

式中，$[\varphi]$ 为轴每米长的许用扭转角。一般传动的 $[\varphi]$ 值列于表 14.4 中。

例 14.1 设计图 14.13 所示的单级圆柱齿轮减速器的从动轴。已知传递功率 $P = 8$ kW，从动齿轮的转速 $n = 280$ r/min，分度圆直径 $d = 265$ mm，圆周力 $F_t = 2059$ N，径向力 $F_r = $

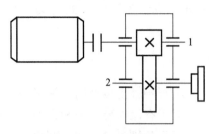

图 14.13 单级圆柱齿轮减速器简图

763.8 N，轴向力 F_a = 405.7 N。齿轮轮毂宽度为 60 mm，工作时单向运转，轴承为深沟球轴承。

解：

1. 选择轴的材料，确定许用应力

由已知条件知减速器传递的功率属于小功率，对材料无特殊要求，故选用 45 钢并经调质处理。由表 14.1 查得强度极限 σ_B = 650 MPa，再由表 14.3 得许用弯曲应力 $[\sigma_{-1b}]$ = 60 MPa。

2. 按扭转强度估算轴径

根据表 14.2 得 C = 118~107。又由式（14.2）得

$$d \geqslant C\sqrt[3]{\frac{P}{n}} = (107 \sim 118) \times \sqrt[3]{\frac{8}{280}} = 32.7 \sim 36.1 \text{ (mm)}$$

考虑现轴的最小直径处要安装联轴器，会有键槽存在，故将估算直径加大 3%~5%，取为 33.68~37.91 mm。由设计手册取标准直径 d_1 = 35 mm。

3. 设计轴的结构并绘制结构草图

由于设计的是单级减速器，可将齿轮布置在箱体内部中央，将轴承对称安装在齿轮两侧，轴的外伸端安装半联轴器。

1）确定轴上零件的位置和固定方式

要确定轴的结构形状，必须先确定轴上零件的装拆顺序和固定方式。确定齿轮从轴的右端装入，齿轮的左端用轴肩定位，右端用套筒固定，这样齿轮在轴上的轴向位置被完全确定。齿轮的周向固定采用平键连接。轴承对称安装于齿轮的两侧，其轴向用轴肩固定，周向采用过盈配合固定。

2）确定各轴段的直径

如图 14.14（a）所示，轴段①（外伸端）直径最小，d_1 = 35 mm；考虑到要对安装在轴段①上的联轴器进行定位，轴段②上应有轴肩，同时为能很顺利地在轴段②上安装轴承，轴段②必须满足轴承内径的标准，故取轴段②的直径 d_2 为 40 mm；用相同的方法确定轴段③、④的直径 d_3 = 45 mm、d_4 = 55 mm；为了便于拆卸左轴承，可查出 6 208 型滚动轴承的安装高度为 3.5 mm，取 d_5 = 47 mm。

3）确定各轴段的长度

齿轮轮毂宽度为 60 mm，为了保证齿轮固定可靠，轴段③的长度应略短于齿轮轮毂宽度，取 58 mm；为保证齿轮端面与箱体内壁间应留有一定的间隙，取间距为 15 mm；为保证轴承安装在箱体轴承孔中（轴承宽度为 18 mm），并考虑轴承的润滑，取轴承端面距箱体内壁的距离为 5 mm，所以轴段④的长度取为 20 mm，轴承支点距离 l = 118 mm；根据箱体结构及联轴器距轴承盖要有一定距离的要求，取 l' = 75 mm，查阅有关的有关机械设计手册，取 l'' 为 70 mm；在轴段①、③上分别加工出键槽，使两键槽处于轴的同一圆柱母线上，键槽的长度比相应的轮毂宽度小于 5~10 mm，键槽的宽度按轴段直径查手册得到。

4）选定轴的结构细节（如圆角、倒角、退刀槽等的尺寸）

按设计结果画出轴的结构草图（如图 14.14（a）所示）。

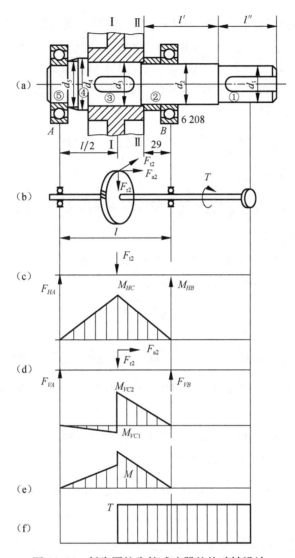

图 14.14　斜齿圆柱齿轮减速器的从动轴设计
（a）轴的结构草图；（b）轴的受力图；（c）轴的水平面内的弯矩图；
（d）轴的垂直面内的弯矩图；（e）轴的合成弯矩图；（f）轴的转矩图

4. 按弯扭合成强度校核轴径

（1）画出轴的受力图（如图 14.14（b）所示）；

（2）作水平面内的弯矩图（如图 14.14（c）所示）。支点反力为

$$F_{HA} = F_{HB} = \frac{F_{t2}}{2} = \frac{2\,059}{2} = 1\,030\ （N）$$

Ⅰ—Ⅰ 截面处的弯矩为

$$M_{H\text{Ⅰ}} = 1\,030 \times \frac{118}{2} = 60\,770\ （N \cdot mm）$$

Ⅱ—Ⅱ 截面处的弯矩为

$$M_{H\text{Ⅱ}} = 1\,030 \times 29 = 29\,870\ （N \cdot mm）$$

(3) 作垂直面内的弯矩图（如图14.14（d）所示），支点反力为

$$F_{VA} = \frac{F_{r2}}{2} - \frac{F_{a2} \cdot d}{2l} = \left(\frac{763.8}{2} - \frac{405.7 \times 265}{2 \times 118}\right) = -73.65(\text{N})$$

$$F_{VB} = F_{r2} - F_{VA} = 763.8 - (-73.65) = 837.5(\text{N})$$

Ⅰ—Ⅰ截面左侧弯矩为

$$M_{VⅠ左} = \frac{l}{2} F_{VA} = \frac{118}{2} \times (-73.65) = -4\,345 \ (\text{N} \cdot \text{mm})$$

Ⅰ—Ⅰ截面右侧弯矩为

$$M_{VⅠ右} = \frac{l}{2} F_{VB} = \frac{118}{2} \times 837.5 = 49\,410 \ (\text{N} \cdot \text{mm})$$

Ⅱ—Ⅱ截面处的弯矩为

$$M_{VⅡ} = 29 F_{VB} = 29 \times 837.5 = 24\,287.5 \ (\text{N} \cdot \text{mm})$$

(4) 作合成弯矩图（如图14.14（e）所示）。

$$M = \sqrt{M_H^2 + M_V^2}$$

Ⅰ—Ⅰ截面：

$$M_{Ⅰ左} = \sqrt{M_{VⅠ左}^2 + M_{HⅠ}^2} = \sqrt{(-4\,345)^2 + (60\,770)^2} = 60\,925(\text{N} \cdot \text{mm})$$

$$M_{Ⅰ右} = \sqrt{M_{VⅠ右}^2 + M_{HⅠ}^2} = \sqrt{49\,410^2 + 60\,770^2} = 78\,320(\text{N} \cdot \text{mm})$$

Ⅱ—Ⅱ截面：

$$M_Ⅱ = \sqrt{M_{VⅡ}^2 + M_{HⅡ}^2} = \sqrt{24\,287.5^2 + 29\,870^2} = 39\,776 \ (\text{N} \cdot \text{mm})$$

(5) 作转矩图（如图14.14（f）所示）

$$T = 9.55 \times 10^6 \frac{P}{n} = 9.55 \times 10^6 \times \frac{8}{280} = 272\,857.1 \ (\text{N} \cdot \text{mm})$$

(6) 求当量弯矩。

因减速器单向运转，可认为转矩为脉动循环变化，修正系数 α 为 0.6。

Ⅰ—Ⅰ截面：

$$M_{eⅠ} = \sqrt{M_{Ⅰ右}^2 + (\alpha T)^2} = \sqrt{78\,320^2 + (0.6 \times 272\,857.1)^2} = 181\,483.83 \ (\text{N} \cdot \text{mm})$$

Ⅱ—Ⅱ截面：

$$M_Ⅱ = \sqrt{M_Ⅱ^2 + (\alpha T)^2} = \sqrt{39\,776^2 + (0.6 \times 272\,857.1)^2} = 168\,476.97 \ (\text{N} \cdot \text{mm})$$

(7) 确定危险截面及校核强度。

由图14.14可以看出，截面Ⅰ—Ⅰ、Ⅱ—Ⅱ所受转矩相同，但弯矩 $M_{eⅠ} > M_{eⅡ}$，且轴上还有键槽，故截面Ⅰ—Ⅰ可能为危险截面。但由于轴径 $d_3 > d_2$，故也应对Ⅱ—Ⅱ截面进行校核。

Ⅰ—Ⅰ截面

$$\sigma_{eⅠ} = \frac{M_{eⅠ}}{W} = \frac{181\,483.83}{0.1 d_3^3} = \frac{181\,483.83}{0.1 \times 45^3} = 19.92 \ (\text{MPa})$$

Ⅱ—Ⅱ截面

$$\sigma_{eII} = \frac{M_{eII}}{W} = \frac{168\,476.97}{0.1 d_2^3} = \frac{168\,476.97}{0.1 \times 40^3} = 26.33 \text{ (MPa)}$$

查表 14.3 得 $[\sigma_{-1b}] = 60$ MPa，满足 $\sigma_e \leq [\sigma_{-1b}]$ 的条件，故设计的轴有足够强度。

5. 修改轴的结构

因所设计轴的强度符合要求，此轴不必再作修改。

6. 绘制轴的零件图（略）

思考与练习

1. 简述轴的作用和类型。
2. 简述常用轴的材料。
3. 弄清轴的强度计算方法。
4. 掌握轴的结构设计方法；
5. 如图 14.15（a）、图 14.15（b）分别是单级斜齿轮减速器的传动简图和从动轴的结构简图，已知从动轴传递的功率 $P = 4$ kW，转速 $= 130$ r/min，齿轮宽度 $b = 70$ mm，齿数 $z = 60$，模数 $m = 5$ mm，螺旋角 $\beta = 12°$，试确定该轴主要结构尺寸，并校核该轴的强度。（注：$F_{t1} = \frac{2T_1}{d_1}$，$F_{r1} = \frac{F_{t1} \tan\alpha_n}{\cos\beta}$，$F_{a1} = F_{t1} \tan\beta$）

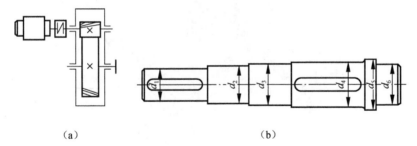

图 14.15　题 5 图

第15章 轴　承

导入案例

减速器上的轴承是用半、支承轴及轴上零件的，使轴回转并保持一定的旋转精度，以减少零件之间相对转动所产生的摩擦和磨损。这对提高减速器的使用性能，及延长寿命起着重要作用。

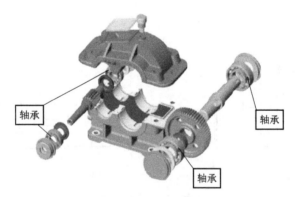

图 15.1　减速器上的轴承

§15.1　滚动轴承的结构、类型、特点和应用

15.1.1　滚动轴承的结构

轴承的作用是支承轴及轴上转动的零件，使其回转并保持一定的旋转精度，减少相对转动零件之间的摩擦和磨损。根据摩擦性质的不同，轴承可以分为滚动轴承和滑动轴承两大类。

滚动轴承一般由内圈 1、外圈 2、滚动体 3 和保持架 4 等组成，如图 15.2 所示。内圈装在轴颈上，外圈装在机座或零件的轴承孔内。多数情况下外圈不转动，内圈与轴一起转动。内、外圈上一般都开有凹槽，称为滚道，它起着限制滚动体沿轴向移动和降低滚动体内、外之间接触应力的作用。

滚动体是滚动轴承的核心零件，它沿滚道滚动。为了适应不同类型滚动轴承的结构要求，滚动体有多种形状，如球形（如图15.3（a）所示）、短圆柱形（如图15.3（b）所示）、长圆柱形（如图15.3（c）所示）、圆锥形（如图15.3（d）所示）、鼓形（如图15.3（e）所示）和滚针形（如图15.3（f）所示）等。

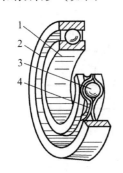

图15.2 滚动轴承的结构
1—内圈；2—外圈；3—滚动体；4—保持架

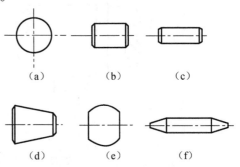

图15.3 滚动体的形状
(a) 球形；(b) 圆柱形；(c) 长圆柱形；
(d) 圆锥形；(e) 鼓形；(f) 滚针形

滚动轴承的内外圈和滚动体应具有较高的硬度和接触疲劳强度、良好的耐磨性和冲击韧性。一般用特殊轴承钢制造，常用材料有GCr15、GCr15SiMn、GCr6、GCr9等，经热处理后硬度可达60~65HRC。滚动轴承的工作表面必须经磨削抛光，以提高其接触强度。

保持架使滚动体均匀分布在滚道上，以防止滚动体相互接触而增加摩擦磨损。保持架应具有良好的减摩性，多用低碳钢板通过冲压成型方法制造，也可以采用有色金属或塑料等材料制成。

为适应某些特殊要求，有些滚动轴承还要附加其他特殊组件或采用特殊结构，如轴承无内圈或外圈、带有防尘密封结构或在外圈上加止动环等。

滚动轴承具有旋转精度高、效率高、摩擦阻力小、启动灵敏、润滑简便和装拆方便等优点，被广泛应用于各种机器和机构中。滚动轴承为标准件，由轴承厂批量生产，设计者可以根据需要直接选用。

15.1.2 滚动轴承的类型、特点和应用

滚动轴承按滚动体形状的不同，可分为球轴承和滚子轴承两大类。球轴承的球形滚动体与内、外圈为点接触，运转时摩擦损耗小，承载能力和抗冲击能力弱；滚子轴承的滚子滚动体与内、外圈为线接触，承载能力和抗冲击能力强，但运转时摩擦损耗大。

滚动体和外圈滚道接触点处的法线与轴承径向平面（垂直于轴承轴心线的平面）之间所夹的锐角，称为公称接触角 α。如图15.4所示。它是滚动轴承的一个主要参数，接触角越大，轴承的轴向承载能力越大。滚动轴承按其所能承受的载荷方向或公称接触 α 不同，可分为向心轴承和推力轴承两大类。

向心轴承又分为径向接触轴承（$\alpha=0°$）和向心角接触轴承（$0°<\alpha<45°$）。径向接触轴承只能承受径向载荷，有些可承受较小的轴向载荷；向心角接触轴承可同时承受径向载荷和轴向载荷。

推力轴承可分为轴向接触轴承（$\alpha=90°$）和推力角接触轴承（$45°<\alpha<90°$）。前者可承受很大的轴向载荷；后者可同时承受轴向载荷和不大的径向载荷。

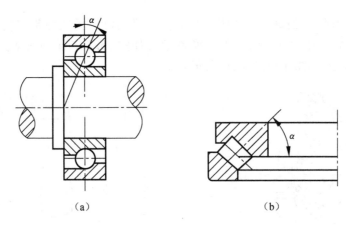

图 15.4 滚动轴承的公称接触角 α
(a) 向心角接触轴承（0°<α<45°）；(b) 推力角接触轴承（45°<α<90°）

常用滚动轴承的类型、结构简图、特性及应用如表 15.1 所示。

表 15.1 常用滚动轴承的类型、结构简图、特性及应用

轴承类型	代号	结构简图	主要特性及应用
调心球轴承	1		主要承受径向载荷，也可承受不大的双向轴向载荷，能自动调心，适用于刚性较小及难以对中的轴的支承
调心滚子轴承	2		调心性能好，能承受很大的径向载荷，但不宜承受纯轴向载荷，适用于重载及冲击载荷的场合
圆锥滚子轴承	3		能同时承受单向轴向载荷和径向载荷，承载能力强，内外圈可分离，间隙易调整，安装方便，一般适用于成对使用轴承的场合
双列深沟球轴承	4		除具有深沟球轴承的特性外，还具有承受更大双向载荷及刚性更大的特性，可用于比深沟球轴承要求更高的场合

续表

轴承类型	代 号	结构简图	主要特性及应用
单向推力球轴承	51		只能承受单向轴向载荷,适用于轴向力不大、转速低的场合
双向推力球轴承	52		承受双向轴向载荷,适用于轴向力大、转速不高的场合
深沟球轴承	6		主要承受径向载荷,也能承受一定的双向轴向载荷,极限速度较高,高速时可承受不大的纯轴向载荷,承受冲击能力差,适用于刚性较大的轴的支承,如机床齿轮箱、小功率电动机轴的支承等
角接触轴承	7		可承受径向载荷和单向轴向载荷,接触角越大,承受轴向载荷能力越强,通常成对使用,高速时可用它代替推力轴承较好,适用于刚性较大、跨距较小的轴的支承,如斜齿轮减速器和蜗杆减速器中轴的支承等
推力圆柱滚子轴承	8		只能承受单向轴向载荷,承载能力比推力球轴承大很多,不允许有角偏差,常用于承受轴向载荷较大载荷而又不需要调心的场合
圆柱滚子轴承	N		轴承的内外圈可以分离,内外圈允许有少量的轴向移动,能承受较大的冲击载荷,承载能力比深沟球轴承大,适用于刚性较大、对中性良好的轴的支承,常用于大功率电动机、人字齿轮减速器轴的支承
滚针轴承	NA		只能承受径向载荷,承载能力大,径向尺寸特别小,一般无保持架,工作时允许内、外圈有少量轴向错动

§15.2 滚动轴承的代号意义及其类型的选择

15.2.1 滚动轴承的代号意义

滚动轴承是标准件，为便于轴承制造厂和用户之间的交流，国家规定使用字母加数位来描述滚动轴承的类型、尺寸、公差等级和结构特点，即规定轴承的代号，并将代号打印在轴承的端面上。

GB/T 272—1993 规定了轴承代号的表示方法。轴承代号由基本代号、前置代号和后置代号三部分构成，其意义如表 15.2 所示。

表 15.2 滚动轴承代号的构成

前置代号	基本代号					后置代号						
	五	四	三	二	一							
		尺寸系列代号										
轴承分部件代号	类型代号	宽（高）度系列代号	直径系列代号	内径代号		内部结构代号	密封与防尘结构代号	保持架及材料代号	特殊轴承材料代号	公差等级代号	游隙代号	多轴承配置代号	其他代号

1. 基本代号

基本代号是核心部分，由类型代号、尺寸系列代号和内径代号组成，一般最多为五位数。

1）类型代号

类型代号由一位（或两位）数字或英文字母表示，其相应的轴承类型如表 15.3 所示。

表 15.3 滚动轴承的类型代号

代 号	轴承类型	代 号	轴承类型
0	双列角接触轴承	6	深沟球轴承
1	调心球轴承	7	角接触球轴承
2	调心滚子轴承和推力调心轴承	8	推力圆柱滚子轴承
3	圆锥滚子轴承	N	圆柱滚子轴承
4	双列深沟球轴承	U	外球面球轴承
5	推力球轴承	QJ	四点接触球轴承

2）尺寸系列代号

尺寸系列代号由两位数字组成。前一个数字表示向心轴承的宽度或推力轴承的高度；后一个数字表示轴承的外径。两者组合使用后，表示同一内径轴承具有不同的外径和宽度。轴承的尺寸系列代号如表 15.4 所示。

表 15.4 滚动轴承的尺寸系列代号

直径系列代号	向心轴承							推力轴承			
	宽度系列代号							高度系列代号			
	窄 0	正常 1	宽 2	特宽 3	特宽 4	特宽 5	特宽 6	特低 7	低 9	正常 1	正常 2
	尺寸系列代号										
7（超特轻）	—	17	—	37	—	—	—	—	—	—	—
8（超轻）	08	18	28	38	48	58	68	—	—	—	—
9（超轻）	09	19	29	39	49	59	69	—	—	—	—
0（特轻）	00	10	20	30	40	50	60	70	90	10	—
1（特轻）	01	11	21	31	41	51	61	71	91	11	—
2（轻）	02	12	22	32	42	52	62	72	92	12	22
3（中）	03	13	23	33	—	—	63	73	93	13	23
4（重）	04	—	24	—	—	—	—	74	94	14	24
5（特重）	—	—	—	—	—	—	—	—	95	—	—

3）内径代号

内径代号表示公称直径大小，用基本代号右起第一、二位由数字表示，如表 15.5 所示。

表 15.5 滚动轴承的内径代号

轴承内径/mm	表示方法					举 例	
10~17	轴承内径/mm	10	12	15	17	轴承代号	说明
	内径代号	00	01	02	03	6 201	内径为 12 mm
20~495	04~99，代号乘以 5，即为内径 d mm					2 208	内径为 40 mm
>495						203/550	内径为 550 mm
22，28，32	直接用内径尺寸毫米表示，与尺寸系列代号用"/"分开					603/22	内径为 22 mm
1~9（整数）						603/6	内径为 6 mm
0.6~10（非整数）						718/3.5	内径为 3.5 mm

2. 前置、后置代号

前置、后置代号是当轴承在结构形状、尺寸、公差、技术要求等有改变时，在其基本代号左右添加的补充代号。前置代号在基本代号的左面，用英文字母表示，如表 15.6 所示。后置代号在基本号的右面，表示轴承内部结构（如表 15.7 所示）、公差等级代号（如表 15.8 所示）、游隙组别代号（如表 15.9 所示）、配置安装代号（如表 15.10 所示）等要求。

表 15.6 轴承前置、后置代号

前置代号			基本代号	后置代号（组）							
代号	含义	示例		1	2	3	4	5	6	7	8
				内部结构	密封与防尘套圈变型	保持架及材料	轴承材料	公差等级	游隙	配置	其他
F	凸缘外圆的向心球轴承（适用于 $d \leq 10$mm）	F618/4									
L	可分离轴承的可分离内圈或外圈	LNU206									
R	不带可分离内圈或外圈的轴承	RNU206									
WS	推力圆柱滚子轴承轴圈	WS81106									
GS	推力圆柱滚子轴承座圈	GS81106									
KOW-	无轴圈推力轴承	KOW-51106									
KIW-	无座圈推力轴承	KIW-51106									
K	滚子和保持架组件	K81106									

表 15.7 轴承的内部结构代号及含义

代 号	示 例	含 义
C	角接触球轴承 7207C	公称接触角 $\alpha = 15°$
	调心滚子轴承 23122C	C 型
AC	角接触球轴承 7210AC	公称接触角 $\alpha = 25°$
B	角接触轴承 7208B	公称接触角 $\alpha = 40°$
	圆锥滚子轴承 32310B	公称接触角加大
E	圆柱滚子轴承 NU207E	加强型

表 15.8 轴承公差等级代号及含义

代 号	省 略	/P6	/P6x	/P5	/P4	/P2
公差等级符合标准规定	0 级	6 级	6x 级	5 级	4 级	2 级
示例	6 203	6203/P6	6203/P6x	6203/P5	6203/P4	6203/P2

表 15.9 轴承游隙组别代号及含义

代 号	/C1	/C2	—	/C3	/C4	/C5
游隙符合标准规定	1 组	2 组	0 组	3 组	4 组	5 组
示例	NN3006/C1	6210/C2	6 210	6210/C3	NN3006K/C4	NNU4920K/C5

表 15.10 轴承配置安装代号及含义

代 号	含 义	示 例
/DB	成对背对背安装	7210/DB
/DF	成对面对面安装	32208/DF
/DT	成对串联安装	7210C/DT

例 15.1 试说明滚动轴承代号 7315AC/P6/C3

解：

7 表示角接触球轴承；

3 为 03 缩写，表示宽度系列为窄系列，直径系列为 3（中）系列；

15 表示内径为 60 mm；

AC 表示公称接触角为 25°；

P6 表示公差等级为 6 级；

C3 表示游隙代号为 3 组。

15.2.2 滚动轴承类型的选择

不同类型的滚动轴承具有不同的性能特点，因此，在设计滚动轴承时，必须根据轴承实际工作情况，按照轴承的载荷条件、工作转速的高低、安装、调整性能及经济性等要求进行选择。以下原则可供参考。

1. 载荷条件

轴承所承受的载荷的大小、方向和性质是选择轴承类型的主要依据。

承受较大载荷时，应选用线接触的滚子轴承；承受较小载荷时，应优先选用点接触的球轴承。

当轴承承受纯径向载荷时，可选用径向轴承中的深沟球轴承；受纯轴向载荷时，可选用推力轴承；当径向载荷和轴向载荷都比较大时，宜选用角接触轴承；当径向载荷大，而轴向载荷较小时，也可选用径向轴承中的深沟球轴承；当径向载荷较小，而轴向载荷较大时，可选用推力调心滚子轴承，也可用深沟滚子轴承或深沟球轴承与推力轴承联合作用。要注意内外圈可分离的短圆柱滚子轴承不能承受轴向力。

承受有冲击载荷时宜选用滚子轴承；承受有较大振动载荷时，一般采用深沟球轴承。

2. 转速条件

球轴承的极限转速比滚子轴承的高，故高速时，应优先用球轴承。高速轻载时，宜选用超轻、特轻或轻系列轴承；低速、重载时，可用重和特重系列轴承。

3. 安装、调整性能

为便于安装、拆卸和调整轴承间隙，常选用外圈可分离的轴承，如圆锥滚子轴承和圆柱滚子轴承等或选用带紧定套的调心轴承。

4. 自动调心性能

轴承内外圈轴线间的偏斜角应控制在极限值之内，否则会增加轴承的附加载荷而使其寿命降低。当偏斜角较大时，可选用调心轴承。

5. 经济性

在满足使用要求的情况下应优先选用价格低的轴承。一般球轴承比滚子轴承便宜，同一型号滚动轴承,精度越高,价格越昂贵。同一型号公差等级为 P0、P6、P5、P4、P2 的滚动轴承的价格比约为 1∶1.5∶2∶7∶10。

§15.3 滚动轴承的寿命计算和静载荷计算

15.3.1 滚动轴承的失效形式和计算准则

1. 受力情况分析

图 15.5 所示为深沟球轴承内部径向载荷的分布情况,轴承承受径向载荷 F_r 时,各滚动体承受载荷的大小是不同的。处于最低位置的滚动体承受的载荷最大,随着轴承内圈相对于外圈的转动,滚动体也随着运动。轴承元件所受的载荷呈周期变化,即各元件是在交变接触应力作用下工作的。

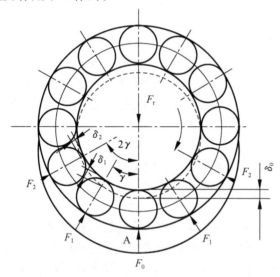

图 15.5 深沟球轴承内部径向载荷的分布情况

2. 失效形式

滚动轴承的失效形式主要有点蚀、塑性变形和磨损等三种。

1) 点蚀

点蚀是滚动轴承的主要失效形式。滚动轴承工作时,滚动体与内、外套圈滚道接触表面受脉动循环交变接触应力作用,当脉动循环交变接触应力的循环次数达到一定次数时,滚动体和内、外圈滚道工作面上就会出现疲劳点蚀,点蚀会使轴承在运转时出现比较强烈的振动、噪音和发热现象,致使轴承失去运动精度。有时由于安装不当,轴承局部受载较大,更会促使点蚀早期发生。

2) 塑性变形

当滚动轴承转速很低或只做间歇摆动时,一般不会产生疲劳点蚀,但若承受很大静载荷或冲击载荷时,可能使滚动体和滚道接触处的局部应力超过材料的屈服点而产生过量的塑性变形,使轴承在运转中产生剧烈的振动和噪声,导致轴承不正常工作。对于转速很低或重载、大冲击条件下工作的轴承,塑性变形为其主要失效形式。

3) 磨损

在多尘条件工作的滚动轴承,虽然采用密封装置,滚动体与套圈仍有可能产生磨粒磨损。如果润滑不良和密封不严,也会产生黏着磨损,并引起胶合、表面发热甚至滚动体回火。转速越高,发热和黏着磨损越严重。

此外,由于使用和维护不当或密封、润滑不良等因素,也会导致轴承早期磨损、胶合、内外圈和保持架破损、化学腐蚀等非正常失效。

3. 计算准则

针对滚动轴承的三种主要失效形式进行相应的计算,并采取适当措施,以保证轴承的正常工作。

（1）对于低速轴承，最主要的失效形式是塑性变形，应以不发生塑性变形为准则的静强度计算。

（2）对于一般转速轴承，最主要的失效形式是疲劳点蚀破坏。因此，应以疲劳强度计算为依据进行轴承的寿命计算。

（3）对于高速轴承，除疲劳点蚀外，其工作表面的过热也是重要的失效形式，因此，除需进行寿命计算外，还要校核其极限转速。

15.3.2 滚动轴承的寿命计算

滚动轴承寿命计算的目的是防止轴承在预期工作时间内产生疲劳点蚀失效。

1. 轴承的寿命和基本额定动载荷

1）轴承的寿命

轴承中任一组件首次出现疲劳点蚀前轴承所经历的总转数，或轴承在某一恒定转速下的总工作小时数称为轴承的寿命。

2）轴承的基本额定寿命

即使一批同型号的轴承在同样条件下运转，由于制造材料和加工工艺等原因，其寿命不完全一样。一批同型号的轴承在相同条件下运转时，90%的轴承未发生疲劳点蚀前运转的总转数，或在恒定转速下运转的总工作小时数，称为基本额定寿命。分别用 L_{10} 和 L_{10h} 表示。按基本额定寿命的计算选用轴承时，可能有 10% 以内的轴承提前失效，也即可能有 90% 以上的轴承超过预期寿命。而对单个轴承而言，能达到或超过此预期寿命的可靠度为 90%。

3）轴承的额定动载荷

轴承抵抗疲劳点蚀破坏的承载能力可由基本额定动载荷表示。基本额定寿命为 $1×10^6$ r，即 $L_{10}=1$（单位为 10^6 r）时轴承能承受的最大载荷称为基本额定动载荷，用符号 C 表示，单位为 N。换而言之，即轴承在基本额定动载荷的作用下，运转 $1×10^6$ r 而不发生点蚀失效的轴承寿命可靠度为 90%。如果轴承的基本额定动载荷大，则其抗疲劳点蚀的能力强。基本额定动载荷对于向心轴承而言是指径向载荷，称为径向基本额定动载荷，用 C_r 表示；对于推力轴承而言是指轴向载荷，称为轴向基本额定动载荷，用 C_a 表示。

2. 当量动载荷

当轴承受到径向载荷 F_r 和轴向载荷 F_a 的复合作用时，为了计算轴承寿命时能与基本额定动载荷作等价比较，需将实际工作载荷转化为等效的当量动载荷 P，在当量动载荷 P 作用下的轴承寿命与在实际工作载荷条件下的寿命相等。当量动载荷的计算公式为

$$P=f_p(XF_r+YF_a) \tag{15-1}$$

式中，f_P 为载荷系数，是考虑机器工作时振动、冲击对轴承寿命影响的系数，见表 15.11；F_r 为径向载荷；F_a 为轴向载荷；X、Y 分别为径向载荷系数和轴向载荷系数，见表 15.12。

对于只承受纯径向载荷的向心轴承，其当量动载荷为

$$P=f_p F_r \tag{15-2}$$

对于只承受纯轴向载荷的推力轴承,其当量动载荷为

$$P = f_P F_a \tag{15-3}$$

表15.11 载荷系数 f_P

载荷性质	f_P	举 例
无冲击或轻微冲击	1.0~1.2	电动机、汽轮机、通风机、水泵
中等冲击	1.2~1.8	机床、车辆、内燃机、冶金机械、起重机、减速器
强大冲击	1.8~3.0	轧钢机、破碎机、钻探机、剪床

表15.12 当量动载荷系数 X、Y

轴承类型		$\dfrac{F_a}{C_{0r}}$	e	单列轴承				双列轴承			
				$\dfrac{F_a}{F_r} \leq e$		$\dfrac{F_a}{F_r} > e$		$\dfrac{F_a}{F_r} \leq e$		$\dfrac{F_a}{F_r} > e$	
名称	类型代号			X	Y	X	Y	X	Y	X	Y
调心轴承	1	0.014	$1.5\tan\alpha$					1	$0.42\cot\alpha$	0.65	$0.65\cot\alpha$
调心滚子轴承	2	—	$1.5\tan\alpha$					1	$0.45\cot\alpha$	0.67	$0.67\cot\alpha$
圆锥滚子轴承	3	—	$1.5\tan\alpha$	1	0	0.4	$0.4\cot\alpha$	1	$0.45\cot\alpha$	0.67	$0.67\cot\alpha$
深沟球轴承	6	0.014	0.19	1	0	0.56	2.30	1	0	0.56	2.3
		0.028	0.22				1.99				1.99
		0.056	0.26				1.71				1.71
		0.084	0.28				1.55				1.55
		0.11	0.30				1.45				1.45
		0.17	0.34				1.31				1.31
		0.28	0.38				1.15				1.15
		0.42	0.42				1.04				1.04
		0.56	0.44				1.00				1.00
角接触球轴承	7, $\alpha=15°$	0.015	0.38	1	0	0.44	1.47	1	1.65	0.72	2.39
		0.029	0.40				1.40		1.57		2.28
		0.058	0.43				1.30		1.46		2.11
		0.087	0.46				1.23		1.38		2.00
		0.12	0.47				1.19		1.34		1.93
		0.17	0.50				1.12		1.26		1.82
		0.29	0.55				1.02		1.14		1.66
		0.44	0.56				1.00		1.12		1.63
		0.58	0.56				1.00		1.12		1.63
	$\alpha=20°$	—	0.68	1	0	0.41	0.87	1	0.92	0.67	1.41

3. 滚动轴承的寿命计算

大量试验证明滚动轴承所承受的载荷 P 与寿命 L 的关系如图15.6所示,其方程为

$$P^\varepsilon L_{10} = 常数$$

式中,P 为当量动载荷,单位为 N;L_{10} 为基本额定寿命,单位为 10^6 r;ε 为寿命指数,对

于球轴承 $\varepsilon=3$，对于滚子轴承 $\varepsilon=\dfrac{10}{3}$。

由上式及基本额定动载荷的定义可得
$$P^\varepsilon \cdot L_{10} = C^\varepsilon \cdot 1$$
因此，滚动轴承的寿命计算基本公式为
$$L_{10} = \left(\dfrac{C}{P}\right)^\varepsilon \tag{15-4}$$

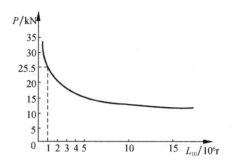

图 15.6 滚动轴承的额定寿命

若用给定转速下的工作小时数 L_{10h} 来表示，则为
$$L_{10h} = \dfrac{1\times10^6}{60n}\left(\dfrac{C}{P}\right)^\varepsilon \tag{15-5}$$

当轴承的工作温度高于100℃时，其基本额定动载荷 C 的值将降低，需引入温度系数 f_T 进行修正，得
$$L_{10h} = \dfrac{10^6}{60n}\left(\dfrac{f_T C}{P}\right)^\varepsilon \geq [L_h] \tag{15-6}$$

若以基本额定动载荷 C 表示，可得
$$C \geq \dfrac{P}{f_T}\left(\dfrac{60n[L_h]}{10^6}\right)^{\frac{1}{\varepsilon}} \tag{15-7}$$

式中，n 为轴承的工作转速，单位为 r/min；f_T 为温度系数，见表 15.13；$[L_h]$ 为轴承的预期寿命，单位为 h，可根据机器的具体要求给定或参考表 15.14 确定。

表 15.13 温度系数 f_T

轴承工作温度/℃	<100	125	150	175	200	225	250	300
温度系数 f_T	1	0.95	0.90	0.85	0.80	0.75	0.70	0.60

表 15.14 轴承的预期寿命 $[L_h]$ 的参考值

机器种类		预期寿命/h
不经常使用的仪器及设备，如闸门开闭装置等		300~500
间断使用的机器	中断使用不致引起严重后果的手动机械、农业机械等	3 000~8 000
	中断使用会引起严重后果的机械，如升降机、吊车等	8 000~12 000
每天工作8h的机器	利用率不高的传动齿轮、电机等	12 000~20 000
	利用率不高的通风设备、机床等	20 000~30 000
连续工作2h的机器	一般可靠性的空气压缩机、电机、水泵等	40 000~60 000
	可靠性较高的电站、给排水装置等	100 000~200 000

例 15.2 某减速器的高速轴，已知其转速 $n=960$ r/min，两轴承所受径向载荷分别为 $F_{r1}=1\,500$ N，$F_{r2}=1\,200$ N，轴向载荷 $F_a=520$ N，轴颈 $d=40$ mm，要求轴承的预期寿命 $[L_h]=20\,000$ h，传动有轻微冲击，工作温度不高于100℃，试选择轴承的型号。

解：

（1）根据转速较高，轴向力较小等情况，可选用单列向心球轴承。

（2）求当量动载荷。

由式（12.1）得

$$P = f_P(XF_r + YF_a)$$

查表 15.11 得，载荷系数 $f_P = 1.2$，$f_T = 1$；$\dfrac{F_a}{F_{r1}} = \dfrac{520}{18\,000} = 0.029$，查表 15.12 得 $e = 0.22$；$\dfrac{F_a}{F_{r1}} = 0.35 > e$，查表 15.12 得 $X = 0.56$、$Y = 1.98$。则

$$P = f_P(XF_{r1} + YF_a) = 1.2 \times (0.56 \times 1\,500 + 1.98 \times 520) = 2\,243.52 \text{ (N)}$$

（3）计算所需的径向载荷值。

由式（12.7）可得，

$$C \geq \dfrac{P}{f_T}\left(\dfrac{60n[L_h]}{10^6}\right)^{\frac{1}{\varepsilon}} = \dfrac{2\,243.52}{1} \times \left(\dfrac{60 \times 960}{10^6} \times 20\,000\right)^{\frac{1}{3}} = 25\,334.7 \text{ (N)}$$

（4）选择轴承型号。

查有关手册，根据 $d = 40$ mm，选择 6 308 轴承，其 $C_r = 33\,200$ N $> 25\,334.7$ N，满足要求。

4. 角接触轴承的轴向载荷

1）角接触轴承的派生轴向力 F'

由于结构方面的原因，角接触轴承存在着接触角 α。如图 15.7 所示，当轴承受到径向载荷 F_r 作用时，作用在承载区第 i 个滚动体上的法向力 F_i 可分解为径向分力 F_i'' 和轴向分力 F_i'。各滚动体上所受到的轴向分力的总和即为轴承的派生轴向力 F'，F' 的近似值可按表 15.15 求得。

表 15.15　角接触轴承的派生轴向力 F'

轴承类型	角接触向心球轴承			圆锥滚子轴承
	$\alpha = 15°$	$\alpha = 25°$	$\alpha = 40°$	
F'	eF_r	$0.68F_r$	$1.14F_r$	$\dfrac{F_r}{2Y}$

注：Y 为圆锥滚子轴承的轴向系数，$Y = 0.4\cot\alpha$，可查有关手册确定 α 的值。

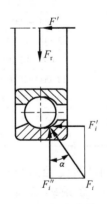

图 15.7　径向载荷 F_r 产生派生轴向力

2）角接触轴承的派生轴向力的计算

在实际使用中，为了使角接触轴承的派生轴向力得到平衡，通常这种轴承都要成对使用。其安装方式有正装（即两外圈窄边相对的安装，如图 15.8 所示）和反装（即两外圈窄边相背的安装，如图 15.9 所示）两种。图中 F_A 为轴向外载荷。计算角接触轴承的轴向载荷 F_a 时，还需将由径向载荷产生的派生轴向力 F' 考虑进去。图中 O_1、O_2 分别为轴承 1 和轴承 2 的压力中心，即支反力的作用点。当轴承两支点间距离不是很小时，可认为轴承宽度中点即为反力作用位置。

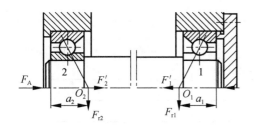
图 15.8 两外圈窄边相对的安装

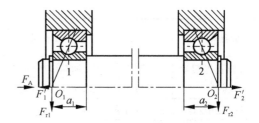
图 15.9 两外圈窄边相背的安装

F_1'、F_2' 分别为轴承 1 和轴承 2 的派生轴向力,若把轴与轴承内圈视为一体,并取其为分离体,当达到轴的平衡时,有下列两种情况:

(1) 若 $F_A+F_2'>F_1'$,则轴有右移趋势,轴承 1 被压紧,承受的轴向载荷 $F_{a1}=F_A+F_2'$;轴承 2 承受的轴向载荷仅为其派生轴向力,即 $F_{a2}=F_2'$。

(2) 若 $F_A+F_2'<F_1'$,则轴有左移趋势,轴承 2 被压紧,承受的轴向载荷 $F_{a2}=F_1'-F_A$;轴承 1 承受的轴向载荷仅为其内部轴向力,即 $F_{a1}=F_1'$。

由上述分析可将角接触轴承的派生轴向力的计算方法归纳为:

(1) 计算分析轴上全部轴向力(包括外载荷和轴承派生轴向力)的合力指向,判断"压紧端"和"放松端"轴承;

(2) "压紧端"轴承的轴向力等于除了本身轴向力外的其余各轴力的代数和;

(3) "放松端"轴承的轴向力等于它本身派生轴向力。

15.3.3 滚动轴承静载荷能力计算

轴承静强度计算的目的是防止轴承产生过大的塑性变形。对于那些在工作载荷作用下基本上不旋转的轴承(例如起重机吊钩上用的轴向接触轴承),或者缓慢地摆动以及转速极低的轴承,一般不会发生疲劳点蚀,而主要是载荷过大,在滚动体和滚道上产生过量塑性变形,所以应按轴承的静强度来选择轴承,而 C_0 是滚动轴承规定的不能超过的外载荷界限,所以静强度计算的公式为

$$\frac{C_0}{P_0} \geq S_0 \qquad (15\text{-}8)$$

式中,C_0 为基本额定静载荷,单位为 N,可查有关《机械设计手册》;P_0 为当量静载荷,单位为 N;S_0 为静强度安全系数,如表 15.16 所示。

此外,滚动轴承转速过高会使轴承表面间产生高温,降低润滑剂的黏度,导致胶合失效,因此应使轴承的工作转速低于其极限速度。

表 15.16 轴承静强度安全系数 S_0

旋转条件	工作条件	S_0	
		球轴承	滚子轴承
连续旋转轴承	旋转精度和平稳性要求高或受冲击载荷	1.5~2	2.5~4
	一般情况	0.5~2	1~3.5
	旋转精度低,允许摩擦力矩较大,无冲击振动	0.5~2	1~3

续表

旋转条件	工作条件	S_0	
		球轴承	滚子轴承
不旋转及作摆动运动的轴承	水坝闸门装置、附加动载荷较小的大型起重吊钩	≥1	
	吊桥、附加动载很大的小型起重吊钩	≥1.5	
各种使用场合下的推力调心滚子轴承		≥3	

当轴承同时承受径向载荷 F_r 和轴向载荷 F_a 作用时，应按当量静载荷 P_0 进行计算。当量静载荷为一假想载荷，在该载荷作用下应力最大的滚动体和滚道接触处总的永久变形量与实际载荷作用下的永久变形量相同。

向心轴承的径向当量静载荷 P_{0r} 按下式计算：

$\alpha=0°$ 的向心滚子轴承（圆柱滚子轴承、滚针轴承等）径向当量静载荷为

$$P_{0r}=F_r \tag{15-9}$$

$\alpha \neq 0°$ 的向心轴承（深沟球轴承、角接触轴承、调心轴承等）径向当量静载荷为

$$P_{0r}=X_0F_r+Y_0F_a \tag{15-10}$$

$$P_{0r}=F_r \tag{15-11}$$

式中，X_0、Y_0 分别为静径向载荷系数和静轴向载荷系数，可查表 15.17 所示。径向当量静载荷取式（12.10）、式（12.11）中两式计算值的较大值。

表 15.17 轴承静径向载荷系数和静轴向载荷系数

轴承类型		单列轴承		双列轴承	
		X_0	Y_0	X_0	Y_0
深沟球轴承		0.6	0.5	0.6	0.5
角接触	$\alpha=15°$	0.5	0.46	1	0.92
	$\alpha=25°$	0.5	0.38	1	0.76
	$\alpha=40°$	0.5	0.26	1	0.52
四点接触球轴承	$\alpha=35°$	0.5	0.29	1	0.58
双列角接触球轴承	$\alpha=30°$	—	—	1	0.66
调心球轴承		0.	0.22cotα	1	0.44cotα
圆锥滚子轴承		0.	0.22cotα	1	0.44cotα

推力轴承的轴向当量静载荷按下列公式计算。

$\alpha=90°$ 时推力轴承的轴向当量静载荷为

$$P_{0a}=F_a \tag{15-12}$$

$\alpha \neq 90°$ 时推力轴承的轴向当量静载荷为

$$P_{0a}=2.3F_r\tan\alpha+F_a \tag{15-13}$$

§15.4 滚动轴承的组合设计

15.4.1 滚动轴承的轴向固定

滚动轴承的轴向固定方式有内圈固定式和外圈固定式等几种。

1. 内圈固定

滚动轴承内圈的一端常用轴肩定位固定,另一端则可采用轴用弹性挡圈(如图 15.10 (a) 所示,这种方式结构简单,轴向尺寸小,但挡圈只能用于轴向载荷较小及转速不高的深沟球轴承的内圈固定)、轴端挡圈(如图 15.10 (b) 所示,常用于直径较大,且在轴端切削螺纹有困难的情况,适用于较高转速下承受较大的轴向载荷轴承的内圈固定)、圆螺母和止动垫圈(如图 15.10 (c) 所示,这种方式装拆方便,适用于轴向载荷大、转速高的轴承的内圈固定)、用紧定衬套、止动垫圈和圆螺母固定(如图 15.10 (d) 所示,这种方式主要用于光轴上轴向力不大和转速不大、内圈为圆锥孔的轴承内圈固定)等轴向固定形式。

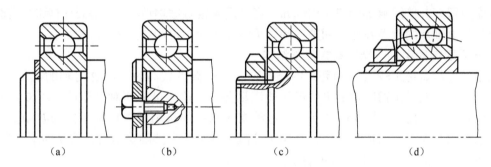

图 15.10 轴承内圈轴向固定的常用方法
(a) 用弹性挡圈固定轴承内圈;(b) 轴端挡圈固定轴承内圈;
(c) 圆螺母和止动垫圈固定轴承内圈;(d) 止动垫圈和圆螺母固定轴承内圈

为保证定位可靠,轴肩圆角半径必须小于轴承的圆角半径。

2. 外圈固定

滚动轴承的外圈在轴承孔中的轴向位置常用轴承盖(如图 15.11 (a) 所示,适用于两端单向固定式支承结构或承受单向轴向载荷轴承的外圈固定)、孔用弹性挡圈(如图 15.11 (b) 所示,适用于承受轴向载荷不大的轴承的外圈固定)、止动环座孔的台肩(如图 15.11 (c) 所示,适用于机座不便于制作凸台,且外圈带有止动槽的深沟球轴承的轴承的外圈固定)、螺纹环(如图 15.11 (d) 所示,适用于高速并能承受很大的轴向载荷的轴承的外圈固定)等结构轴承的外圈固定。

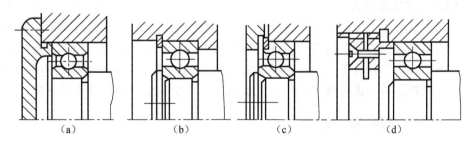

图 15.11 轴承外圈轴向固定的常用方法
(a) 用轴承盖固定轴承外圈;(b) 孔用弹性挡圈固定轴承外圈;
(c) 用止动环座孔的台肩固定轴承外圈;(d) 用螺纹环固定轴承外圈

15.4.2 滚动轴承的组合支承配置形式

滚动轴承的组合支承结构必须满足轴系轴向定位可靠、准确的要求，并要考虑轴在工作中受热伸长时其伸长量能够得到补偿。常用轴承组的支承配置形式有双支承单向固定式，一端固定、一端游动式和两端游动式三种。

1. 双支承单向固定结构

图 15.12 所示为轴承组的双支承单向固定结构，轴的两个支点中每个支点都能限制轴的单向移动，两个支点合起来就限制了轴的双向移动。这种方法结构简单，适用于工作温度不高（$t \leqslant 70℃$）的短轴（跨距≤350 mm）。考虑到轴受热后会伸长，一般在轴承端盖与轴承外圈端面间留有补偿间隙 $c=0.2\sim0.3$ mm。当采用角接触球轴承或圆锥滚子轴承时，轴的热伸长量只能由轴承的游隙补偿。间隙 c 和轴承游隙的大小可用垫片来调节。

2. 一端双向固定、一端游动式支承结构

当轴的支承点跨距较大（跨距>350 mm）或工作温度较高时，因这时轴的热伸长量较大，采用上一种支承预留间隙的方式已不能满足要求。这里可采用轴承组的一端双向固定、一端游动式支承结构，如图 15.13 所示，这种支承结构如选用深沟球轴承作为游动支承时，应在轴承外圈与端盖间留适当间隙；选用圆柱滚子轴承作为游动支承时，依靠轴承本身具有内、外圈可分离的特性达到游动的目的。

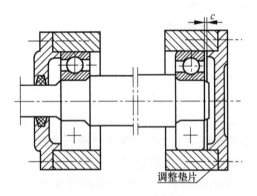
图 15.12　双支承单向固定结构

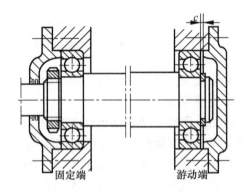
图 15.13　一端双向固定、一端游动式支承结构

3. 两端游动式支承结构

图 15.14 所示的人字齿轮传动中，小齿轮轴两端的支承均可沿轴向游动，即为两端游动式，而另一根齿轮轴的支承结构采用了两端固定结构。由于人字齿轮的加工误差使得轴转动时产生左右窜动，而小齿轮轴采用两端游动的支承结构，满足了其运转中自由游动的需要，并可调节啮合位置。若小齿轮轴的轴向位置也固定，将会发生干涉以致卡死现象。

15.4.3 滚动轴承的组合调整

1. 滚动轴承间隙的调整

为保证轴承正常运转，在装配轴承时，一般都要留有适当的间隙，常采用调整垫片（如图 15.15（a）所示，这种方法是靠加减轴承盖与机座间的垫片厚度进行调整）、调整环（如图 15.15（b）所示，这种方法是通过增减轴承端面与轴承端盖间的调整环厚度以调整轴

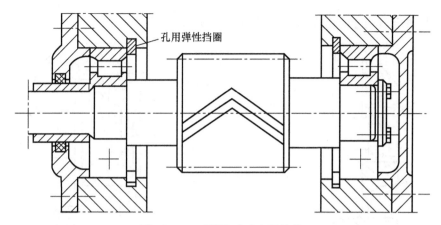

图 15.14　两端游动式支承结构

承间隙）和调节压盖（如图 15.15（c）所示，这种方法是利用螺钉 1 通过轴承外圈压盖 3 移动外圈位置进行调整，调整后用螺母 2 锁紧）等方法来调整滚动轴承的轴向间隙。

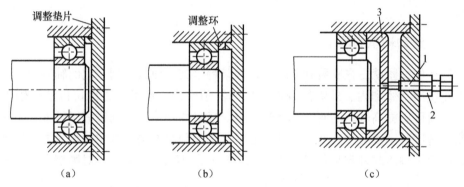

图 15.15　轴承间隙的调整
(a) 调整垫片；(b) 调整环；(c) 调节压盖
1—螺钉；2—螺母；3—压盖

2. 滚动轴承组合位置的调整

滚动轴承组合位置调整的目的是使轴上的零件具有准确的工作位置，如锥齿轮传动，要求两个节锥点要重合。这可以通过调整移动轴承的轴向位置来实现。

如图 15.16 所示为锥齿轮轴系支承结构，套杯与机座之间的垫片 2 来调整锥齿轮的轴向位置，而垫片 1 则用来调整轴承游隙。

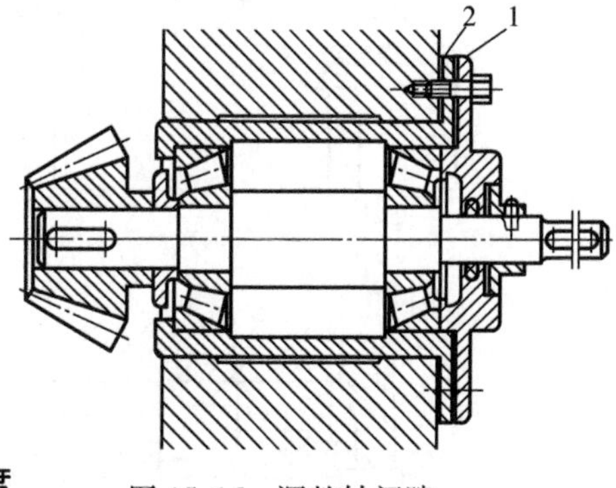

图 15.16　调整轴间隙

15.4.4　滚动轴承组合支承部分的刚度和同轴度

在支承结构中安装滚动轴承处必须要有足够的刚度才能使滚动体正常滚动。因此，轴承座孔壁应有足够的厚度，并用加强肋增强其刚性，如图 15.17 所示。

支承结构中同一根轴上的轴承座孔应尽可能同心。为此应采用整体结构的外壳，并将安装轴承的两个座孔一次镗出。如果一根轴上装有不同尺寸的轴承，则可利用衬套使轴承座孔孔径相等，以便各座孔能一次镗出，如图 15.18 所示。

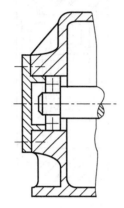

图 15.17　加强肋增强其刚性

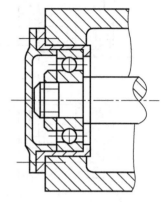

图 15.18　使用衬套的轴承座孔

角接触轴承安装方式不同时轴承组合的刚性也不同。一般机器中常用正装方式，以方便安装和调节。

15.4.5　滚动轴承的预紧

滚动轴承的预紧就是在安装轴承时，采取某种措施，使其受到一定的轴向力，以消除轴承的游隙并使滚动体和内、外圈接触处产生弹性预变形。预紧一方面可以消除轴承内部游隙，另一方面可以提高轴承的刚度和旋转精度。成对并列使用的圆锥滚子轴承、角接触球轴承，对旋转精度和刚度有较高要求的轴系通常都采用预紧方法。常用的预紧方法有夹紧一对正装的圆锥滚子轴承的外圈来预紧（如图 15.19（a）所示）、夹紧一对磨窄了轴承的外圈来

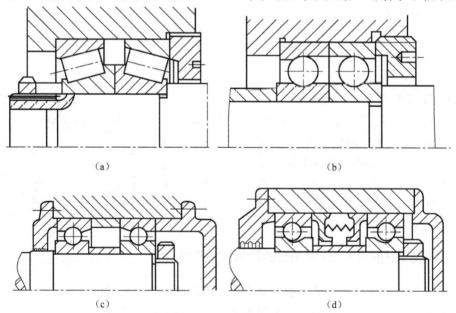

图 15.19　滚动轴承的预紧

（a）夹紧一对正装的圆锥滚轴承的外圈预紧；（b）夹紧一对磨窄轴承的外圈预紧；
（c）在两轴间加入不等厚的套筒预紧；（d）用弹簧预紧

预紧（如图 12.18（b）所示，反装时可磨内圈并夹紧）、在两轴承间加入不等厚的套筒来预紧（如图 12.18（c）所示）和用弹簧预紧（如图 12.18（d）所示）等方法。

§15.5 滑动轴承的类型、结构及材料

15.5.1 滑动轴承的特点和应用

滑动轴承是指在工作时轴承和轴颈的支承面间形成直接或间接滑动摩擦的轴承。

滑动轴承包含的零件少，工作面间一般有润滑油膜且为面接触，所以它具有承载能力大、抗冲击、噪声低、工作平稳、回转精度高、高速性好等独特的优点。广泛用于铁道机车车辆、汽车、金属切削机床、汽轮机、航空发动机等机器上。

15.5.2 滑动轴承的类型和结构

滑动轴承按轴承所承受载荷的方向不同，可分为向心滑动轴承（或称径向滑动轴承）和推力滑动轴承。向心滑动轴承只能承受径向载荷，轴承上的反作用力与轴的中心线垂直；推力滑动轴承只能承受轴向载荷，轴承上的反作用力与轴的中心线方向一致。

滑动轴承按轴承结构不同，可分为整体式滑动轴承和剖分式滑动轴承。

滑动轴承按轴承与轴颈间的摩擦状态不同，可分为液体摩擦滑动轴承和非液体摩擦滑动轴承两类。根据工作时相对运动表面间油膜形成原理不同，液体摩擦滑动轴承又可分为液体动压滑动轴承和液体静压滑动轴承。

滑动轴承一般由轴承座、轴瓦（或轴套）、润滑装置和密封装置等部分组成，如图 15.20 所示。

1. 向心滑动轴承

向心滑动轴承有整体式和剖分式两种。

1) 整体式向心滑动轴承

整体式向心滑动轴承的轴瓦（或轴套）和轴承座均为整体式结构，如图 15.20 所示。轴承座用螺栓与机座连接，顶部装有润滑油杯，内孔中压入带有油沟的轴瓦（或轴套）。这种轴承结构简单且成本低，但装拆这种轴承时轴或轴承必须做轴向移动，而

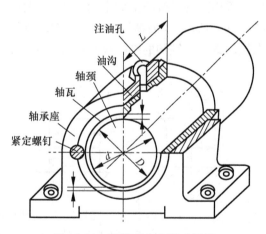

图 15.20 整体式向心滑动轴承

且轴承磨损后间隙无法调整。因此，这种轴承多用在间歇工作、低速轻载的简单机械中，如绞车、手动起重机械等。

2) 剖分式向心滑动轴承

剖分式向心滑动轴承的轴瓦和轴承座均为剖分式结构，如图 15.21 所示。在轴承盖与轴承座的剖分面上制有阶梯形定位止口，便于安装时对中定位和防止轴承盖和轴承座在受力时产生相对位移，同时还可以卸去螺栓上所受的横向力。轴瓦直接支承轴颈，因而轴承盖应适度压紧轴瓦，以使轴瓦不能在轴承孔中转动。轴承盖上制有螺纹孔，以便安装油杯或油管。

剖分式向心滑动轴承克服了整体式轴承装拆不便的缺点，而且当轴瓦工作面磨损后，适当减薄剖分面间的垫片并进行刮瓦，就可调整轴颈与轴瓦间的间隙。因此，这种轴承得到了广泛应用，并且已经标准化。

2. 推力滑动轴承

推力滑动轴承用于承受轴向载荷，如图 15.22 所示。推力滑动轴承和向心推力轴承联合使用时可以承受复合载荷。

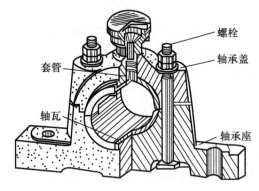 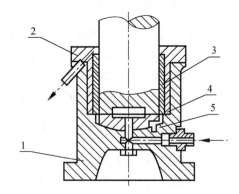

图 15.21　剖分式向心滑动轴承　　　　图 15.22　立式推力滑动轴承

1—轴承座；2—衬套；3—向心轴瓦；4—推力轴瓦；5—销钉

常见的推力滑动轴承轴颈形状如图 15.23 所示。实心端面轴颈（如图 15.23（a）所示），由于工作时轴心与边缘磨损不均匀，以致轴心部分压强极高，润滑油容易被挤出，所以极少采用。一般机器上大多用空心端面轴颈（如图 15.23（b）所示）和环状轴颈（如图 15.23（c）所示）。载荷较大时采用多环轴颈（如图 15.23（d）所示），多环轴颈还能承受双向轴向载荷。轴颈的结构尺寸可查有关手册。

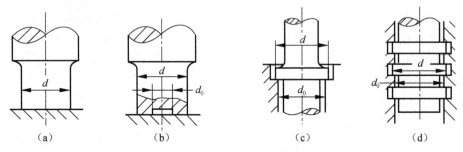

图 15.23　常见的推力滑动轴承轴颈
(a) 实心端面轴颈；(b) 空心端面轴颈；(c) 环状轴颈；(d) 多环轴颈

15.5.3　轴瓦的结构和滑动轴承的材料

1. 轴瓦的结构

轴瓦是滑动轴承中直接与轴颈接触的重要零件，其结构是否合理对轴承性能的影响很大。
常用的轴瓦有整体式和剖分式两种。
整体式轴瓦，又称轴套，它用在整体式滑动轴承中，有光滑轴套（如图 15.24（a）所示）和带纵向油槽轴套（如图 15.24（b）所示）两种。

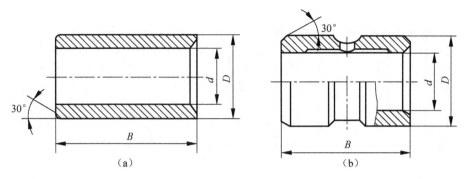

图 15.24 整体式轴瓦
(a) 光滑轴套；(b) 带纵向油槽轴套

剖分式轴瓦用在剖分式滑动轴承中，由上、下两半瓦组成，如图 15.25 所示，为了改善轴瓦表面的摩擦性能，可在轴瓦内表面浇铸一层轴承合金等减摩材料（称为轴承衬），厚度为 0.5~6 mm。

为使轴承衬牢固地黏在轴瓦的内表面上，常在轴瓦上预制出各种形式的沟槽，如图 15.26 所示，图 15.26 (a)、图 15.26 (b) 用于钢制轴瓦，图 15.26 (c) 用于青铜轴瓦。

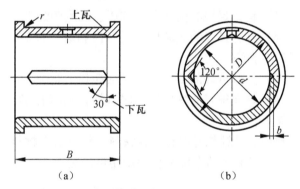

图 15.25 剖分式轴瓦
(a) 主视图；(b) 左视图

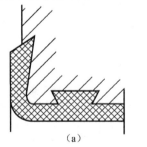
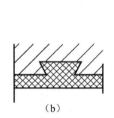
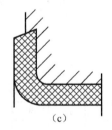

图 15.26 瓦背内表面上的沟槽
(a),(b) 用于钢制轴瓦的沟槽；(c) 用于青铜轴瓦的沟槽

为使润滑油均布于轴瓦工作表面，在轴瓦的非承载区开设油孔和"I"型（如图 15.27 (a) 所示）、"王"型（如图 15.27 (b) 所示）、"X"型（如图 15.27 (c) 所示）油槽，如图 15.27 所示。油槽不宜过短，以保证润滑油流到整个轴瓦与轴颈的接触表面，但是，不得与轴瓦端面开通，以减少端部漏油。

2. 滑动轴承的材料

滑动轴承的材料指的是轴瓦和轴承衬所用的材料。滑动轴承的失效形式有磨损、胶合（俗称为烧瓦，是轴瓦的失效的主要形式）、刮伤、疲劳剥伤和腐蚀等，所以对轴承材料的性能有如下要求：

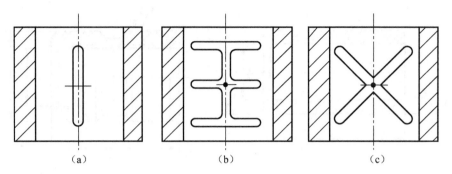

图 15.27 轴瓦内的油槽和油孔
(a) "I" 型油槽; (b) "王" 型油槽; (c) "X" 型油槽

(1) 具有足够的抗冲击、抗压、抗疲劳强度。

(2) 具有良好的减摩性、耐磨性和磨合性。材料的摩擦阻力小,抗黏着磨损和抗磨粒磨损的性能好。

(3) 具有良好的工艺性、导热性和耐腐蚀性。

(4) 具有很好的顺应性和嵌藏性,具有补偿对中误差和其他几何误差及容纳污物和尘粒的能力。

常用滑动轴承材料有金属材料、粉末冶金材料和非金属材料三大类。

常用滑动轴承金属材料的使用性能见表 15.18。

表 15.18 常用滑动轴承金属材料的使用性能

名称	轴瓦材料代号	许用值			t_{max}/℃	最小轴颈硬度 HBW	性能参数				一般用途
		$[p]$/MPa	$[v]$/(m·s^{-1})	$[pv]$/(MPa·m·s^{-1})			抗胶合性	疲劳强度	耐腐性	嵌入性	
锡锑轴承合金	ZSnSb11Cu6	平稳载荷			150	150	优	劣	优	优	用于高速、重载下工作的重要轴承。在变载荷下易疲劳、价格高
		25	80	20							
	ZSnSb8Cu6	冲击载荷									
		20	60	15							
铅锑轴承合金	ZPbSb16Sn16Cu2	15	12	10	150	150	优	劣	中	优	用于中速、中等载荷轴承、不宜受显著冲击载荷,可作为锡锑轴承合金的替代品
	ZSn5PbZn5	5	6	5							
锡青铜	ZCuSn10Pb1	15	10	15	280	300~400	劣	优	良	优	用于中速、重载荷及受显著冲击载荷的轴承
	ZCuSn5Pb5Zn5	5	3	10							用于中速、中等载荷的轴承
铅青铜	ZCuPb30	25	5	15	280	300	优	中	劣	良	用于高速、重载荷及受显著冲击载荷的轴承
铝青铜	ZCuAl10Fe3	15	4	12	280	280	劣	良	良	劣	最宜于润滑充分的低速重载的轴承

续表

轴瓦材料		许用值				最小轴颈硬度 HBW	性能参数				一般用途
名称	代号	$[p]$/MPa	$[v]$/(m·s^{-1})	$[pv]$/(MPa·m·s^{-1})	t_{max}/℃		抗胶合性	疲劳强度	耐腐性	嵌入性	
黄铜	ZCuZn16Si4	12	2	10	200	200	劣	优	优	劣	用于低速、中等载荷的轴承
	ZCuZn38Mn2Pb2	10	1	10	200	200					
耐磨铸铁	HT150	0.5	0.5	—	150	163~241	劣	—	优	劣	用于低速、中等载荷的轴承
	HT200	2	1								
	HT250	0.1	2								

思考与练习

1. 滚动轴承的类型有哪几种？
2. 滑动轴承的类型有哪几种？
3. 说明 61712/P6、7207B 型轴承代号的含义。
4. 滚动轴承是由哪几个部分组成的？各起什么作用？
5. 滚动轴承的主要失效形式有哪些？其计算准则是什么？
6. 选择滚动轴承类型时，要考虑哪些因素？
7. 滚动轴承组合设计时，应考虑哪几方面的问题？
8. 已知某水泵轴的轴颈 $d=35$ mm，$n=3\,000$ r/min，径向载荷 $F_r=2\,300$ N，轴向载荷 $F_a=540$ N，轴承的预期寿命 $[L_h]=5\,000$ h，工作平稳，试选择轴承的型号。
9. 某传动轴的直径 $d=40$ mm，根据工作条件拟采用一对角接触球轴承（图15.28），已知轴承所受径向载荷 $F_{r1}=1\,000$ N，$F_{r2}=2\,060$ N，轴向外载荷 $F_A=880$ N，转速 $n=5\,200$ r/min，运转中受较大冲击，预期寿命 $[L_h]=2\,000$ h。试选择轴承型号。

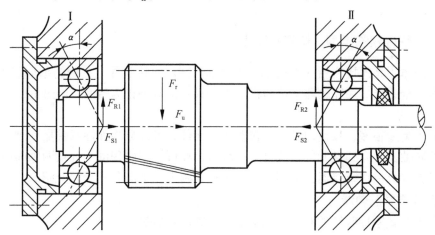

图 15.28　题 9 图

第 16 章　联轴器与离合器

导入案例

如图 16.1 所示，联轴器用来实现电机与减速器之间的转速和动力传递。

图 16.1　联轴器

§16.1　联　轴　器

16.1.1　联轴器的类型、结构和特点

联轴器的作用是连接两轴（有时也可连接轴和其他回转零件），并传递运动和动力，有时也可用作安全装置。用联轴器连接两根轴时，只有机器停止运转后，经过拆卸才能使两轴分离。

联轴器的类型很多，根据内部是否包含弹性元件，可以分为弹性联轴器和刚性联轴器两大类。弹性联轴器因有弹性元件，故可缓冲减振，亦可在不同程度上补偿两轴间的偏移；刚性联轴器又根据其结构特点而分为固定式与可移式两类。下面分别予以介绍。

1. 固定式刚性联轴器

常用的固定式刚性联轴器有凸缘联轴器和套筒联轴器等。

1）凸缘联轴器

凸缘联轴器如图 16.2 所示，这种联轴器应用最广泛，它由两个半联轴器（凸缘盘）、连接螺栓和键等组成。

如图 16.2（a）所示为普通凸缘联轴器，通常靠配合螺栓连接来实现两轴对中，如图 16.2（b）所示为有对中榫的凸缘联轴器，通常靠凸肩和凹槽（即对中榫）来实现两轴对中。

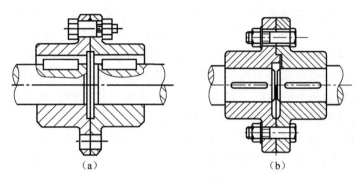

图 16.2　凸缘联轴器
(a) 普通凸缘联轴器；(b) 有对中榫的凸缘联轴器

凸缘联轴器结构简单，工作可靠，转递转矩大，装拆方便，可以连接不同直径的两轴，也可连接圆锥形轴。它是把两个带凸缘的半联轴器用键分别与两轴连接，然后用螺栓把两个半联轴器连成一体，以传递运动和转矩，凸缘联轴器适用于相连两轴的刚性大、对中性好、安装精确且转速较低、载荷平衡的场合。凸缘联轴器已标准化，其尺寸可按有关手册来选用。

2）套筒联轴器

图 16.3 所示为套筒联轴器，它由套筒、连接件（键、圆锥销等）等组成。如图 16.3（a）所示的套筒联轴器中，用平键将套筒和轴相连接，可传递较大的转矩，用紧定螺钉作轴向固定。如图 16.3（b）所示的套筒联轴器中，用圆锥销将套筒和轴相连接，能传递较小的转矩。

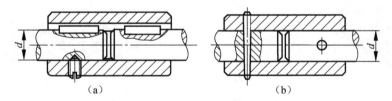

图 16.3　套筒联轴器
(a) 用平键将套筒和轴相连接的套筒联轴器；(b) 用圆锥销将套筒和轴相连接的套筒联轴器

套筒联轴器制造容易，零件数量较少，结构紧凑，径向外形尺寸较小，但装拆时需沿轴向移动较大的距离。套筒联轴器适用于两轴能严格对中、载荷不大且较为平稳、并要求联轴器径向尺寸小的场合。此种联轴器目前尚无标准，需要自行设计。

2. 可移动式刚性联轴器

可移式刚性联轴器是利用自身具有相对可动的元件或间隙，允许相连两轴间存在一定的相对位移，所以具有一定的位移补偿能力。这类联轴器适用于调整和运转时很难达到两轴完全对中或要达到精确对中所花价过高的场合。

常用的可移动式刚性联轴器有齿式联轴器、十字滑块联轴器和万向联轴器等几种。

1) 齿式联轴器

如图 16.4（a）所示为齿式联轴器，它是可移式刚性联轴器中应用最为广泛的一种联轴器，它是由两个带有内齿及凸缘的外套筒 3 和两个带有外齿的内套筒 4 组成的。两个内套筒 4 分别用键与两轴连接，两个外套筒 3 用螺栓 2 连成一体，从而利用内、外齿啮合来传递转矩。内、外齿的齿廓为渐开线，内、外齿的齿数及模数皆相等，啮合角一般为 20°。为使齿式联轴器具有良好的补偿两综合位移的能力，采用下列结构措施：齿的顶隙及侧隙比一般传动齿轮大；将外齿的齿顶做成球面（球面中心位于轴线上），如图 16.4（b）所示；有时还把齿沿长度方向做成鼓形，如图 16.4（c）所示。

齿式联轴器同时啮合的齿数多，承载能力强，结构紧凑，使用的速度范围广，工作可靠，且又具有较大的综合补偿两相对位移的能力，因而被广泛应用于重载下工作或高速运转的水平轴的连接。这类联轴器的缺点是结构较为复杂、笨重，造价高。

2) 十字滑块联轴器

十字滑块联轴器如图 16.5 所示，它是利用中间滑块 2 在其两侧半联轴器 1、3 端面的相应径向槽内的滑动，以实现两半联轴器的连接，并获得补偿两相连轴相对位移的能力。这种十字滑块联轴器的主要特点是允许两轴有较大的径向位移，并允许有不大的角位移和轴向位移。由于滑块偏心运动产生离心力，使这种联轴器只适用于低速运转，不适宜于高速运转。

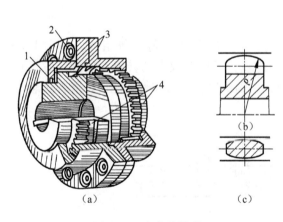

图 16.4 齿式联轴器

（a）齿式联轴器的总装图；（b）球面式外齿的齿顶；（c）鼓形齿

1—挡圈；2—螺栓；3—外套筒；4—内套筒

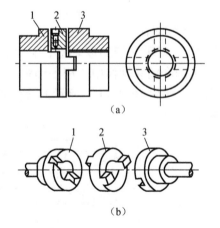

图 16.5 十字滑块联轴器

（a）装配图；（b）立体分解图

1，3—半联轴器；2—滑块

3) 万向联轴器

图 16.6 所示为万向联轴器，它由分别安装在两轴端的叉形零件 1、2 与一个十字轴 3 组成，它们是以铰链形式连接起来的，十字轴的中心与两个叉形零件的轴线交于一点，两轴线所夹的锐角为 α。由于两个叉形零件能够绕各自固定轴线回转，因此，这种联轴器可以在较大的角位移下工作，一般取偏斜角 $\alpha \leqslant 45°$。

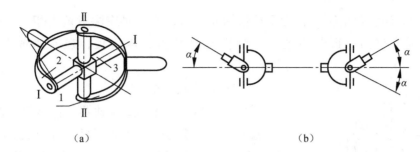

图 16.6 万向联轴器
(a)立体图；(b)工作原理图

万向联轴器的主要缺点是：由于 α 角的存在，当主动轴以等角速度 ω_1 回转时，从动轴的角速度 ω_2 将在 $\omega_1\cos\alpha$ 至 $\dfrac{\omega_1}{\cos\alpha}$ 的范围内做周期性变化，因而会在传动中引起附加载荷。为了消除这一缺点，常常将万向联轴器成对使用，此时必须使中间轴上的两个叉形零件位于同一平面内，且使它与主、从动轴的夹角相等，这样才能保证主、从动轴的角速度相等。

3. 弹性联轴器

常用的弹性联轴器有弹性柱销式联轴器、弹性套柱销式联轴器和轮胎式联轴器等。

1）弹性柱销式联轴器

弹性柱销式联轴器也称尼龙柱销联轴器，如图 16.7 所示，它是利用若干由非金属材料制成的柱销置于两个半联轴器 1、5 凸缘的孔中，以实现两轴的连接。柱销 3 通常用尼龙制成，而尼龙具有一定的弹性和较好耐磨性，这种联轴器的结构简单，制造、安装和维修方便，可以补偿两轴偏移、吸振和缓冲。多用于双向运转、启动频繁、转速较高、转矩不大的场合。为了防止柱销滑出，在柱销两端配置挡板 2 和 4。装配挡板时应注意留出间隙。但尼龙对温度较敏感，一般在-20 ℃~60 ℃的环境温度下工作。

2）弹性套柱销式联轴器

图 16.8 所示为弹性套柱销式联轴器，它的结构与凸缘联轴器很相似，所不同的是用套有弹性套的柱销代替螺栓，工作时通过弹性套传递转矩。为了在更换橡胶套时不拆移

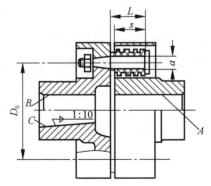

图 16.7 弹性柱销联轴器

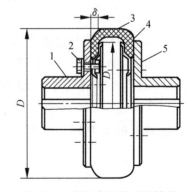

图 16.8 弹性套柱销式联轴器
1，5—半联轴器；2，4—挡板；3—柱销

机器，设计中应注意留出距离；为了补偿轴向位移，安装时应注意留出相应大小的间隙。这种联轴器制造容易、拆装方便，但弹性套易磨损、寿命短，在高速轴上应用十分广泛。

3）轮胎式联轴器

图 16.9 所示为轮胎式联轴器，它由两半联轴器 1 和 5、螺栓 2、橡胶元件 3 及金属板 4 等组成。橡胶元件 3 呈轮胎状，且与金属板粘在一起，装配时用螺栓直接与两半联轴器 1、5 连接。这种联轴器有很高的柔度、阻力大、补偿两轴相对位移大，且结构简单、易装配，但承载能力不高，外形尺寸较大。

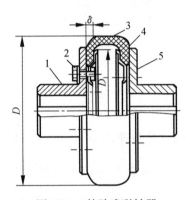

图 16.9 轮胎式联轴器
1，5—半联轴器；
2—螺栓；3—橡胶元件；4—金属板

16.1.2 联轴器的选择

联轴器大多已标准化，选用时先根据工作条件确定合适的类型，再按转矩、轴径及转速选择联轴器的型号，必要时再校核其承载能力。

1. 联轴器类型的选择

根据工作载荷的大小和性质、转速高低、两轴相对偏移的大小和装拆维护等方面的因素，结合各类联轴器的性能，选择合适的类型。例如，两轴的对中要求高，轴的刚度又大时，可选用套筒联轴器或凸缘联轴器；载荷不平稳，两轴对中困难，轴的刚度较差时，可选弹性柱销联轴器；两轴相交时，则选用万向联轴器等。

2. 联轴器的型号选择

根据计算转矩、轴的直径和转速，从标准中选择联轴器的型号和相关尺寸。计算转矩按下式计算。

（1）计算转矩 T_c 应不大于所选型号的额定转矩 T_n，即

$$T_c \leq T_n \tag{16-1}$$

（2）转速 n 不大于所选型号的许用转速 $[n]$

$$n \leq [n] \tag{16-2}$$

（3）确定轴孔直径，被连接两轴的直径应在所选型号联轴器的孔径范围内。

考虑工作机启动、制动、变速时的惯性力和冲击载荷等因素，应按计算转矩 T_c 选择联轴器。计算转矩 T_c 和工作转矩 T 之间关系为

$$T_c \leq KT \tag{16-3}$$

式中 T_c 为联轴器的计算转矩；T 为联轴器的工作转矩；K 为工作情况系数，如表 16.1 所示。

表 16.1 联轴器工作情况系数

原动机	工作机械	K
电动机	带式输送机、鼓风机、连续转动的金属切削机床	1.25~1.5
	链式运输机、刮板运输机、螺旋运输机、离心泵、木工机械	1.5~2.0
	往复运动的金属切削机床	1.5~2.0
	往复式泵、往复式压缩机、球磨机、破碎机、冲剪机	2.0~3.0
	起重机、升降机、轧钢机	3.0~4.0
往复式发动机	发电机	1.5~2.0
	离心泵	3~4
	往复式工作机	4~5

§16.2 离 合 器

16.2.1 离合器的类型、结构和特点

离合器的作用是在机器工作时能随时使两轴接合或分离。

离合器按其接合元件传动的工作原理，可分为摩擦式离合器和牙嵌式离合器；按控制方式可分为操纵式离合器和自控式离合器；操纵式离合器需要借助于人力或动力进行操纵，它可分为电磁离合器、气压离合器、液压离合器和机械离合器；自控式离合器不需要外来操纵即可在一定条件下自动实现离合器的分离或接合，它分为安全离合器、离心离合器和超越离合器。

1. 牙嵌离合器

图 16.10 所示为牙嵌离合器，它由两个端面有牙的半离合器组成，主动半离合器 1 通过平键与主动轴相连，从动半离合器 2 用导向平键与从动轴连接，并可由操纵机构操纵从动半离合器上的滑环 4 使其作轴向移动，以实现两半离合器 1、2 的接合与分离。

牙嵌离合器是通过牙的相互啮合来传递运动和转矩的，为了保持牙工作面受载均匀，要求相连接的两轴严格同心，为此在主动半离合器上安装了一对中环 3。由于牙嵌式离合器是依靠两个半离合器端面牙齿间的嵌合来实现主、从动轴间的接合，因此，在离合器处于分离状态时，牙齿间应完全脱离。为防止牙齿因受冲击载荷而断裂，两个半离合器的接合必须在相连两轴转速差很小或停车时进行。

牙嵌离合器的常用牙型有三角形、矩形、梯形和锯齿形，如图 16.8（c）所示。三角形牙容易接合与分离，但牙尖强度低，多用于低速轻载。矩形牙不便于接合与分离，仅用于静止时手动接合。梯形牙的强度高，能传递较大的转矩，可补偿磨损后牙侧间隙，接合与分离较为容易，应用较广。锯齿形牙强度高，传递转矩的能力强，但只能单向工作，多在重载情况下使用。

牙嵌离合器的特点是结构简单，外廓尺寸小，连接两轴间没有相对转动，但接合时必须使主动轴慢速转动或停车，否则牙齿容易损坏。适用于要求主从动轴完全同步的轴系。

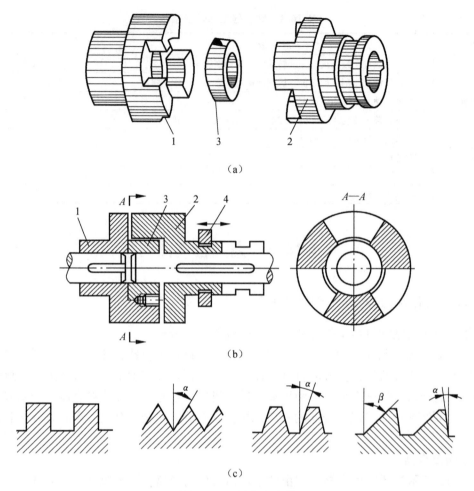

图 16.10 牙嵌离合器
(a) 主体分解图;(b) 装配图;(c) 常用牙型
1—主动半离合器;2—从动半离合器;3—中环;4—滑环

2. 摩擦离合器

摩擦离合器是依靠主、从动半离合器接合面间的摩擦力来传递运动和转矩的,有单片式和多片式之分。

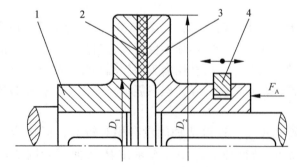

图 16.11 单片式摩擦离合器
1—主动盘;2—摩擦片;3—从动盘;4—操纵滑环

1) 单片式摩擦离合器

图 16.11 所示为单片式摩擦离合器,它由主动盘 1、摩擦片 2、从动盘 3 和操纵滑环 4 等组成。主动盘 1 用平键与主动轴连接,从动盘 3 与从动轴通过导向平键连接,从动盘可以滑动。操纵滑环 4 可以使离合器接合或分离。接合时,使操纵滑环 4 左移,从动盘随之也左移,与主动盘 1 相接触并压紧,从而产生摩擦力。若过载时,则摩擦片间打

滑可以防止其他零件损坏。

单片式摩擦离合器的结构简单,散热性能好,但传递的转矩较小。为了提高摩擦离合器传递转矩的能力,可以采用多片式摩擦离合器。

2）多片式摩擦离合器

图 16.12 所示为机械式多片式摩擦式离合器。它由主动轴 1、空套齿轮 2、外摩擦片 4、内摩擦片 5 和加压套 7 等组成。

在加压套 7 未压紧时,相间安装在花键轴上的内、外摩擦片互不接触,花键轴输入的动力和运动不能传给空套齿轮,将动力和运动切断。

当操纵机构将滑套 9 向左移时,其左端内锥面把内、外摩擦片压紧,通过内、外摩擦片的摩擦力,将轴 1 的运动和转矩经内、外摩擦片及空套齿轮传出。

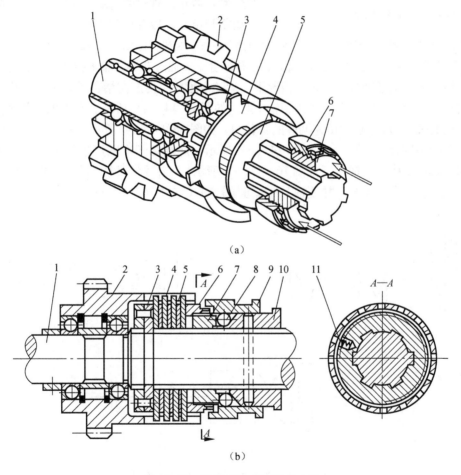

图 16.12 机械多片式摩擦离合器
（a）立体图；（b）装配图
1—轴；2—空套轮系；3,12—止推片；4—外摩擦片；5—内摩擦片；6—螺母；
7—加压套；8—钢球；9—滑套；10—套；11—弹簧销

3. 超越离合器

超越离合器根据两轴角速度的相对关系自动接合和分离。当主动轴转速大于从动轴时,

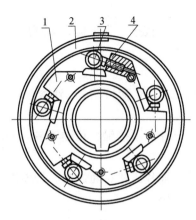

图 16.13 滚柱式超越离合器

离合器将两轴接合起来，把动力或运动传递给从动轴；当主动轴转速小于从动轴时，两轴脱开。因此，这种离合器只能传递单向转矩。

图 16.13 所示的超越离合器的星轮 1 与主动轴相连，顺时针回转，滚柱 3 受摩擦力作用滚向狭窄部位被楔紧，带动外环 2 随星轮 1 同向回转，离合器接合。星轮 1 逆时针回转时，滚柱 3 滚向宽敞部位，外环 2 不与星轮 1 同转，离合器自动分离。滚柱一般为 3~8 个。弹簧 4 起均载作用。

4. 安全离合器

安全离合器是一种过载保护装置，它可使零件在过载时自动断开传动，以免装置发生损坏。

图 16.14 为一种安全离合器工作原理示意图。这种离合器由两个端面带螺旋形齿爪的结合子 2、3 组成。左结合子 2 空套在轴 I 上，右结合子 3 通过花键与轴 I 相连，并通过弹簧 4 的作用与左结合子 2 紧紧啮合。在正常情况下，运动由齿轮 1 传至左结合子 2 左端齿轮，并通过螺旋形齿爪，将运动经右结合子 3 传于轴 I 上，如图 16.14（a）所示。当出现过载时，齿爪在传动中产生的轴向力 $F_{轴}$ 超过预先调好的弹簧力，如图 16.14（b）所示，右结合子压缩弹簧向右移动，并与左结合子脱开，如图 16.14（c）所示，两结合子之间产生打滑现象，从而断开传动，保护其他机构不受损坏（如图 16.14（b）所示）。当过载现象消除后，右结合子在弹簧作用下，重与左结合子啮合，并使轴 I 得以继续转动（如图 16.14（a）所示）。

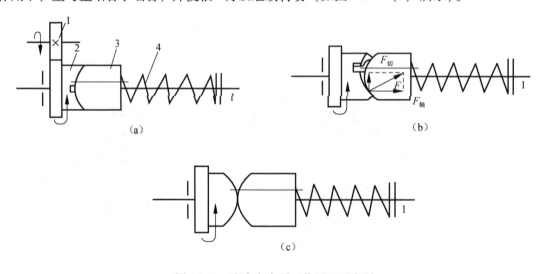

图 16.14 安全离合器工作原理示意图
(a) 右结合子与左接合子接合；(b) 当出现过载时，$F_{轴}$ 超过预先调好的弹簧力；(c) 右结合子与左结合子脱开
1—小齿轮；2—左结合子；3—右结合子；4—弹簧

16.2.2 离合器的选择

大多数离合器已标准化、系列化，一般应根据使用要求和工作条件从标准中对其进行选

择，确保主要条件，兼顾其他条件。

1. 简述联轴器的类型、结构和特点。
2. 简述制动器的类型、结构和特点。
3. 简述联轴器类型的选择原则。

参 考 文 献

[1] 王德洪，等，机械设计基础 [M]. 北京邮电大学出版社，2010.
[2] 张群生，韩利. 机械设计基础 [M]. 重庆：重庆大学出版社，2010.
[3] 闵小琪，万春芳. 机械设计基础 [M]. 机械工业出版社，2010.
[4] 林宗良. 机械设计基础 [M]. 北京：人民邮电出版社，2011.
[5] 张久良. 机械设计基础 [M]. 北京：机械工业出版社，2002.
[6] 陈立德. 机械设计基础 [M]. 北京：高等教育出版社，2000.
[7] 杨家军. 机械系统创新设计 [M]. 武汉：华中理工大学出版社，1999.
[8] 徐春艳. 机械设计基础 [M]. 北京：北京理工大学出版社，2007.
[9] 彭文生. 机械设计基础 [M]. 北京：高等教育出版社，1995.
[10] 张国庆，何克祥. 机械设计基础 [M]. 北京：清华大学出版社，2009.
[11] 孙宝均. 机械设计基础 [M]. 北京：机械工业出版社，2001.
[12] 胥宏，同长虹. 机械设计基础 [M]. 北京：机械工业出版社，2008.
[13] 孙建东，李春书. 机械设计基础 [M]. 北京：清华大学出版社，2007.
[14] 马晓丽，肖俊建. 机械设计基础 [M]. 北京：机械工业出版社，2008.
[15] 李力，向敬忠. 机械设计基础 [M]. 北京：清华大学出版社，2007.
[16] 李长本. 机械设计 [M]. 北京：清华大学出版社，2006.